新基礎コース 線形代数

浅 倉 史 興
高 橋 敏 雄
吉松屋四郎
共　著

学術図書出版社

はじめに

本書は，大学の教育課程における，線形代数の教科書として書かれた

浅倉史興，高橋敏雄，吉松屋四郎共著『基礎コース 線形代数』

(学術図書出版社) 2003 年

の改訂版である．内容については，前著より大きく変わってはいないが，叙述の流れを変えたので，書名も「新基礎コース」とした．前著と同様に，例題，問，章末問題などを，同様の教科書

松本和夫，山原英男，吉松屋四郎共著『線形代数』(学術図書出版社) 1994 年

より数多く引用し，また叙述の引用も多い．

線形代数は，一般的には有限次ベクトル空間と線形写像の理論といえるが，これを抽象的な数学理論として扱うのは，一般的な大学 1 年生には不都合が多い．本書では，1 章から 4 章までは，連立 1 次方程式の解法，5 章から 8 章までが，ベクトル空間 $\boldsymbol{R}^n$ とその線形変換としての行列の話である．とくに後半部では，なるべくわかりやすい最短コースで，固有値と固有ベクトルを扱えるようになることを目指した．しかし，まだ十分に目的を達成しておらず，また，著者の未熟さと思い入れにより，叙述の不備，不適切な部分が多々あると思われるが，それらについては，読者諸氏および本書を教科書として用いられる諸兄のご指摘とコメントを待望する．

前著と同様に，本書では込み入った議論が必要な部分は，「補足」として各章の最後の節にまとめ，講義テキストとして使用する際に，講義のリズムが損なわれないように配慮した．したがって，講義の目的，受講者の興味などにより「補足」の説明を省略するのも可である．

本書の出版に関しては，大阪電気通信大学で数学を担当している常勤，非常勤の諸氏より数々の有益な助言をいただき，また，発田孝夫氏をはじめとする，学術図書出版社の方々には，著者の気まぐれとわがままに，いろいろと付

き合っていただいた．心から，お礼を申し上げたい．本書が，初めて線形代数を学ぶ人々にとって，何らかの役に立てば，著者の喜びとするところである．

2014 年 10 月

著者

目　　次

1

2 次行列

未知数が 2 つの連立 1 次方程式を 2 元連立 1 次方程式という．私たちは

$$\begin{cases} x + 2y = 1 \\ 2x + 3y = 3 \end{cases}$$

のような方程式を解くことを中学校で学び，$x = 3$, $y = -1$ と容易に解を求めることができる．さらに，一般の 2 元連立 1 次方程式について，解の一般公式をつくることも容易である．この章では，これから学ぶ行列，逆行列，行列式，クラメルの公式などを，この一般公式をもとに導くことにする．

§ 1.1　2 元連立 1 次方程式と 2 次行列

未知数 x, y についての連立 1 次方程式

$$\begin{cases} ax + by = p \\ cx + dy = q \end{cases}$$

を考えよう．ここで a, b, c, d を連立方程式の**係数**という．最初に，この方程式を一般の係数のままで解き，解の公式を求めよう．連立方程式より y または，x を消去すると，それぞれ

$$(ad - bc)x = dp - bq, \quad (ad - bc)y = aq - cp$$

が得られる．したがって，$ad - bc \neq 0$ ならば，この連立方程式の解は

$$x = \frac{dp - bq}{ad - bc}, \quad y = \frac{aq - cp}{ad - bc}$$

と表すことができる．これが，解の一般公式である．

一般に数や文字 a, b, c, d を正方形に並べたものを **2 次行列**といい，大文字

A, B, C などで表す．すなわち

$$A = \begin{pmatrix} a & b \\ c & d \end{pmatrix}.$$

ここで，各 a, b, c, d は**成分**と呼ばれる．また，横の並びを**行** (row) といい，a, b を第1行，c, d を第2行という．同様に，縦の並びを**列** (column) といい，a, c を第1列，b, d を第2列という．とくに，連立方程式の係数をそのまま並べたものを**係数行列**という．また，未知数 x, y とか与えられた数 p, q を縦に並べたものを，それぞれ，次のように太文字で表し **(2次) 数ベクトル**という．

$$\boldsymbol{x} = \begin{pmatrix} x \\ y \end{pmatrix}, \quad \boldsymbol{p} = \begin{pmatrix} p \\ q \end{pmatrix}$$

とくに，$\boldsymbol{x}$ は**未知数ベクトル**といわれる．

さて，数ベクトル $\boldsymbol{x}$ と2次行列 A との**積**を

$$A\boldsymbol{x} = \begin{pmatrix} a & b \\ c & d \end{pmatrix} \begin{pmatrix} x \\ y \end{pmatrix} = \begin{pmatrix} ax + by \\ cx + dy \end{pmatrix}$$

と定義する[1]．積は

$$\begin{pmatrix} a & b \\ * & * \end{pmatrix} \begin{pmatrix} x \\ y \end{pmatrix} = \begin{pmatrix} ax + by \\ * \end{pmatrix}$$

$$\begin{pmatrix} * & * \\ c & d \end{pmatrix} \begin{pmatrix} x \\ y \end{pmatrix} = \begin{pmatrix} * \\ cx + dy \end{pmatrix}$$

のように考えるとわかりやすい．この積を用いると，連立方程式は

$$\begin{pmatrix} a & b \\ c & d \end{pmatrix} \begin{pmatrix} x \\ y \end{pmatrix} = \begin{pmatrix} p \\ q \end{pmatrix}$$

のように表すことができる．また，

$$A\boldsymbol{x} = \boldsymbol{p}$$

とベクトル記号を用いて表してもよい．

---

[1] **定義**というのは，数学をしていくときの約束のことである．

問 1.1　次の連立 1 次方程式を 2 次行列と数ベクトルを用いて表せ.

$$(1)\ \begin{cases} 4x+5y=6 \\ 3x+4y=5 \end{cases} \qquad (2)\ \begin{cases} 3x-y=1 \\ 4x+2y=18 \end{cases}$$

$$(3)\ \begin{cases} 3x-7y=1 \\ -x+2y=0 \end{cases} \qquad (4)\ \begin{cases} x+2y=1 \\ 2x+3y=3 \end{cases}$$

§ 1.2　2 次行列の積と逆行列

連立方程式だけでなく，解の表示式も 2 次行列を用いて

$$\begin{pmatrix} x \\ y \end{pmatrix} = \begin{pmatrix} \dfrac{d}{ad-bc} & \dfrac{-b}{ad-bc} \\ \dfrac{-c}{ad-bc} & \dfrac{a}{ad-bc} \end{pmatrix} \begin{pmatrix} p \\ q \end{pmatrix}$$

のように表すことができる．この 2 次行列を X と表すと，上の式は

$$\boldsymbol{x} = X\boldsymbol{p}$$

となる．X の意味を学ぶために，2 次行列の積を考えてみる．

一般に，2 次行列 A, B を

$$A = \begin{pmatrix} a & b \\ c & d \end{pmatrix}, \quad B = \begin{pmatrix} p & q \\ r & s \end{pmatrix}$$

とおき，数ベクトル $B\boldsymbol{x}$ に対して積 $A(B\boldsymbol{x})$ を計算すると

$$\begin{aligned} A(B\boldsymbol{x}) &= \begin{pmatrix} a & b \\ c & d \end{pmatrix} \begin{pmatrix} px+qy \\ rx+sy \end{pmatrix} \\ &= \begin{pmatrix} a(px+qy)+b(rx+sy) \\ c(px+qy)+d(rx+sy) \end{pmatrix} \\ &= \begin{pmatrix} ap+br & aq+bs \\ cp+dr & cq+ds \end{pmatrix} \begin{pmatrix} x \\ y \end{pmatrix} \end{aligned}$$

が成立する．したがって，数ベクトル $A(B\boldsymbol{x})$ は 1 つの 2 次行列と $\boldsymbol{x}$ の積で

表される．この2次行列を AB と表し，A と B の**積**という．すなわち

$$AB = \begin{pmatrix} a & b \\ c & d \end{pmatrix}\begin{pmatrix} p & q \\ r & s \end{pmatrix} = \begin{pmatrix} ap+br & aq+bs \\ cp+dr & cq+ds \end{pmatrix}$$

と定義する．したがって，行列の積を用いれば

$$A(B\boldsymbol{x}) = (AB)\boldsymbol{x}$$

と表すことができる．前と同様に，行列の積は

$$\begin{pmatrix} a & b \\ c & d \end{pmatrix}\begin{pmatrix} p & * \\ r & * \end{pmatrix} = \begin{pmatrix} ap+br & * \\ cp+dr & * \end{pmatrix}$$

$$\begin{pmatrix} a & b \\ c & d \end{pmatrix}\begin{pmatrix} * & q \\ * & s \end{pmatrix} = \begin{pmatrix} * & aq+bs \\ * & cq+ds \end{pmatrix}$$

と考えるとわかりやすい．行列

$$I = \begin{pmatrix} 1 & 0 \\ 0 & 1 \end{pmatrix}$$

を**単位行列**という．任意の行列 A について

$$AI = IA = A$$

をみたす．これは，実数の 1 のようなはたらきをしているといえる．

例題 1.1 行列 $A = \begin{pmatrix} 1 & 4 \\ 3 & 2 \end{pmatrix}$ と $B = \begin{pmatrix} 2 & 0 \\ -1 & 3 \end{pmatrix}$ について，積 AB, BA を計算せよ．

解答

$$\begin{aligned} AB &= \begin{pmatrix} 1 & 4 \\ 3 & 2 \end{pmatrix}\begin{pmatrix} 2 & 0 \\ -1 & 3 \end{pmatrix} \\ &= \begin{pmatrix} 1\cdot 2+4\cdot(-1) & 1\cdot 0+4\cdot 3 \\ 3\cdot 2+2\cdot(-1) & 3\cdot 0+2\cdot 3 \end{pmatrix} = \begin{pmatrix} -2 & 12 \\ 4 & 6 \end{pmatrix}, \\ BA &= \begin{pmatrix} 2 & 0 \\ -1 & 3 \end{pmatrix}\begin{pmatrix} 1 & 4 \\ 3 & 2 \end{pmatrix} \end{aligned}$$

$$= \begin{pmatrix} 2\cdot 1+0\cdot 3 & 2\cdot 4+0\cdot 2 \\ (-1)\cdot 1+3\cdot 3 & (-1)\cdot 4+3\cdot 2 \end{pmatrix} = \begin{pmatrix} 2 & 8 \\ 8 & 2 \end{pmatrix}. \qquad ▮$$

この例題より，行列の積においては，**交換法則**

$$AB = BA$$

は，必ずしも**成立しない**ことがわかる．

問 1.2　次の行列の積を計算せよ．

$$(1)\ \begin{pmatrix} 1 & -1 \\ 2 & -3 \end{pmatrix}\begin{pmatrix} 2 & 4 \\ -2 & 3 \end{pmatrix} \quad (2)\ \begin{pmatrix} 1 & 2 \\ 3 & 4 \end{pmatrix}\begin{pmatrix} 0 & 3 \\ 4 & 1 \end{pmatrix}$$

問 1.3　次の行列 A について A^2, A^3, A^4 を計算せよ．

$$(1)\ A = \begin{pmatrix} 2 & 0 \\ 0 & -3 \end{pmatrix} \quad (2)\ A = \begin{pmatrix} 1 & -1 \\ 1 & -1 \end{pmatrix}$$

$$(3)\ A = \begin{pmatrix} 2 & 0 \\ 1 & 3 \end{pmatrix} \quad (4)\ A = \begin{pmatrix} 2 & -1 \\ 4 & -2 \end{pmatrix}$$

さて，連立方程式の解の表示式に現れる 2 次行列 X をとり，係数行列 A との積を計算すると

$$AX = XA = I \quad (\text{単位行列})$$

が成立する．したがって，X は実数における逆数と同じはたらきをするといえる．ここで X を A^{-1} と表し，A の**逆行列**という．すなわち $ad-bc \neq 0$ のとき

$$A^{-1} = \begin{pmatrix} \dfrac{d}{ad-bc} & \dfrac{-b}{ad-bc} \\ \dfrac{-c}{ad-bc} & \dfrac{a}{ad-bc} \end{pmatrix}.$$

問 1.4　次の行列は逆行列をもつか．もつ場合はそれを求めよ．

$$(1)\ \begin{pmatrix} 3 & 2 \\ 4 & 3 \end{pmatrix} \quad (2)\ \begin{pmatrix} 2 & -1 \\ 2 & 1 \end{pmatrix} \quad (3)\ \begin{pmatrix} 3 & 1 \\ 2 & 0 \end{pmatrix} \quad (4)\ \begin{pmatrix} 2 & -1 \\ -6 & 3 \end{pmatrix}$$

問 1.5　次の行列が逆行列をもたないように，a の値を定めよ．

$$(1)\ \begin{pmatrix} a & 2 \\ -1 & a-3 \end{pmatrix} \quad (2)\ \begin{pmatrix} a & 4 \\ 3 & 2 \end{pmatrix} \quad (3)\ \begin{pmatrix} a-1 & 4 \\ 1 & a-1 \end{pmatrix}$$

§ 1.3　行列式とクラメルの公式

2次行列 A によって定まる量 $ad-bc$ を A の**行列式**といい，$|A|$ あるいは

$$\begin{vmatrix} a & b \\ c & d \end{vmatrix} = ad-bc$$

と表す．行列式を用いると，$|A| \neq 0$ ならば連立方程式の解は

$$x = \frac{\begin{vmatrix} p & b \\ q & d \end{vmatrix}}{\begin{vmatrix} a & b \\ c & d \end{vmatrix}}, \quad y = \frac{\begin{vmatrix} a & p \\ c & q \end{vmatrix}}{\begin{vmatrix} a & b \\ c & d \end{vmatrix}}$$

と表すことができる．この表示式は，2元連立1次方程式の解を表す便利な公式で，**クラメル**[2] **の公式**といわれる．

例題 1.2　連立1次方程式

$$\begin{cases} x + y = 1 \\ ax + by = c \end{cases} \quad (a \neq b)$$

をクラメルの公式を用いて解け．

解答

$$x = \frac{\begin{vmatrix} 1 & 1 \\ c & b \end{vmatrix}}{\begin{vmatrix} 1 & 1 \\ a & b \end{vmatrix}} = \frac{b-c}{b-a}, \quad y = \frac{\begin{vmatrix} 1 & 1 \\ a & c \end{vmatrix}}{\begin{vmatrix} 1 & 1 \\ a & b \end{vmatrix}} = \frac{c-a}{b-a}.$$

∎

[2] Cramer(人名).

ここで，後の第 4, 5 章のために，未知数 x, y, z の連立 1 次方程式

$$\begin{cases} a_1x + a_2y + a_3z = 0 \\ b_1x + b_2y + b_3z \ = 0 \end{cases}$$

を考える．この方程式は無数の解をもち，1 つの解を x, y, z とすれば，任意の数 k について kx, ky, kz も解であることがわかる．解の表示式は

例題 1.3　上の連立 1 次方程式 の解 x, y, z は次式をみたすことを示せ．

$$x : y : z = \begin{vmatrix} a_2 & a_3 \\ b_2 & b_3 \end{vmatrix} : \begin{vmatrix} a_3 & a_1 \\ b_3 & b_1 \end{vmatrix} : \begin{vmatrix} a_1 & a_2 \\ b_1 & b_2 \end{vmatrix}$$

ここで，$a_1 = kb_1, a_2 = kb_2, a_3 = kb_3$ は同時に成立しないとする．

解答　たとえば $a_1b_2 - a_2b_1 \neq 0$ のとき，$X = \dfrac{x}{z}, Y = \dfrac{y}{z}$ とおくと，方程式は

$$\begin{cases} a_1X + a_2Y + a_3 = 0 \\ b_1X + b_2Y + b_3 \ = 0. \end{cases}$$

クラメルの公式で $p = -a_3, q = -b_3$, とすれば解は

$$X = \frac{\begin{vmatrix} -a_3 & a_2 \\ -b_3 & b_2 \end{vmatrix}}{\begin{vmatrix} a_1 & a_2 \\ b_1 & b_2 \end{vmatrix}} = \frac{a_2b_3 - a_3b_2}{a_1b_2 - a_2b_1}, \quad Y = \frac{\begin{vmatrix} a_1 & -a_3 \\ b_1 & -b_3 \end{vmatrix}}{\begin{vmatrix} a_1 & a_2 \\ b_1 & b_2 \end{vmatrix}} = \frac{a_3b_1 - a_1b_3}{a_1b_2 - a_2b_1}$$

と表される．したがって

$$\begin{aligned} x : y : z &= X : Y : 1 \\ &= a_2b_3 - a_3b_2 : a_3b_1 - a_1b_3 : a_1b_2 - a_2b_1 \end{aligned}$$

より求める式が得られる．他の場合も同様に示される．■

問 1.6　次の連立 1 次方程式をクラメルの公式を用いて解け．

(1) $\begin{cases} 4x + 5y = 6 \\ 3x + 4y = 5 \end{cases}$　　(2) $\begin{cases} 3x - y = 1 \\ 4x + 2y = 18 \end{cases}$

(3) $\begin{cases} 3x - 7y = 1 \\ -x + 2y = 0 \end{cases}$　　(4) $\begin{cases} x + 2y = 1 \\ 2x + 3y = 3 \end{cases}$

◆練習問題1◆

1.1 次の行列を A とおくとき A^n を n の式で表せ.

$$(1)\ \begin{pmatrix} \lambda & 1 \\ 0 & \lambda \end{pmatrix} \quad (2)\ \begin{pmatrix} 0 & -1 \\ 1 & 0 \end{pmatrix} \quad (3)\ \begin{pmatrix} \cos\theta & -\sin\theta \\ \sin\theta & \cos\theta \end{pmatrix}$$

1.2 $A = \begin{pmatrix} -2 & -1 \\ 2 & 2 \end{pmatrix}$ のとき $A^2 - 2I$ を計算せよ．また，これを用いて A^n を計算せよ.

1.3 2次行列 $A = \begin{pmatrix} a & b \\ c & d \end{pmatrix}$ について $A^2 - (a+d)A + (ad-bc)I$ を計算せよ.

1.4 次の行列 A と交換可能：$AX = XA$ をみたす行列 $X = \begin{pmatrix} a & b \\ c & d \end{pmatrix}$ を求めよ.

$$(1)\ \begin{pmatrix} 1 & 1 \\ 0 & 1 \end{pmatrix} \quad (2)\ \begin{pmatrix} 0 & 1 \\ 1 & 0 \end{pmatrix} \quad (3)\ \begin{pmatrix} 0 & -1 \\ 1 & 0 \end{pmatrix}$$

1.5 2次行列 $A = \begin{pmatrix} a & b \\ c & d \end{pmatrix}$，$B = \begin{pmatrix} p & q \\ r & s \end{pmatrix}$ の行列式について，両辺を計算することによって $|AB| = |A||B|$ が成立することを確かめよ.

2
連立 1 次方程式

右図のブリッジ回路の電流 I_0, I_1, I_2, I_3, I_4 を決定するには

1. キルヒホッフの第 1 法則：

$$I_1 - I_0 - I_2 = 0$$
$$I_0 + I_3 - I_4 = 0$$

2. キルヒホッフの第 2 法則：

$$R_1 I_1 + R_0 I_0 - R_3 I_3 = 0$$
$$R_2 I_2 - R_4 I_4 - R_0 I_0 = 0$$
$$R_3 I_3 + R_4 I_4 = E$$

をみたす I_0, I_1, I_2, I_3, I_4 を求めればよい．

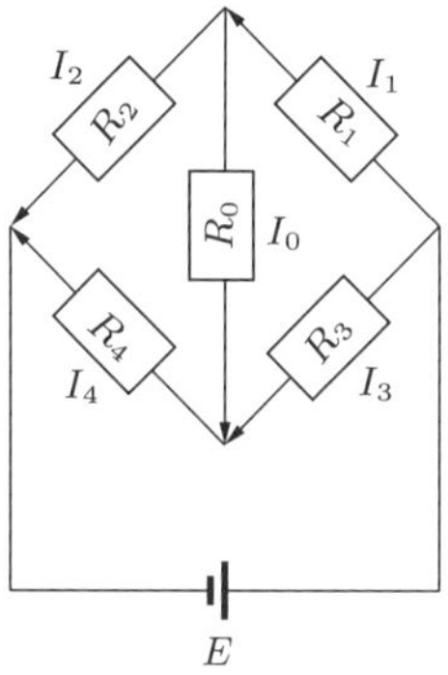

これは，未知数と方程式の数がちょうど 5 個の連立 1 次方程式である．この連立方程式は解けるのであろうか？ また，もっと大きな回路を設計するときには，たくさんの (たとえば 5000 個) 未知数をもつ連立 1 次方程式を解くことが必要となる．このような，大きな連立方程式はどうなのか？

この章では，与えられた連立方程式の係数と右辺からなる **配列** (array) を，基本的な手順で変形すれば，解が求められることを学ぶ．この方法を用いると，大きな連立 1 次方程式でも，コンピュータを使えば短時間で解け，また，解が存在するかしないかの判定も容易にできるのである．

§ 2.1　消去法

未知数 x, y, z に関する，具体的な連立1次方程式

$$\begin{cases} x - 2y - 3z = 4 & \cdots \text{①} \\ 2x + 3y + 4z = 4 & \cdots \text{②} \\ 3x - 4y - 7z = 10 & \cdots \text{③} \end{cases}$$

を解いてみよう．

(i)　未知数 x を消去するために ① 式を 2 倍して ② 式から引き，① 式を 3 倍して ③ 式から引くと，次の y, z に関する連立方程式を得る．

$$\begin{cases} 7y + 10z = -4 & \cdots \text{④} \\ 2y + \ 2z = -2 & \cdots \text{⑤} \end{cases}$$

(ii)　⑤ 式を 2 で割ると

$$\begin{cases} 7y + 10z = -4 & \cdots \text{④} \\ y + \quad z = -1 & \cdots \text{⑥}. \end{cases}$$

(iii)　未知数 y を消去するために ⑥ 式を 7 倍して，④ 式から引くと

$$3z = 3, \quad z = 1.$$

(iv)　この値を ⑥ 式，① 式に代入すると，次の解を得る．

$$x = 3, \quad y = -2, \quad z = 1$$

ここで，この解き方を振り返ってみると：(i) で方程式 ① の役割は終わったように見えるが，(iv) でまた必要となる：また，(iii) で方程式 ⑥ は消えるが，(iv) で復活する．したがって，(i) ～ (iv) まで，方程式はいつも 3 つあることになる．より的確にいえば，次の 2 つの連立方程式において

$$\begin{cases} x - 2y - 3z = 4 \\ 2x + 3y + 4z = 4 \\ 3x - 4y - 7z = 10 \end{cases} \iff \begin{cases} x - 2y - 3z = 4 \\ 7y + 10z = -4 \\ 2y + \ 2z = -2 \end{cases}$$

左の連立方程式をみたす x, y, z と，右の連立方程式をみたす x, y, z とは同一である．このとき，2 つの連立方程式は**同値**な連立方程式であるという．

したがって，以上の解法は

$$\Longleftrightarrow \begin{cases} x - 2y - \ \ 3z = \ \ 4 \\ \qquad 7y + 10z = -4 \\ \qquad\ \ y + \quad z = -1 \end{cases} \Longleftrightarrow \begin{cases} x - 2y - \ \ 3z = \ \ 4 \\ \qquad\ \ y + \quad z = -1 \\ \qquad 7y + 10z = -4 \end{cases}$$

$$\Longleftrightarrow \begin{cases} x - 2y - 3z = \ \ 4 \\ \qquad y + \ z = -1 \\ \qquad\quad\ 3z = \ \ 3 \end{cases} \Longleftrightarrow \begin{cases} x - 2y - 3z = \ \ 4 \\ \qquad y + \ z = -1 \\ \qquad\qquad z = \ \ 1 \end{cases}$$

$$\Longleftrightarrow \begin{cases} x - 2y - 3z = \ \ 4 \\ \qquad y \qquad\ = -2 \\ \qquad\qquad z = \ \ 1 \end{cases} \Longleftrightarrow \begin{cases} x \qquad\quad\ = \ \ 3 \\ \quad y \qquad = -2 \\ \qquad\quad z = \ \ 1 \end{cases}$$

のような連立方程式の同値な変形を行い，方程式をできるだけ単純な形に変形してきたといえる．とくに，最後の式は解の表示であるが，これも 1 つの連立方程式と考えたほうがよい．

以上のような解法を**消去法**という．消去法で用いる連立方程式の同値な変形は次の 3 つである (この 3 つ以外は用いない)．

1)　1 つの方程式に 0 でない数を掛ける，

2)　1 つの方程式の定数倍を他の方程式に加える，

3)　2 つの方程式を入れ替える．

これらを，連立 1 次方程式の**基本変形**という．後のために，例題を 2 つ検討する．

例題 2.1　次の連立 1 次方程式の解を求めよ．

$$\begin{cases} x - 2y - 3z = \ \ 4 \\ 2x + 3y + \ z = \ \ 1 \\ 3x - 4y - 7z = 10 \end{cases}$$

解答　消去法による．

$$\begin{cases} x-2y-3z=4 \\ 2x+3y+z=1 \\ 3x-4y-7z=10 \end{cases} \iff \begin{cases} x-2y-3z=4 \\ 7y+7z=-7 \\ 2y+2z=-2 \end{cases}$$

$$\iff \begin{cases} x-2y-3z=4 \\ y+z=-1 \\ 2y+2z=-2 \end{cases} \iff \begin{cases} x \quad -z=2 \\ y+z=-1 \\ 0=0 \end{cases}$$

ここで，3番目の方程式は $0x+0y+0z=0$ という，いつも成立する式である．これは，方程式は3つあるが，実際は2つの連立方程式であることを示している．したがって，$x-z=2$, $y+z=-1$ をみたすすべての x,y,z が解となるので，たとえば，$z=c$ とおくと

$$\begin{cases} x=2+c \\ y=-1-c \\ z=c \end{cases} \qquad (c\text{：任意定数})$$

のように解全体を表すことができる．とくに**無限個の解**をもつことがわかる．■

例題 2.2　次の連立1次方程式の解を求めよ．

$$\begin{cases} x-2y-3z=4 \\ 2x+3y+z=4 \\ 3x-4y-7z=10 \end{cases}$$

解答　上の例題と同様に

$$\begin{cases} x-2y-3z=4 \\ 2x+3y+z=4 \\ 3x-4y-7z=10 \end{cases} \iff \begin{cases} x-2y-3z=4 \\ 7y+7z=-4 \\ 2y+2z=-2 \end{cases}$$

$$\iff \begin{cases} x-2y-3z=4 \\ y+z=-1 \\ 7y+7z=-4 \end{cases} \iff \begin{cases} x \quad -z=2 \\ y+z=-1 \\ 0=3 \end{cases}$$

ここで，3番目の方程式は $0=3$ という，まったく成立しない式である．これは，この連立方程式をみたす解は **存在しない** ことを意味する．■

以上，見てきたように，連立1次方程式には

1)　解がただ1組存在する，

2)　解が無数に存在する，

3)　解が存在しない

の 3 通りの場合がある．以後の節で，これらの判定法を学ぶ．

§ 2.2　行列の基本変形

n 個の未知数 $x_1, x_2, \cdots, x_n$ に関する m 個の方程式からなる，連立 1 次方程式を考える．このような一般の方程式を書き表すのには，二重の添字をもつ係数 a_{ij} を用いると便利である．

$$\begin{cases} a_{11}x_1 + a_{12}x_2 + & \cdots & + a_{1n}x_n & = b_1 \\ a_{21}x_1 + a_{22}x_2 + & \cdots & + a_{2n}x_n & = b_2 \\ \quad\vdots & \ddots & \vdots & = \vdots \\ a_{m1}x_1 + a_{m2}x_2 + & \cdots & + a_{mn}x_n & = b_m \end{cases}$$

上の連立 1 次方程式のように，mn 個の数や二重添字をもつ文字 $a_{ij}, 1 \leqq i \leqq m$，$1 \leqq j \leqq n$ を長方形に並べたもの (配列) を m **行** n **列行列** (matrix) (略して $m \times n$ 行列) といい，大文字 A, B, C などで表す．とくに，n 行 1 列行列を n 次**数ベクトル**といい，太文字 $\boldsymbol{a}, \boldsymbol{b}$ などで表す．すなわち

$$A = \begin{pmatrix} a_{11} & a_{12} & \cdots & a_{1n} \\ a_{21} & a_{22} & \cdots & a_{2n} \\ \vdots & \vdots & \ddots & \vdots \\ a_{m1} & a_{m2} & \cdots & a_{mn} \end{pmatrix}, \quad \boldsymbol{x} = \begin{pmatrix} x_1 \\ x_2 \\ \vdots \\ x_n \end{pmatrix}, \quad \boldsymbol{b} = \begin{pmatrix} b_1 \\ b_2 \\ \vdots \\ b_m \end{pmatrix}$$

ここで，行列 A において，a_{ij} を (i, j) **成分**という．また，i 番目の横の並び

$$a_{i1} \quad a_{i2} \quad \cdots \quad a_{in}$$

を**第** i **行**といい，同様に，j 番目の縦の並び

$$\begin{matrix} a_{1j} \\ a_{2j} \\ \vdots \\ a_{mj} \end{matrix}$$

を**第 j 列**という．この，第 j 列を数ベクトルと考えたものを**第 j 列ベクトル**といい $\boldsymbol{a}_j$ のように表す．これらの列ベクトルを用いれば，行列を

$$A = (\boldsymbol{a}_1 \ \ \boldsymbol{a}_2 \ \ \cdots \ \ \boldsymbol{a}_n)$$

と表すことができる．

連立1次方程式においては，係数 a_{ij} をそのまま並べた行列 A を**係数行列**という．この係数行列と数ベクトルを用いると，連立1次方程式は

$$A\boldsymbol{x} = \boldsymbol{b}$$

のように形式的に表すことができる (上の式の正確な意味は，次の章で学ぶ)．係数と右辺 b_i を並べた行列を $(A \ \ \boldsymbol{b})$ と表し，**拡大係数行列**という．すなわち

$$(A \ \ \boldsymbol{b}) = \begin{pmatrix} a_{11} & a_{12} & \cdots & a_{1n} & b_1 \\ a_{21} & a_{22} & \cdots & a_{2n} & b_2 \\ \vdots & \vdots & \ddots & \vdots & \vdots \\ a_{m1} & a_{m2} & \cdots & a_{mn} & b_m \end{pmatrix}.$$

これが，与えられた連立1次方程式のすべてのデータからなる配列である．消去法において，この配列がどのように変形されているかを見てみよう．

前節の例で，消去法の各ステップの拡大係数行列は次のようになる[1]．

$$\begin{pmatrix} 1 & -2 & -3 & 4 \\ 2 & 3 & 4 & 4 \\ 3 & -4 & -7 & 10 \end{pmatrix} \longrightarrow \begin{pmatrix} 1 & -2 & -3 & 4 \\ 0 & 7 & 10 & -4 \\ 0 & 2 & 2 & -2 \end{pmatrix}$$
$$\longrightarrow \begin{pmatrix} 1 & -2 & -3 & 4 \\ 0 & 7 & 10 & -4 \\ 0 & 1 & 1 & -1 \end{pmatrix} \longrightarrow \begin{pmatrix} 1 & -2 & -3 & 4 \\ 0 & 1 & 1 & -1 \\ 0 & 7 & 10 & -4 \end{pmatrix}$$
$$\longrightarrow \begin{pmatrix} 1 & -2 & -3 & 4 \\ 0 & 1 & 1 & -1 \\ 0 & 0 & 3 & 3 \end{pmatrix} \longrightarrow \begin{pmatrix} 1 & -2 & -3 & 4 \\ 0 & 1 & 1 & -1 \\ 0 & 0 & 1 & 1 \end{pmatrix}$$

---

[1] 記号 $\longrightarrow$ は2つの行列が，行基本変形で互いに移り合う意味で用いる．等号 $=$ と同じように使えるが，等号でないことに注意する．

$$\longrightarrow \begin{pmatrix} 1 & -2 & -3 & 4 \\ 0 & 1 & 0 & -2 \\ 0 & 0 & 1 & 1 \end{pmatrix} \longrightarrow \begin{pmatrix} 1 & 0 & 0 & 3 \\ 0 & 1 & 0 & -2 \\ 0 & 0 & 1 & 1 \end{pmatrix}$$

これらの各ステップでの変形は，消去法の基本変形に対応する

1)　1 つの行に 0 でない数を掛ける，

2)　1 つの行の定数倍を他の行に加える，

3)　2 つの行を入れ替える．

の 3 つの変形に他ならない．これらを，行列の**行基本変形**という．

以上に見てきたとおり，連立 1 次方程式を消去法を用いて解くことは，拡大係数行列 $(A\ \ \boldsymbol{b})$ を行基本変形により簡単な形に変形することに等しい．このように，行基本変形を用いて連立 1 次方程式を解く方法を**掃き出し法**という．

定理 2.1　消去法と行基本変形　連立 1 次方程式の拡大係数行列 $(A\ \ \boldsymbol{b})$ に行基本変形を行い得られた行列を $(B\ \ \boldsymbol{d})$ とする．すなわち

$$(A\ \ \boldsymbol{b}) \longrightarrow (B\ \ \boldsymbol{d}).$$

このとき，$B = (b_{ij})$, $\boldsymbol{d} = (d_i)$ と表すと，もとの方程式は連立 1 次方程式：

$$\begin{cases} b_{11}x_1 + b_{12}x_2 + & \cdots & + b_{1n}x_n &= d_1 \\ b_{21}x_1 + b_{22}x_2 + & \cdots & + b_{2n}x_n &= d_2 \\ \vdots & \ddots & \vdots &= \vdots \\ b_{m1}x_1 + b_{m2}x_2 + & \cdots & + b_{mn}x_n &= d_m \end{cases}$$

と同値である．とくに $m = n$ で

$$(B\ \ \boldsymbol{d}) = \begin{pmatrix} 1 & 0 & \cdots & 0 & d_1 \\ 0 & 1 & \cdots & 0 & d_2 \\ \vdots & \vdots & \ddots & \vdots & \vdots \\ 0 & 0 & \cdots & 1 & d_n \end{pmatrix}.$$

ならば，求める解は

$$x_1 = d_1, \quad x_2 = d_2, \quad \ldots, \quad x_n = d_n.$$

問 2.1　次の連立 1 次方程式の解を求めよ．

(1) $\begin{cases} x - y + 3z = 2 \\ -x + 2y + z = 15 \\ 3x - 4y + 6z = -8 \end{cases}$　　(2) $\begin{cases} 2x + 11y + 6z = 19 \\ x + 7y - z = -8 \\ 2x + 12y + 3z = 6 \end{cases}$

§ 2.3　階段行列

連立1次方程式を掃き出し法を用いて解くときに，どこまで行基本変形を続ければよいのであろうか？ その答えが，この節で学ぶ行列である．m 行 n 列行列 $B = (b_{ij})$ が $B = O$ (成分がすべて 0 の行列) または以下で述べる形をしているとき，**階段行列**という．上記の $(B \;\; \boldsymbol{d})$ は階段行列の1つである．

ある正整数 r $(1 \leqq r \leqq m)$ が定まり，第1行から第 r 行までの各行は **ピボット** (pivot) といわれる数1を含み，次の1)～3) をみたしている．

1)　ピボットを含まない行 (第 $r+1$ 行以下) の成分はすべて 0 である．

2)　ピボットより左にある成分はすべて 0 である．

3)　各 i $(1 \leqq i \leqq r)$ 行のピボットが含まれる列を p_i と表すと

$$p_1 < p_2 < \cdots < p_r$$

が成立し，B の p_i 列ベクトル $\boldsymbol{b}_{p_i}$ は，次のような基本ベクトルである．

$$\boldsymbol{b}_{p_i} = \begin{matrix} \\ \\ \\ i> \\ \\ \\ \\ \\ \end{matrix}\begin{pmatrix} 0 \\ \vdots \\ 0 \\ 1 \\ 0 \\ \vdots \\ 0 \\ 0 \end{pmatrix} \quad : i \text{ 成分のみ } 1 \text{ で他は } 0$$

ピボットを $\boxed{1}$ と表すと，階段行列のおよその形は次のようである．

$$
\begin{array}{c}
 \\ \\ \\ \\ \\ \\ r> \\ \\ \\
\end{array}
\begin{array}{ccccccccccccccc}
 & & & p_1 & & & & p_2 & & & & p_r & & & \\
 & & & \vee & & & & \vee & & & & \vee & & & \\
\end{array}
$$

$$
\left(\begin{array}{ccccccccccccccc}
0 & \cdots & 0 & \boxed{1} & * & \cdots & * & 0 & * & \cdots & * & 0 & * & \cdots & * \\
0 & \cdots & & 0 & & \cdots & 0 & \boxed{1} & * & \cdots & * & 0 & * & \cdots & * \\
0 & \cdots & & 0 & & \cdots & & 0 & * & \cdots & * & 0 & * & \cdots & * \\
\vdots & \ddots & & \vdots & & \ddots & & \vdots & & \ddots & \vdots & \vdots & \vdots & \ddots & \vdots \\
\vdots & \ddots & & \vdots & & \ddots & & \vdots & & \ddots & * & 0 & * & \cdots & * \\
0 & \cdots & & 0 & & \cdots & & 0 & & \cdots & 0 & \boxed{1} & * & \cdots & * \\
 & & & & & & & & & & & & & & \\
 & & & & & & & & O & & & & & & \\
 & & & & & & & & & & & & & &
\end{array}\right)
$$

（上の行列で，p_1, p_2, p_r は各列の位置，$r>$ は第 r 行を示す）

ここで，ピボットを含む行の個数 r を行列 B の**階数** (rank) といい

$$\operatorname{rank} B \quad \text{または} \quad r(B)$$

と表す．いままでに出てきた行列のうちで，次の行列は階段行列である．

$$
\begin{pmatrix} 1 & 0 & 0 & 3 \\ 0 & 1 & 0 & -2 \\ 0 & 0 & 1 & 1 \end{pmatrix}
\quad
\begin{pmatrix} 1 & 0 & -1 & 2 \\ 0 & 1 & 1 & -1 \\ 0 & 0 & 0 & 0 \end{pmatrix}
\quad
\begin{pmatrix} 1 & 0 & \cdots & 0 & d_1 \\ 0 & 1 & \cdots & 0 & d_2 \\ \vdots & \vdots & \ddots & \vdots & \vdots \\ 0 & 0 & \cdots & 1 & d_n \end{pmatrix}
$$

階数はそれぞれ 3, 2, n である．

問 2.2　以下の行列のなかで階段行列はどれか．また，そうでないものは階段行列に変形せよ．

$$
(1)\ \begin{pmatrix} 1 & -1 & 2 & 3 \\ 0 & 1 & 1 & -2 \\ 0 & 0 & 0 & 0 \end{pmatrix}
\quad
(2)\ \begin{pmatrix} 1 & 2 & -3 & 2 \\ 0 & 1 & 1 & -1 \\ 0 & 0 & 0 & 4 \end{pmatrix}
\quad
(3)\ \begin{pmatrix} 1 & 0 & 0 \\ 0 & 1 & 0 \\ 0 & 0 & 1 \end{pmatrix}
$$

$$
(4)\ \begin{pmatrix} 0 & 0 & 0 & 0 \\ 1 & 0 & 2 & 3 \\ 0 & 1 & 1 & -2 \end{pmatrix}
\quad
(5)\ \begin{pmatrix} 1 & 0 & 0 & 0 \\ 0 & 1 & 1 & -1 \\ 0 & 0 & 0 & 1 \end{pmatrix}
$$

掃き出し法においては，行列の要素を一般的な計算の手順 (アルゴリズム) に

従って加減乗除をすれば，必ず階段行列に変形できることが重要である．この手順は次の定理の証明に示されている．

定理 2.2　任意の行列 A は有限回の行基本変形により，階段行列に変形される．

証明　行列 A を $m \times n$ 行列とし，行の数 m についての数学的帰納法による．
(1) $m = 1$ のとき：　$A = O$ ならばすでに階段行列．$A = (a_1\ a_2\ \cdots\ a_n)$ とおき，a_1 から順に見て 0 でないはじめての成分を a と表す．このとき

$$A = (0\ \cdots\ 0\ a\ *\ \cdots\ *)$$

$$\longrightarrow (0\ \cdots\ 0\ 1\ *\ \cdots\ *) \quad \text{：第1行を } a \text{ で割る．}$$

したがって，階段行列となる．
(2) $m = k$ のとき正しいと仮定して，$m = k + 1$ とする：$A = O$ ならばすでに階段行列．$A = (a_{ij})$ とおき，第1列から順に見て 0 でないはじめての列を第 p_1 列とする．ここで第 i_1 行目に 0 でない成分があるとして，それを a と表す．このとき

$$A = \begin{pmatrix} 0 & \cdots & 0 & * & \cdots & * \\ \vdots & \ddots & \vdots & a & \ddots & \vdots \\ 0 & \cdots & 0 & * & \cdots & * \end{pmatrix}$$

$$\longrightarrow \begin{pmatrix} 0 & \cdots & 0 & a & \cdots & * \\ \vdots & \ddots & \vdots & \vdots & \ddots & \vdots \\ 0 & \cdots & 0 & * & \cdots & * \end{pmatrix} \quad \text{：第1行と第 } i_1 \text{ 行を交換}$$

$$\longrightarrow \begin{pmatrix} 0 & \cdots & 0 & 1 & \cdots & * \\ \vdots & \ddots & \vdots & \vdots & \ddots & \vdots \\ 0 & \cdots & 0 & * & \cdots & * \end{pmatrix} \quad \text{：第1行を } a \text{ で割る}$$

$$\longrightarrow \begin{pmatrix} 0 & \cdots & 0 & 1 & * & \cdots & * \\ 0 & \cdots & 0 & 0 & * & \cdots & * \\ \vdots & \ddots & \vdots & \vdots & \vdots & \ddots & \vdots \\ 0 & \cdots & 0 & 0 & * & \cdots & * \end{pmatrix} \quad \text{：第1行に適当な数を掛けて第2行以下から引く}$$

と変形される．この最後の行列の第 2 行目以下を $k \times n$ 行列と考えて A' とおくと，帰納法の仮定により，有限回の変形で階段行列 $B' = (b'_{ij})$ に変形される．したがって

$$A \longrightarrow \begin{pmatrix} 0 & \cdots & 0 & 1 & * & \cdots & * \\ 0 & \cdots & 0 & 0 & & & \\ \vdots & \ddots & \vdots & \vdots & & b'_{ij} & \\ 0 & \cdots & 0 & 0 & & & \end{pmatrix}.$$

ここで B' のピボットを含む列を $p_2 < p_3 < \cdots < p_r$ とおくと，上の行列の第 p_i 列は

$$\boldsymbol{b}_{p_i} = {\scriptstyle i>} \begin{pmatrix} a'_{1p_i} \\ 0 \\ \vdots \\ 0 \\ 1 \\ 0 \\ \vdots \\ 0 \end{pmatrix}$$

：第 i 成分が 1 で，他は第 1 成分を除き 0

となっているので，上 (左) から順番に第 p_i 行に a'_{ip_i} を掛けて，第 1 行から引けば，求める階段行列が得られる．

以上により，すべての m について定理が証明された．∎

例題 2.3　次の行列 A を行基本変形により階段行列に変形せよ．

$$A = \begin{pmatrix} 0 & 2 & -2 & 1 & 3 \\ 1 & 3 & 1 & 1 & 2 \\ 3 & 5 & 7 & 2 & 2 \\ 2 & 4 & 4 & 2 & 3 \end{pmatrix}$$

解答

$$A \to \begin{pmatrix} 1 & 3 & 1 & 1 & 2 \\ 0 & 2 & -2 & 1 & 3 \\ 3 & 5 & 7 & 2 & 2 \\ 2 & 4 & 4 & 2 & 3 \end{pmatrix}$$

：第 1 行と第 2 行を入れ替える

$$\to \begin{pmatrix} 1 & 3 & 1 & 1 & 2 \\ 0 & 2 & -2 & 1 & 3 \\ 0 & -4 & 4 & -1 & -4 \\ 0 & -2 & 2 & 0 & -1 \end{pmatrix}$$

：第 1 行の 3 倍を第 3 行から引き
第 1 行の 2 倍を第 4 行から引く

$$\to \begin{pmatrix} 1 & 3 & 1 & 1 & 2 \\ 0 & 2 & -2 & 1 & 3 \\ 0 & 0 & 0 & 1 & 2 \\ 0 & 0 & 0 & 1 & 2 \end{pmatrix}$$

：第 2 行の 2 倍を第 3 行に加え
第 2 行を第 4 行に加える

$$\to \begin{pmatrix} 1 & 3 & 1 & 1 & 2 \\ 0 & 2 & -2 & 1 & 3 \\ 0 & 0 & 0 & 1 & 2 \\ 0 & 0 & 0 & 0 & 0 \end{pmatrix} \quad : \text{第3行を第4行から引く}$$

$$\to \begin{pmatrix} 1 & 3 & 1 & 1 & 2 \\ 0 & 1 & -1 & \frac{1}{2} & \frac{3}{2} \\ 0 & 0 & 0 & 1 & 2 \\ 0 & 0 & 0 & 0 & 0 \end{pmatrix} \quad : \text{第2行を} \frac{1}{2} \text{倍する}$$

$$\to \begin{pmatrix} 1 & 0 & 4 & -\frac{1}{2} & -\frac{5}{2} \\ 0 & 1 & -1 & \frac{1}{2} & \frac{3}{2} \\ 0 & 0 & 0 & 1 & 2 \\ 0 & 0 & 0 & 0 & 0 \end{pmatrix} \quad : \text{第2行の3倍を第1行から引く}$$

$$\to \begin{pmatrix} 1 & 0 & 4 & 0 & -\frac{3}{2} \\ 0 & 1 & -1 & 0 & \frac{1}{2} \\ 0 & 0 & 0 & 1 & 2 \\ 0 & 0 & 0 & 0 & 0 \end{pmatrix} \quad : \begin{array}{l} \text{第3行の} \frac{1}{2} \text{倍を第1行に加え} \\ \text{第3行の} \frac{1}{2} \text{倍を第2行から引く} \end{array}$$

■

上の例題の計算は，分数をなるべく出さないように，定理 2.2 の手順とは異なる方法で行った．このように，行列の形に応じて計算を工夫することも大切である．階段行列に変形する手順は何通りもあるが，最後に出てくる階段行列はいつも等しい．この事実は次の定理によるが，証明は次章で行列の演算を準備をしてから行う．

定理 2.3　任意の行列 A について，その階段行列 B の形は変形の手順にかかわらず一定である．

行列 A から定まる階段行列 B の階数を A の階数といい $\operatorname{rank} A$ または $r(A)$ と表す．すなわち，上の例題 2.3 においては $\operatorname{rank} A = 3$ で

$$\operatorname{rank} A = r(A) = \operatorname{rank} B.$$

上の定理により，行列の階数もその行列自身の特徴であることがわかる．

問 2.3 次の行列を行基本変形により階段行列に変形せよ.

(1) $\begin{pmatrix} 1 & 2 & -1 & 3 \\ 3 & 5 & 2 & 3 \\ 5 & 8 & 5 & 3 \end{pmatrix}$　　(2) $\begin{pmatrix} 0 & 2 & 2 \\ 2 & -1 & 5 \\ 1 & 4 & 3 \end{pmatrix}$

(3) $\begin{pmatrix} 3 & 1 & 7 & 9 & 4 \\ -1 & 0 & -2 & -3 & 5 \\ 1 & 1 & 4 & 4 & 7 \\ -2 & -1 & -5 & -6 & 6 \end{pmatrix}$

§ 2.4 連立 1 次方程式の解法

この節では, n 個の未知数 $x_1, x_2, \cdots, x_n$ に関する m 個の方程式からなる, 連立 1 次方程式を解いてみよう. § 2.2 の記号を用いて, 拡大係数行列

$$(A \ \ \boldsymbol{b}) = \begin{pmatrix} a_{11} & a_{12} & \cdots & a_{1n} & b_1 \\ a_{21} & a_{22} & \cdots & a_{2n} & b_2 \\ \vdots & \vdots & \ddots & \vdots & \vdots \\ a_{m1} & a_{m2} & \cdots & a_{mn} & b_m \end{pmatrix}$$

の行基本変形により解を求める. この場合, 係数行列 A を階段行列に変形する. § 2.3 の結果より, A の階段行列を $B = (b_{ij})$, $\operatorname{rank} A = r$ とすると

$$(A \ \ \boldsymbol{b}) \to {}_{r>} \begin{pmatrix} 0 & \cdots & \overset{p_1}{\boxed{1}} & & & & & & & & d_1 \\ 0 & \cdots & 0 & \cdots & \overset{p_2}{\boxed{1}} & & & & & & d_2 \\ \vdots & \ddots & \vdots & \ddots & \vdots & \ddots & & & b_{ij} & & \vdots \\ 0 & \cdots & 0 & \cdots & 0 & \cdots & \overset{p_r}{\boxed{1}} & & & & d_r \\ & & & & & & & 0 & \cdots & 0 & d_{r+1} \\ & & & O & & & & \vdots & \ddots & \vdots & \vdots \\ & & & & & & & 0 & \cdots & 0 & d_m \end{pmatrix}$$

となる：ここでまた，ピボットを $\boxed{1}$ と表した．定理 2.1 より，もとの方程式は次の新しい連立方程式と同値である ($j \neq p$ とは：$j \neq p_i, 1 \leqq i \leqq n$).

$$\begin{cases} x_{p_1} + \sum_{j \neq p} b_{1j} x_j = d_1 \\ x_{p_2} + \sum_{j \neq p} b_{2j} x_j = d_2 \\ \quad \ddots \qquad \vdots \quad \vdots \quad \vdots \\ x_{p_r} + \sum_{j \neq p} b_{rj} x_j = d_r \\ 0 = d_{r+1} \\ \vdots \quad \vdots \quad \vdots \\ 0 = d_m \end{cases}$$

これ以後，$x_{p_1}, x_{p_2}, \cdots, x_{p_r}$ を**ピボット未知数**と呼ぶことにして，$\sum_{j \neq p} b_{ij} x_j$ はピボット未知数以外についての和を意味するものとする．このような和が出てくる理由は，ピボットが含まれる列では，ピボット以外は0になることによる．

この式を用いると，連立1次方程式の解はただちに求められる．後半の $m-r$ 個の方程式は解に関係がないようにみえるが，これらは連立方程式が解けるための条件を示している．すなわち，解が存在するときには

$$d_{r+1} = \cdots = d_m = 0$$

が成立する必要がある．逆に上の条件が成立するときは，ピボットでない未知数について

$$x_j = c_j \quad (j \neq p_i, 1 \leqq i \leqq r)$$

とおき，任意定数と考えれば，ピボット未知数は

$$x_{p_i} = d_i - \sum_{j \neq p} b_{ij} x_j = d_i - \sum_{j \neq p} b_{ij} c_j$$

と表される．したがって，解は $n-r$ 個の任意定数を含む．

一般的には，解はこのように任意定数を含むが，$r = n$ ならばすべての未知数がピボットとなる．ここで $m \geqq r = n$ であるが，とくに $m > n$ ならば，

$d_{n+1} = \cdots = d_m = 0$ が成立しているので，階段行列は $n+1$ 以下の 0 の部分を取り除くと

$$(B \;\; \boldsymbol{d}) = \begin{pmatrix} 1 & 0 & \cdots & 0 & d_1 \\ 0 & 1 & \cdots & 0 & d_2 \\ \vdots & \vdots & \ddots & \vdots & \vdots \\ 0 & 0 & \cdots & 1 & d_n \end{pmatrix}$$

となる．したがって，解は

$$x_1 = d_1, \quad x_2 = d_2, \quad \cdots \quad x_n = d_n$$

とただ 1 組に定まる (定理 2.1 参照)．以上をまとめると

定理 2.4　連立 1 次方程式が解をもつ必要十分条件は，係数行列の階数を r とするとき

$$d_{r+1} = \cdots = d_m = 0$$

が成立することである．上の条件が成り立つならば

1) $r = n$ のとき：解はただ 1 組に定まる．

2) $r < n$ のとき：解は無限個で，$n - r$ 個の任意定数で表される．

例題 2.4　次の連立 1 次方程式の解を求めよ (例題 2.1, 2.2 参照)．

$$(1) \begin{cases} x - 2y - 3z = 4 \\ 2x + 3y + 4z = 4 \\ 3x - 4y - 7z = 10 \end{cases} \qquad (2) \begin{cases} x - 2y - 3z = 4 \\ 2x + 3y + z = 1 \\ 3x - 4y - 7z = 10 \end{cases}$$

$$(3) \begin{cases} x - 2y - 3z = 4 \\ 2x + 3y + z = 4 \\ 3x - 4y - 7z = 10 \end{cases}$$

解答　拡大係数行列 $(A \;\; \boldsymbol{b})$ に行基本変形をする．

$$(1) \begin{pmatrix} 1 & -2 & -3 & 4 \\ 2 & 3 & 4 & 4 \\ 3 & -4 & -7 & 10 \end{pmatrix} \longrightarrow \begin{pmatrix} 1 & 0 & 0 & 3 \\ 0 & 1 & 0 & -2 \\ 0 & 0 & 1 & 1 \end{pmatrix}$$ ：計算は § 2.2 参照

したがって，$n = \operatorname{rank} A = 3$ の場合で，$x = 3, y = -2, z = 1$ のただ1つの解をもつ．

$$(2)\quad \begin{pmatrix} 1 & -2 & -3 & 4 \\ 2 & 3 & 1 & 1 \\ 3 & -4 & -7 & 10 \end{pmatrix} \longrightarrow \begin{pmatrix} 1 & 0 & -1 & 2 \\ 0 & 1 & 1 & -1 \\ 0 & 0 & 0 & 0 \end{pmatrix} \quad \text{：計算は§2.1参照}$$

したがって，$n > \operatorname{rank} A = 2$ の場合で，x, y がピボット未知数である．このとき，連立方程式は $x - z = 2$，$y + z = -1$ と同値なので，$z = c$ とおけば解は次のように表される．

$$x = 2 + c, \quad y = -1 - c, \quad z = c \quad (c\text{：任意定数})$$

$$(3)\quad \begin{pmatrix} 1 & -2 & -3 & 4 \\ 2 & 3 & 1 & 4 \\ 3 & -4 & -7 & 10 \end{pmatrix} \longrightarrow \begin{pmatrix} 1 & 0 & -1 & 2 \\ 0 & 1 & 1 & -1 \\ 0 & 0 & 0 & 3 \end{pmatrix} \quad \text{：計算は§2.1参照}$$

これは (2) と同様に，$n > \operatorname{rank} A = 2$ の場合であるが，$d_3 = 3 \neq 0$ なので解をもたない． ∎

未知数が5つある例として

例題 2.5　次の連立1次方程式の解を求めよ．

$$\begin{cases} x_1 + 3x_2 + 2x_3 - 5x_4 \phantom{{}+x_5} = 6 \\ 2x_1 + 6x_2 + 3x_3 - 8x_4 + x_5 = 3 \\ x_1 + 3x_2 \phantom{{}+3x_3} - x_4 + x_5 = -4 \\ 3x_1 + 9x_2 + 3x_3 - 9x_4 + x_5 = 7 \end{cases}$$

解答　例題 2.4 と同様に

$$(A\ \boldsymbol{b}) = \begin{pmatrix} 1 & 3 & 2 & -5 & 0 & 6 \\ 2 & 6 & 3 & -8 & 1 & 3 \\ 1 & 3 & 0 & -1 & 1 & -4 \\ 3 & 9 & 3 & -9 & 1 & 7 \end{pmatrix} \to \begin{pmatrix} 1 & 3 & 0 & -1 & 0 & 4 \\ 0 & 0 & 1 & -2 & 0 & 1 \\ 0 & 0 & 0 & 0 & 1 & -8 \\ 0 & 0 & 0 & 0 & 0 & 0 \end{pmatrix}$$

したがって，$n > r = 3$ の場合で，x_1, x_3, x_5 がピボット未知数である．このとき，連立方程式は $x_1 + 3x_2 - x_4 = 4$，$x_3 - 2x_4 = 1$，$x_5 = -8$ と同値なので，$x_2 = c_1$，$x_4 = c_2$ とおけば解は次のように表される．

$$\begin{cases} x_1 = 4 - 3c_1 + c_2 \\ x_2 = c_1 \\ x_3 = 1 + 2c_2 \\ x_4 = c_2 \\ x_5 = -8 \end{cases} \qquad (c_1, c_2\text{：任意定数}).$$

∎

問 2.4　次の連立 1 次方程式の解を求めよ．

$$(1)\ \begin{cases} -x + y + 3z = 5 \\ 2x + y = 2 \\ 3x - 2y + z = -3 \end{cases} \qquad (2)\ \begin{cases} x + 3y + 5z = -6 \\ 2x + 6y + 7z = 0 \\ 3x + 9y + 8z = 10 \end{cases}$$

連立方程式において，$\boldsymbol{b} = \boldsymbol{0}$ すなわち $b_1 = b_2 = \cdots = b_m = 0$ のとき**同次連立 1 次方程式**という．このとき，連立方程式は

$$A\boldsymbol{x} = \boldsymbol{0}$$

と表され，$\boldsymbol{x} = \boldsymbol{0}$ という解を必ずもつ，これを**自明な解**という． 定理 2.4 より

定理 2.5　同次連立 1 次方程式

(1)　$r = n$ のとき：解は自明な解 $\boldsymbol{x} = \boldsymbol{0}$ ただ 1 組である．

(2)　$r < n$ のとき：自明でない解をもち，解は $n - r$ 個の任意定数で表される．

これらの解については，第 6 章 § 6.3 でまた議論する．

例題 2.6　次の同次連立 1 次方程式の解を求めよ (例題 2.1, 2.2 参照)．

$$(1)\ \begin{cases} x - 2y - 3z = 0 \\ 2x + 3y + 4z = 0 \\ 3x - 4y - 7z = 0 \end{cases} \qquad (2)\ \begin{cases} x_1 + 2x_2 - x_3 - 4x_4 = 0 \\ 2x_1 + 3x_2 - 5x_4 = 0 \\ 2x_1 + x_2 + 4x_3 + 2x_4 = 0 \\ x_1 + x_2 + x_3 - 3x_4 = 0 \end{cases}$$

解答　係数行列 A に行基本変形をする．

$$(1)\ \begin{pmatrix} 1 & -2 & -3 \\ 2 & 3 & 4 \\ 3 & -4 & -7 \end{pmatrix} \longrightarrow \begin{pmatrix} 1 & 0 & 0 \\ 0 & 1 & 0 \\ 0 & 0 & 1 \end{pmatrix} \quad \text{：計算は § 2.2 参照}$$

したがって，$n = r = 3$ の場合で，自明な解 $x = y = z = 0$ がただ 1 つの解である．

$$(2)\ \begin{pmatrix} 1 & 2 & -1 & -4 \\ 2 & 3 & 0 & -5 \\ 2 & 1 & 4 & 2 \\ 1 & 1 & 1 & -3 \end{pmatrix} \longrightarrow \begin{pmatrix} 1 & 0 & 3 & 0 \\ 0 & 1 & -2 & 0 \\ 0 & 0 & 0 & 1 \\ 0 & 0 & 0 & 0 \end{pmatrix}$$

となる．これは $n=4, r=3$ の場合で，自明でない解が存在する．連立方程式は $x_1+3x_3=0,\ x_2-2x_3=0, x_4=0$ と同値なので，$x_3=c$ とおけば解は次のように表される．

$$x_1=-3c,\quad x_2=2c,\quad x_3=c,\quad x_4=0\quad (c：\text{任意定数})$$ ▮

◆練習問題 2 ◆

2.1 次の行列を階段行列に変形せよ．

$$(1)\ \begin{pmatrix} 6 & 3 & -3 \\ -4 & 1 & -7 \\ 1 & 2 & -5 \end{pmatrix} \qquad (2)\ \begin{pmatrix} 1 & -2 & 3 & 1 \\ 2 & -1 & 2 & 2 \\ 3 & 1 & 2 & 3 \end{pmatrix}$$

$$(3)\ \begin{pmatrix} 0 & 2 & 2 \\ 1 & 1 & 3 \\ 3 & -4 & 2 \\ -2 & 3 & -1 \end{pmatrix} \qquad (4)\ \begin{pmatrix} -1 & 2 & 1 & 3 \\ 2 & -1 & -2 & -3 \\ 2 & 3 & 3 & 8 \\ 3 & 1 & 2 & 5 \end{pmatrix}$$

2.2 次の行列の階数 r を求めよ．

$$(1)\ \begin{pmatrix} 1 & 1 & a \\ 1 & a & 1 \\ a & 1 & 1 \end{pmatrix} \qquad (2)\ \begin{pmatrix} a & b & b \\ b & a & b \\ b & b & a \end{pmatrix}$$

$$(3)\ \begin{pmatrix} 1 & a & a^2 \\ 1 & b & b^2 \\ 1 & c & c^2 \end{pmatrix} \qquad (4)\ \begin{pmatrix} 1 & a & a & a \\ a & 1 & a & a \\ a & a & 1 & a \\ a & a & a & 1 \end{pmatrix}$$

2.3 次の連立方程式の解を求めよ．

(1) $\begin{cases} 4x-8y=12 \\ 3x-6y=9 \\ -2x+4y=-6 \end{cases}$　(2) $\begin{cases} x+3y+5z=-1 \\ 3x+5y-z=1 \\ 4x+5y=-5 \end{cases}$

(3) $\begin{cases} 3x+2y-z=-15 \\ 5x+3y+2z=0 \\ 3x+y+3z=11 \\ 11x+7y=-30 \end{cases}$　(4) $\begin{cases} x_1+2x_2-2x_3+3x_4=8 \\ x_1+6x_3+x_4=-2 \\ 2x_1+3x_2-x_3+5x_4=11 \\ x_1+3x_2-5x_3+4x_4=13 \end{cases}$

(5) $\begin{cases} x-y-3z=\alpha \\ 3x-3y-9z=\beta \\ -2x+2y+6z=\gamma \end{cases}$　(6) $\begin{cases} 2x+(k+4)y=2 \\ kx+3ky=-2 \\ x+(k+2)y=3 \end{cases}$

(7) $\begin{cases} 2x-y+3z=0 \\ 3x+2y+z=0 \\ x-4y+5z=0 \end{cases}$　(8) $\begin{cases} 2x_1-4x_2+x_3+x_4=0 \\ x_1-5x_2+2x_3-2x_4=0 \\ x_1+3x_2+4x_4=0 \\ x_1-2x_2-x_3+x_4=0 \end{cases}$

2.4 次の同次連立方程式が自明でない解をもつとき，k の値を求めよ．

(1) $\begin{cases} (k-1)x+4y=0 \\ x+(k-1)y=0 \\ -2x+4y=0 \end{cases}$　(2) $\begin{cases} x+3y-2z=0 \\ x+y+(k+5)z=0 \\ 3x+(k+7)y+4z=0 \end{cases}$

2.5 m 行 n 列行列 A の階数が r のとき，行基本変形に加えて列基本変形を何回か行うと，A は次の形の行列に変形されることを説明せよ．

$$\left(\begin{array}{ccc|c} 1 & \cdots & 0 & \\ \vdots & \ddots & \vdots & O \\ 0 & \cdots & 1 & \\ \hline & O & & O \end{array}\right)$$

ここで，$\begin{pmatrix} 1 & \cdots & 0 \\ \vdots & \ddots & \vdots \\ 0 & \cdots & 1 \end{pmatrix}$ は r 次単位行列で，行基本変形の行を列に変えたものを列基本変形という．

3

行列の演算

第 2 章では，連立 1 次方程式を行列を用いて解くことを学んだ．一方，第 1 章では，2 次行列には積，逆行列のような演算が定義されることを見たが，この章では，一般の行列にもこのような演算を定義する．これらの演算により，連立 1 次方程式と消去法 (行基本変形) の意味が明らかになる．また，第 2 章で保留した，階段行列の一意性も証明される．

§ 3.1　行列の和とスカラー倍

行列には，数と同じような種々の演算が定義される．以後，成分 a_{ij} をもつ $m \times n$ 行列 A を

$$A = (a_{ij}) \quad (1 \leqq i \leqq m,\ 1 \leqq j \leqq n)$$

のように表すことがある．

行列の相等　$m \times n$ 行列 $A = (a_{ij})$ と $p \times q$ 行列 $B = (b_{ij})$ が $m = p,\ n = q$ をみたし，さらに

$$a_{ij} = b_{ij} \quad (1 \leqq i \leqq m,\ 1 \leqq j \leqq n)$$

が成立するとき，A と B は等しいといい，$A = B$ と表す．たとえば $\begin{pmatrix} 1 & 2 \\ 3 & 4 \end{pmatrix}$ と $\begin{pmatrix} 1 & 2 & 0 \\ 3 & 4 & 0 \end{pmatrix}$ は等しくない．

行列の和とスカラー倍　$m \times n$ 行列 $A = (a_{ij}),\ B = (b_{ij})$ と数 k に対し

て **和** $A+B$ と **スカラー倍** kA を次のように定義する．

$$A+B=\begin{pmatrix} a_{11}+b_{11} & a_{12}+b_{12} & \cdots & a_{1n}+b_{1n} \\ a_{21}+b_{21} & a_{22}+b_{22} & \cdots & a_{2n}+b_{2n} \\ \vdots & \vdots & \ddots & \vdots \\ a_{m1}+b_{m1} & a_{m2}+b_{m2} & \cdots & a_{mn}+b_{mn} \end{pmatrix},$$

$$kA=\begin{pmatrix} ka_{11} & ka_{12} & \cdots & ka_{1n} \\ ka_{21} & ka_{22} & \cdots & ka_{2n} \\ \vdots & \vdots & \ddots & \vdots \\ ka_{m1} & ka_{m2} & \cdots & ka_{mn} \end{pmatrix}.$$

また，$(-1)A$ を $-A$ と表し，**差** を $A-B=A+(-B)$ と定義する．また，すべての要素が 0 である行列を **零行列** といい O で表す．

例題 3.1 $A=\begin{pmatrix} 2 & 1 & 4 \\ -1 & 0 & 7 \end{pmatrix}$，$B=\begin{pmatrix} -3 & 2 & 5 \\ 0 & -4 & 1 \end{pmatrix}$ のとき $A-2B$ を求めよ．

解答

$$A-2B=\begin{pmatrix} 2 & 1 & 4 \\ -1 & 0 & 7 \end{pmatrix}-\begin{pmatrix} -6 & 4 & 10 \\ 0 & -8 & 2 \end{pmatrix}$$
$$=\begin{pmatrix} 2+6 & 1-4 & 4-10 \\ -1-0 & 0+8 & 7-2 \end{pmatrix}=\begin{pmatrix} 8 & -3 & -6 \\ -1 & 8 & 5 \end{pmatrix}.$$ ∎

A,B,C を任意の $m\times n$ 行列，k,l を任意の数とするとき，上で定義された演算について次の法則が成立する．

1) $A+B=B+A$
2) $(A+B)+C=A+(B+C)$
3) $A+O=A$
4) $A+(-A)=O$
5) $k(A+B)=kA+kB$
6) $(kl)A=k(lA)$

7) $(k+l)A = kA + lA$

8) $1A = A$.

§ 3.2　行列の積

行列と数ベクトルの積　$m \times n$ 行列 A と n 次数ベクトル $\boldsymbol{x}$ の積 $A\boldsymbol{x}$ を次のように定義する.

$$\begin{pmatrix} a_{11} & a_{12} & \cdots & a_{1n} \\ a_{21} & a_{22} & \cdots & a_{2n} \\ \vdots & \vdots & \ddots & \vdots \\ a_{m1} & a_{m2} & \cdots & a_{mn} \end{pmatrix} \begin{pmatrix} x_1 \\ x_2 \\ \vdots \\ x_n \end{pmatrix} = \begin{pmatrix} a_{11}x_1 + a_{12}x_2 + \cdots + a_{1n}x_n \\ a_{21}x_1 + a_{22}x_2 + \cdots + a_{2n}x_n \\ \vdots \\ a_{m1}x_1 + a_{m2}x_2 + \cdots + a_{mn}x_n \end{pmatrix}$$

ここで $A\boldsymbol{x}$ は m 次数ベクトルである. この記法を用いると, 連立1次方程式は

$$A\boldsymbol{x} = \boldsymbol{b}$$

ように表すことができる.

行列の積　$m \times l$ 行列 $A = (a_{ij})$ と $l \times n$ 行列 $B = (b_{ij})$ に対して

$$c_{ij} = a_{i1}b_{1j} + a_{i2}b_{2j} + \cdots + a_{il}b_{lj} \quad (1 \leqq i \leqq m, 1 \leqq j \leqq n)$$

として定義される (i,j) 成分 c_{ij} をもつ $m \times n$ 行列 C を行列 A, B の**積**といい $C = AB$ と表す. 列ベクトルを用いて $B = (\boldsymbol{b}_1 \ \ \boldsymbol{b}_2 \ \ \cdots \ \ \boldsymbol{b}_n)$ と表せば, 積は

$$AB = (A\boldsymbol{b}_1 \ \ A\boldsymbol{b}_2 \ \ \cdots \ \ A\boldsymbol{b}_n)$$

と表される. このとき, 任意の n 次数ベクトル $\boldsymbol{x}$ に対して

$$A(B\boldsymbol{x}) = (AB)\boldsymbol{x}$$

が成立する (§ 1.2 を参照のこと).

例題 3.2　$A = \begin{pmatrix} 1 & 0 & 2 \\ 2 & 1 & 0 \end{pmatrix}$, $B = \begin{pmatrix} -2 & 0 \\ 0 & 1 \\ 1 & -2 \end{pmatrix}$ に対して AB を求めよ.

解答　AB は 2×2 行列で

$$\begin{aligned}&(1,1)\text{ 成分}：1 \times (-2) + 0 \times 0 + 2 \times 1 = 0,\\&(2,1)\text{ 成分}：2 \times (-2) + 1 \times 0 + 0 \times 1 = -4,\\&(1,2)\text{ 成分}：1 \times 0 + 0 \times 1 + 2 \times (-2) = -4,\\&(2,2)\text{ 成分}：2 \times 0 + 1 \times 1 + 0 \times (-2) = 1\end{aligned}$$

となる．以上より $AB = \begin{pmatrix} 0 & -4 \\ -4 & 1 \end{pmatrix}$． ■

問 3.1　次の行列の積が定義されるときは，その積を計算せよ．

(1) $\begin{pmatrix} 1 & 2 \\ 0 & 1 \\ 2 & 0 \end{pmatrix}\begin{pmatrix} -2 & 0 \\ 0 & 1 \\ 1 & -2 \end{pmatrix}$　(2) $\begin{pmatrix} 1 & 2 \\ 0 & 1 \\ 2 & 0 \end{pmatrix}\begin{pmatrix} -2 & 0 & 1 \\ 0 & 1 & -2 \end{pmatrix}$

(3) $\begin{pmatrix} -3 & 1 & 2 \end{pmatrix}\begin{pmatrix} 1 \\ 3 \\ 2 \end{pmatrix}$　(4) $\begin{pmatrix} 1 \\ 3 \\ 2 \end{pmatrix}\begin{pmatrix} -3 & 1 & 2 \end{pmatrix}$

行列の積について次の法則が成立する．ここで，和と積についてはそれぞれ演算が定義されるもののみを考える．

1)　$A(BC) = (AB)C$

2)　$A(B + C) = AB + AC$

3)　$(A + B)C = AC + BC$

4)　$k(AB) = (kA)B = A(kB)$.

ここで $AB = BA$ は必ずしも成立しないことに注意する (例題 1.1 参照)．とくに $AB = BA$ が成り立つとき A と B は**可換**であるという．また，これらの性質は自明ではない．たとえば，1) については，任意の n 次数ベクトル $\boldsymbol{x}$ に対して

$$A((BC)\boldsymbol{x}) = A(B(C\boldsymbol{x})) = (AB)(C\boldsymbol{x})$$

が成立することによる．

問 3.2　$(B + C)\boldsymbol{x} = B\boldsymbol{x} + C\boldsymbol{x}$ であることを用いて，$A(B + C) = AB + AC$ を示せ．

$n \times n$ 行列を n 次**正方行列**という．また，その a_{ii} 成分を**対角成分**という．n 次正方行列で，対角成分がすべて 1 で他の成分が 0 の行列を**単位行列**とい

い I で表す．行列の次数 n をとくに示したいときは I_n とする．

$$I = \begin{pmatrix} 1 & 0 & \cdots & 0 \\ 0 & 1 & \cdots & 0 \\ \vdots & \vdots & \ddots & \vdots \\ 0 & 0 & \cdots & 1 \end{pmatrix} \quad \text{または} \quad I = (\boldsymbol{e}_1\ \boldsymbol{e}_2\ \cdots\ \boldsymbol{e}_n),\ \boldsymbol{e}_i = \begin{pmatrix} 0 \\ \vdots \\ 1 \\ \vdots \\ 0 \end{pmatrix} <i$$

と表し，各 $\boldsymbol{e}_i$ を**基本ベクトル**という．A を $m \times n$ 行列とするとき

$$AI_n = A, \quad I_m A = A$$

が成り立つ．すなわち，単位行列は数字の 1 に対応する．

正方行列のべき A^k を次のように定義する．

$$A^0 = I, \quad A^k = AA \cdots A\ :k \text{ 個の積}$$

A と B が可換ならば ($AB = BA$ で，このときは必然的に A, B は同じ次数の行列である)，次の 2 項定理が成り立つ．

$$(A+B)^p = A^p + pA^{p-1}B + \frac{p(p-1)}{2}A^{p-2}B^2 + \cdots + B^p.$$

とくに $B = I$ のときは，$AI = IA = A$ であるので，次のようになる．

$$(I+A)^p = I + pA + \frac{p(p-1)}{2}A^2 + \cdots + A^p.$$

問 3.3　次の正方行列 A に対して A^n を求めよ．

$$(1)\ \begin{pmatrix} 1 & 0 & 0 \\ 0 & 2 & 0 \\ 0 & 0 & 3 \end{pmatrix} \quad (2)\ \begin{pmatrix} 1 & 1 & 0 \\ 0 & 1 & 1 \\ 0 & 0 & 1 \end{pmatrix}$$

§ 3.3　転置行列と逆行列

$m \times n$ 行列 $A = (a_{ij})$ の行と列を入れ替えて得られる $n \times m$ 行列を A の**転置行列**といい，${}^tA$ で表す．すなわち，${}^tA$ の (i, j) 成分は a_{ji} に等しい．た

とえば，$^t\begin{pmatrix} 1 & 2 & 3 \\ -1 & 0 & 4 \end{pmatrix} = \begin{pmatrix} 1 & -1 \\ 2 & 0 \\ 3 & 4 \end{pmatrix}$ である．

問 3.4 $\boldsymbol{x} = \begin{pmatrix} x_1 \\ x_2 \\ x_3 \end{pmatrix}$，$\boldsymbol{y} = \begin{pmatrix} y_1 \\ y_2 \\ y_3 \end{pmatrix}$ のとき $^t\boldsymbol{x}\boldsymbol{y}$ を求めよ．

定理 3.1 $m \times l$ 行列 A，$l \times n$ 行列 B に対して，次のことが成立する．

$$(1)\ {}^t({}^tA) = A, \quad (2)\ {}^t(AB) = {}^tB\,{}^tA$$

証明 (1) 行と列を 2 回入れ替えればもとに戻るので明らか．

(2) $A = (a_{ij})$，$B = (b_{ij})$ とおく．

$$\begin{aligned} {}^t(AB) \text{ の } (i,j) \text{ 成分} &= AB \text{ の } (j,i) \text{ 成分} \\ &= a_{j1}b_{1i} + a_{j2}b_{2i} + \cdots + a_{jl}b_{li} \\ &= b_{1i}a_{j1} + b_{2i}a_{j2} + \cdots + b_{li}a_{jl} \\ &= {}^tB\,{}^tA \text{ の } (i,j) \text{ 成分}. \end{aligned}$$

よって $^t(AB) = {}^tB\,{}^tA$ が成立する． ■

n 次正方行列 A が $^tA = A$ をみたすとき，A を **対称行列**，また $^tA = -A$ のとき **交代行列** という．3 次の対称行列は $\begin{pmatrix} a & d & f \\ d & b & e \\ f & e & c \end{pmatrix}$ の形である．

問 3.5 交代行列の対角成分は，すべて 0 であることを示せ．

n 次正方行列 A に対して

$$AX = XA = I_n$$

をみたす n 次正方行列 X が存在するとき，X を A の **逆行列** といい A^{-1} で表す．A が逆行列をもつとき，A は **正則** である，または **正則行列** であるという．0 でない数 a を 1×1 行列と考えると，逆行列は逆数 $a^{-1} = \dfrac{1}{a}$ である．

✎ 後で述べるように，$AX = I$ または $XA = I$ のいずれか一方が成り立てば，他方も成り立つ．

行列 A が正則ならば，A で割ることが可能となる．たとえば，連立1次方程式

$$A\boldsymbol{x} = \boldsymbol{b}$$

について，両辺の左から逆行列を掛けると (左割り算)

$$A^{-1}A\boldsymbol{x} = I\boldsymbol{x} = \boldsymbol{x} = A^{-1}\boldsymbol{b}.$$

すなわち，解を $\boldsymbol{x} = A^{-1}\boldsymbol{b}$ と表すことができる．ここで，左割り算 $A^{-1}B$ と右割り算 BA^{-1} は，一般的には等しくない．

定理 3.2　逆行列は，存在すればただ1つである．

証明　$XA = AY = I$ としよう．このとき

$$Y = IY = (XA)Y = X(AY) = XI = X$$

となるから，ただ1つである．　■

定理 3.3　A, B が正則ならば，A^{-1}, AB, ${}^tA$ も正則で次が成立する．

(1) $(A^{-1})^{-1} = A$,

(2) $(AB)^{-1} = B^{-1}A^{-1}$,

(3) $({}^tA)^{-1} = {}^t(A^{-1})$.

証明　(1) $A^{-1}A = AA^{-1} = I$ の式で $A = X$ とおくと $A^{-1}X = XA^{-1} = I$ となる．これは，A^{-1} が正則で A^{-1} の逆行列が A であることを示している．

(2) $(AB)(B^{-1}A^{-1}) = A(BB^{-1})A^{-1} = AIA^{-1} = AA^{-1} = I$ また，$(B^{-1}A^{-1})(AB) = B^{-1}(A^{-1}A)B = B^{-1}IB = B^{-1}B = I$. これは，$AB$ が正則で，$(AB)^{-1} = B^{-1}A^{-1}$ であることを示す．

(3) ${}^t(A^{-1}){}^tA = {}^t(AA^{-1}) = {}^tI = I$，また ${}^tA{}^t(A^{-1}) = {}^t(A^{-1}A) = {}^tI = I$. これは，${}^tA$ が正則で ${}^tA$ の逆行列が ${}^t(A^{-1})$ であることを示している．　■

問 3.6　P が正則行列ならば，$(P^{-1}AP)^k = P^{-1}A^kP$ であることを示せ．

問 3.7　$X = \begin{pmatrix} x_{11} & x_{12} & x_{13} \\ x_{21} & x_{22} & x_{23} \\ x_{31} & x_{32} & x_{33} \end{pmatrix}$ とおき，AX を計算することにより

(1) $A = \begin{pmatrix} 1 & 1 & 2 \\ 0 & 1 & 1 \\ 0 & 0 & 1 \end{pmatrix}$ の逆行列を求めよ．

(2) $A = \begin{pmatrix} 1 & 2 & 3 \\ 3 & 1 & 2 \\ 0 & 0 & 0 \end{pmatrix}$ の逆行列は存在しないことを示せ (ヒント：AX の第 3 行を見る).

対角成分以外の成分がすべて 0 の正方行列を，**対角行列**という．対角成分が a_i である n 次対角行列は

$$A = \begin{pmatrix} a_1 & 0 & \cdots & 0 \\ 0 & a_2 & \cdots & 0 \\ \vdots & \vdots & \ddots & \vdots \\ 0 & 0 & \cdots & a_n \end{pmatrix}$$

で表される．

✎ 対角行列は対称行列である．

問 3.8　対角行列が正則となる条件は，すべての i について $a_i \neq 0$ であることを示せ．また，逆行列を求めよ．

§ 3.4　基本行列

行列 A に行基本変形を行うことは，基本行列とよばれる正則行列を A に左から掛けることと同値であることを示そう．

m 次単位行列 I_m に行基本変形を 1 回行って得られる行列を，m 次の**基本行列** という．すなわち，次の 1), 2), 3) のいずれかの形をしているときである．

1)　第 i 行を c 倍する：単位行列の (i,i) 成分を c $(c \neq 0)$ で置き換えた行列.

$$P_i(c) = \begin{array}{r} \\ \\ \\ \\ i> \\ \\ \\ \\ \\ \end{array} \begin{pmatrix} & & & \overset{i}{\vee} & & & & \\ 1 & & & & & & & \\ & \ddots & & \vdots & & & & \\ & & 1 & & & & & \\ & \cdots & & c & & & & \\ & & & & 1 & & & \\ & & & & & \ddots & & \\ & & & & & & 1 & \\ & & & & & & & 1 \end{pmatrix} \quad (c \neq 0)$$

2)　第 j 行を c 倍して第 i 行に加える：単位行列の (i,j) 成分を c で置き換えた行列.

$$P_{ij}(c) = \begin{array}{r} \\ \\ \\ i> \\ \\ \\ \\ \\ \end{array} \begin{pmatrix} & & & & \overset{j}{\vee} & & \\ 1 & & & & & & \\ & \ddots & & & \vdots & & \\ & \cdots & 1 & \cdots & c & & \\ & & & \ddots & \vdots & & \\ & & & & 1 & & \\ & & & & & \ddots & \\ & & & & & & 1 \end{pmatrix}$$

3)　第 i 行と第 j 行を入れ替える：

$$
P_{ij} = \begin{array}{r} \\ \\ \\ {\scriptstyle i>} \\ \\ \\ \\ {\scriptstyle j>} \\ \\ \\ \\ \end{array}
\begin{pmatrix}
1 & & & & & & & & & \\
& \ddots & & \vdots & & & \vdots & & & \\
& & 1 & & & & & & & \\
& \cdots & & 0 & \cdots & & 1 & & & \\
& & & & 1 & & & & & \\
& & & \vdots & \ddots & & \vdots & & & \\
& & & & & 1 & & & & \\
& \cdots & & 1 & \cdots & & 0 & & & \\
& & & & & & & 1 & & \\
& & & & & & & & \ddots & \\
& & & & & & & & & 1
\end{pmatrix}
\quad (\text{列 } i, j \text{ に } \vee \text{ 印})
$$

行基本変形とこれらの基本行列との関係は次のとおりである.

定理 3.4　$P_i(c), P_{ij}(c), P_{ij}$ を上で定義した m 次の基本行列とすると，任意の $m \times n$ 行列 A について，次の (1), (2), (3) が成り立つ.

(1)　$P_i(c)A$ は A の第 i 行を c 倍した行列である.

(2)　$P_{ij}(c)A$ は A の第 j 行を c 倍して第 i 行に加えた行列である.

(3)　$P_{ij}A$ は A の第 i 行と第 j 行を入れ替えた行列である.

実際に計算をすれば，定理の証明は容易であるが，次の例題で定理を確かめれば十分であろう.

例題 3.3　$A = \begin{pmatrix} a_1 & a_2 & a_3 \\ b_1 & b_2 & b_3 \\ c_1 & c_2 & c_3 \end{pmatrix}$ のとき，$P_2(3)A$, $P_{31}(-2)A$, $P_{12}A$ を計算せよ.

解答

$$P_2(3)A = \begin{pmatrix} 1 & 0 & 0 \\ 0 & 3 & 0 \\ 0 & 0 & 1 \end{pmatrix}\begin{pmatrix} a_1 & a_2 & a_3 \\ b_1 & b_2 & b_3 \\ c_1 & c_2 & c_3 \end{pmatrix} = \begin{pmatrix} a_1 & a_2 & a_3 \\ 3b_1 & 3b_2 & 3b_3 \\ c_1 & c_2 & c_3 \end{pmatrix}$$

$$P_{31}(-2)A = \begin{pmatrix} 1 & 0 & 0 \\ 0 & 1 & 0 \\ -2 & 0 & 1 \end{pmatrix}\begin{pmatrix} a_1 & a_2 & a_3 \\ b_1 & b_2 & b_3 \\ c_1 & c_2 & c_3 \end{pmatrix}$$

$$= \begin{pmatrix} a_1 & a_2 & a_3 \\ b_1 & b_2 & b_3 \\ c_1 - 2a_1 & c_2 - 2a_2 & c_3 - 2a_3 \end{pmatrix}$$

$$P_{12}A = \begin{pmatrix} 0 & 1 & 0 \\ 1 & 0 & 0 \\ 0 & 0 & 1 \end{pmatrix}\begin{pmatrix} a_1 & a_2 & a_3 \\ b_1 & b_2 & b_3 \\ c_1 & c_2 & c_3 \end{pmatrix} = \begin{pmatrix} b_1 & b_2 & b_3 \\ a_1 & a_2 & a_3 \\ c_1 & c_2 & c_3 \end{pmatrix}$$ ∎

問 3.9　$A = \begin{pmatrix} 2 & 3 & -1 \\ -3 & 1 & 1 \\ 1 & -3 & 2 \end{pmatrix}$ について次の積を計算せよ．

(1) $P_{21}(1)P_1(2)A$　(2) $P_{13}(4)P_3(-\frac{1}{2})A$　(3) $P_{31}(-2)P_{21}(3)P_{13}A$

定理 3.5　すべての基本行列は正則で，その逆行列は同じ形の基本行列となる．すなわち

(1) $P_i(c)^{-1} = P_i\left(\dfrac{1}{c}\right)$

(2) $P_{ij}(c)^{-1} = P_{ij}(-c)$

(3) $P_{ij}^{-1} = P_{ij}$

証明　(1), (3) はやさしいので，(2) のみを示す．まず，$P_{ij}(c)$ は単位行列 I の第 j 行を c 倍して第 i 行に加えたものであることを思い出そう．定理 3.4 より，$P_{ij}(-c)P_{ij}(c)$ は $P_{i,j}(c)$ の第 j 行を $-c$ 倍して第 i 行に加えたものなので，もとの単位行列 I にもどる．すなわち

$$P_{ij}(-c)P_{ij}(c) = I, \quad P_{ij}(c)P_{ij}(-c) = I$$

が成立する：後者は，c を $-c$ に替えれば明らかである．ゆえに $P_{ij}(c)^{-1} = P_{ij}(-c)$．∎

行基本変形の定義において，「行」をすべて「列」と読み替えることによって，**列基本変形**が定義される．行列 A に基本行列を**右**から掛けることは，行

列 A に列基本変形を行うことに対応する．

定理 3.6 $P_i(c), P_{ij}(c), P_{ij}$ を n 次の基本行列とすると，任意の $m \times n$ 行列 A について，次の (1), (2), (3) が成り立つ．

(1) $AP_i(c)$ は A の第 i 列を c 倍した行列である．

(2) $AP_{ij}(c)$ は A の第 i 列を c 倍して第 j 列に加えた行列である．

(3) AP_{ij} は A の第 i 列と第 j 列を入れ替えた行列である．

問 3.10 $A = \begin{pmatrix} 2 & 1 & 0 \\ 1 & 0 & 1 \\ 0 & 1 & 2 \end{pmatrix}$ について $AP_2(3)$, $AP_{13}(-3)$, AP_{13} を計算せよ．

第 2 章で述べたように，任意の行列 A は行基本変形を有限回行うことによって階段行列に変形される．すなわち，基本行列を有限回左から掛けることにより階段行列になる．

定理 3.7 任意の行列 A を，適当な正則行列 P により PA を階段行列にすることができる．

証明 基本行列 $P_1, P_2, \cdots, P_{s-1}, P_s$ により，$P_sP_{s-1}\cdots P_2P_1A$ が階段行列になったとする．$P = P_sP_{s-1}\cdots P_2P_1$ とおくと，$P^{-1} = {P_1}^{-1}{P_2}^{-1}\cdots {P_{s-1}}^{-1}{P_s}^{-1}$ であるから P は正則行列である． ■

§ 3.5 逆行列の求め方

n 次正方行列 A に対して，逆行列を求める方法を考えよう．求める逆行列 X と単位行列 I_n を列ベクトルを用いて

$$X = (\boldsymbol{x}_1 \ \ \boldsymbol{x}_2 \ \ \cdots \ \ \boldsymbol{x}_n), \quad I_n = (\boldsymbol{e}_1 \ \ \boldsymbol{e}_2 \ \ \cdots \ \ \boldsymbol{e}_n)$$

と表しておく．逆行列は 2 つの条件 (R) $AX = I_n$ と (L) $XA = I_n$ をみたす行列 X である．条件 (R) は

$$AX = (A\boldsymbol{x}_1 \ \ A\boldsymbol{x}_2 \ \ \cdots \ \ A\boldsymbol{x}_n) = (\boldsymbol{e}_1 \ \ \boldsymbol{e}_2 \ \ \cdots \ \ \boldsymbol{e}_n).$$

すなわち，下記の n 個の連立方程式と同値である．

$$A\boldsymbol{x}_1 = \boldsymbol{e}_1, \quad A\boldsymbol{x}_2 = \boldsymbol{e}_2, \quad \cdots, \quad A\boldsymbol{x}_n = \boldsymbol{e}_n$$

これらの連立方程式は同時に解くことができる：それは拡大係数行列として $(A\ \ I_n)$ を考えて，行基本変形を行い

$$(A\ \ I_n) = (A\ \ \boldsymbol{e}_1\ \ \boldsymbol{e}_2\ \ \cdots\ \ \boldsymbol{e}_n) \quad \to \quad (I_n\ \ \boldsymbol{d}_1\ \ \boldsymbol{d}_2\ \ \cdots\ \ \boldsymbol{d}_n)$$

と変形されれば

$$X = (\boldsymbol{d}_1\ \ \boldsymbol{d}_2\ \ \cdots\ \ \boldsymbol{d}_n)$$

が求める逆行列である．これは，実際に逆行列を計算する方法でもある．

このようにして求めた X が条件 (L) もみたすことを見るのはやさしい．定理 3.7 より，基本行列の積 P があって $PA = I_n$(階段行列) とできる．すなわち

$$P(A\ \ I_n) = (PA\ P) = (I_n\ \ P)$$

が成立する．よって，$X = P$ となり，$XA = I_n$ もみたすことがわかる．

一方，A の階段行列 B が単位行列 I_n でないときは (すなわち A の階数が n より小)，B の第 n 行ベクトルの成分はすべて 0 であるから B は正則でない (問 3.7(2) を見よ)．ここで，基本行列の積 P があって $PA = B$ とできるので，もし A が正則ならば，B も正則となり矛盾する．よって，このとき A は正則でない．

以上をまとめると

定理 3.8　n 次正方行列 A が正則であるための必要十分条件は，A の階段行列が単位行列 I_n (すなわち $\mathrm{rank}\, A = n$) になることである．このとき，A を階段行列に変形する正則行列を P とすれば $A^{-1} = P$ である．

第2章定理 2.5 より

定理 3.9　フレドホルムの定理　n 次正方行列 A が正則であるための必要十分条件は，同次方程式 $A\boldsymbol{x} = \boldsymbol{0}$ の解が $\boldsymbol{x} = \boldsymbol{0}$ のみであることである．

例題 3.4　$A = \begin{pmatrix} 1 & -2 & 3 \\ 3 & -1 & 2 \\ 2 & -2 & 3 \end{pmatrix}$ の逆行列を求めよ．

解答　$(A\,|\,I)$ に行基本変形を行う．

$$\left(\begin{array}{ccc|ccc} 1 & -2 & 3 & 1 & 0 & 0 \\ 3 & -1 & 2 & 0 & 1 & 0 \\ 2 & -2 & 3 & 0 & 0 & 1 \end{array}\right)$$

$$\to \left(\begin{array}{ccc|ccc} 1 & -2 & 3 & 1 & 0 & 0 \\ 0 & 5 & -7 & -3 & 1 & 0 \\ 0 & 2 & -3 & -2 & 0 & 1 \end{array}\right)$$
：第 1 行の (−3) 倍を第 2 行に加え，第 1 行の (−2) 倍を第 3 行に加える．

$$\to \left(\begin{array}{ccc|ccc} 1 & -2 & 3 & 1 & 0 & 0 \\ 0 & 1 & -1 & 1 & 1 & -2 \\ 0 & 2 & -3 & -2 & 0 & 1 \end{array}\right)$$
：第 3 行の (−2) 倍を第 2 行に加える．

$$\to \left(\begin{array}{ccc|ccc} 1 & 0 & 1 & 3 & 2 & -4 \\ 0 & 1 & -1 & 1 & 1 & -2 \\ 0 & 0 & -1 & -4 & -2 & 5 \end{array}\right)$$
：第 2 行の 2 倍を第 1 行に加え，第 2 行の (−2) 倍を第 3 行に加える．

$$\to \left(\begin{array}{ccc|ccc} 1 & 0 & 1 & 3 & 2 & -4 \\ 0 & 1 & -1 & 1 & 1 & -2 \\ 0 & 0 & 1 & 4 & 2 & -5 \end{array}\right)$$
：第 3 行を (−1) 倍する．

$$\to \left(\begin{array}{ccc|ccc} 1 & 0 & 0 & -1 & 0 & 1 \\ 0 & 1 & 0 & 5 & 3 & -7 \\ 0 & 0 & 1 & 4 & 2 & -5 \end{array}\right)$$
：第 3 行の (−1) 倍を第 1 行に加え，第 3 行を第 2 行に加える．

以上により $A^{-1} = \begin{pmatrix} -1 & 0 & 1 \\ 5 & 3 & -7 \\ 4 & 2 & -5 \end{pmatrix}$ となる．∎

✎ A が単位行列に変形されないときは，A は逆行列をもたない．

問 3.11　次の行列の逆行列を求めよ．

(1) $\begin{pmatrix} 1 & 0 & -1 \\ 2 & 1 & 1 \\ 0 & 1 & 2 \end{pmatrix}$　(2) $\begin{pmatrix} 1 & 2 & 3 \\ 2 & 5 & 3 \\ 3 & 4 & 13 \end{pmatrix}$　(3) $\begin{pmatrix} 2 & 11 & 6 \\ 1 & 7 & -1 \\ 2 & 12 & 3 \end{pmatrix}$

逆行列が有効なとき　連立 1 次方程式 $A\boldsymbol{x} = \boldsymbol{b}$ において，係数行列 A が正則ならば，逆行列を用いることにより方程式の解は $\boldsymbol{x} = A^{-1}\boldsymbol{b}$ と表される．しかし，1 つの連立方程式を解くには，拡大係数行列 $(A\ \ \boldsymbol{b})$ を基本変形する方が早いだろう．逆行列が有効なのは，同じ係数の連立方程式を，多数の右辺について解く必要がある場合[1]である．このときは，逆行列を求めておけば，行

[1] 連立 1 次方程式で表される数理モデルでは，1 つのモデル (係数行列) について，いろいろ

列とベクトルの積を計算することにより，解を簡単に求めることができる．

問 3.12　前問 3.11 (3) の逆行列を用いて次の連立方程式を解け．

$$(1)\ \begin{cases} 2x + 11y + 6z = 3 \\ x + 7y - z = -8 \\ 2x + 12y + 3z = 6 \end{cases} \qquad (2)\ \begin{cases} 2x + 11y + 6z = -7 \\ x + 7y - z = 5 \\ 2x + 12y + 3z = 3 \end{cases}$$

$$(3)\ \begin{cases} 2x + 11y + 6z = 17 \\ x + 7y - z = 5 \\ 2x + 12y + 3z = 12 \end{cases} \qquad (4)\ \begin{cases} 2x + 11y + 6z = -6 \\ x + 7y - z = -20 \\ 2x + 12y + 3z = 8 \end{cases}$$

§ 3.6　補足 — 階段行列の一意性 —

この節では，第 2 章で保留した定理 2.3 の証明を行う．$m \times n$ 行列 A が，2 通りの手順によってそれぞれ階段行列 B, C に変形されたとすると，定理 3.7 により，$B = P_1A$, $C = P_2A$ となる正則行列 P_1, P_2 が存在する．したがって，$P = P_1{P_2}^{-1}$, $Q = P_2{P_1}^{-1} = P^{-1}$ とおくと，P, Q は正則行列で $B = PC$, $C = QB$ となる．このとき，$B = C$ となることを示そう．

行列 B の列ベクトルを $\boldsymbol{b}_1, \boldsymbol{b}_2, \cdots, \boldsymbol{b}_n$，$C$ の列ベクトルを $\boldsymbol{c}_1, \boldsymbol{c}_2, \cdots, \boldsymbol{c}_n$ とおくと

$$PC = P(\boldsymbol{c}_1 \ \ \boldsymbol{c}_2 \ \ \cdots \ \ \boldsymbol{c}_n) = (P\boldsymbol{c}_1 \ \ P\boldsymbol{c}_2 \ \ \cdots \ \ P\boldsymbol{c}_n) = B$$

であるので, すべての j について $\boldsymbol{b}_j = P\boldsymbol{c}_j$ が成り立つ．階段行列 B, C を次のような形として，それぞれのピボット列を $\boldsymbol{b}_{p_1}, \boldsymbol{b}_{p_2}, \cdots, \boldsymbol{b}_{p_r}$，$\boldsymbol{c}_{q_1}, \boldsymbol{c}_{q_2}, \cdots, \boldsymbol{c}_{q_s}$ と表す．

なデータ $\boldsymbol{b}$ を入力して出力 $\boldsymbol{x}$ を求める．

$$
B = \begin{array}{r}
\\ \\ \\ \\ \\ \\ \\ \\ r> \\ \\ \\ \\
\end{array}
\!\!\begin{array}{c}
\begin{array}{ccccccccccccccc}
 & & & p_1 & & & & p_2 & & & & p_r & & & \\
 & & & \vee & & & & \vee & & & & \vee & & &
\end{array}\\
\left(\begin{array}{ccccccccccccccc}
0 & \cdots & 0 & 1 & * & \cdots & * & 0 & * & \cdots & * & 0 & * & \cdots & * \\
0 & \cdots & & 0 & & \cdots & 0 & 1 & * & \cdots & * & 0 & * & \cdots & * \\
0 & \cdots & & 0 & & \cdots & & 0 & * & \cdots & * & 0 & * & \cdots & * \\
\vdots & \ddots & & \vdots & & \ddots & & \vdots & & \ddots & \vdots & \vdots & \vdots & \ddots & \vdots \\
\vdots & \ddots & & \vdots & & \ddots & & \vdots & & \ddots & * & 0 & * & \cdots & * \\
0 & \cdots & & 0 & & \cdots & & 0 & & \cdots & 0 & 1 & * & \cdots & * \\
 & & & & & & & & & & & & & & \\
 & & & & & & & & & \Large O & & & & & \\
 & & & & & & & & & & & & & &
\end{array}\right)
\end{array}
$$

$$
C = \begin{array}{r}
\\ \\ \\ \\ \\ \\ \\ \\ s> \\ \\ \\ \\
\end{array}
\!\!\begin{array}{c}
\begin{array}{ccccccccccccccc}
 & & & q_1 & & & & q_2 & & & & q_s & & & \\
 & & & \vee & & & & \vee & & & & \vee & & &
\end{array}\\
\left(\begin{array}{ccccccccccccccc}
0 & \cdots & 0 & 1 & * & \cdots & * & 0 & * & \cdots & * & 0 & * & \cdots & * \\
0 & \cdots & & 0 & & \cdots & 0 & 1 & * & \cdots & * & 0 & * & \cdots & * \\
0 & \cdots & & 0 & & \cdots & & 0 & * & \cdots & * & 0 & * & \cdots & * \\
\vdots & \ddots & & \vdots & & \ddots & & \vdots & & \ddots & \vdots & \vdots & \vdots & \ddots & \vdots \\
\vdots & \ddots & & \vdots & & \ddots & & \vdots & & \ddots & * & 0 & * & \cdots & * \\
0 & \cdots & & 0 & & \cdots & & 0 & & \cdots & 0 & 1 & * & \cdots & * \\
 & & & & & & & & & & & & & & \\
 & & & & & & & & & \Large O & & & & & \\
 & & & & & & & & & & & & & &
\end{array}\right)
\end{array}
$$

さて, $1 \leqq j < q_1$ をみたす j については, $\boldsymbol{b}_j = P\boldsymbol{c}_j = \boldsymbol{0}$ となるので, $p_1 \geqq q_1$ である．また，$\boldsymbol{c}_j = Q\boldsymbol{b}_j$ を用いると，$p_1 \leqq q_1$．したがって，$p_1 = q_1$ であることが結論される．さらに，$\boldsymbol{b}_{q_1} = \boldsymbol{c}_{q_1} = \boldsymbol{e}_1$ (基本ベクトル) で $\boldsymbol{e}_1 = P\boldsymbol{e}_1$ となるので，$P = (p_{ij})$ は

$$
P = \begin{pmatrix}
1 & & & \\
0 & & * & \\
\vdots & & & \\
0 & & &
\end{pmatrix}
$$

の形でなければならない．この P の形に注意して $j=q_1+1, q_1+2, \cdots, q_2-1$ について $\boldsymbol{b}_j = P\boldsymbol{c}_j$ を見ると，$\boldsymbol{b}_j$ の第 $2, 3, \cdots, m$ 成分は 0 でなければならない．したがって，$p_2 \geqq q_2$．また B と C の役割を逆に考えて $p_2 \leqq q_2$．よって，$p_2 = q_2$ を得る．このとき，$\boldsymbol{b}_{q_2} = \boldsymbol{c}_{q_2} = \boldsymbol{e}_2$，$\boldsymbol{e}_2 = P\boldsymbol{e}_2$ より P はさらに次の形でなければならない．

$$P = \begin{pmatrix} 1 & 0 & & \\ 0 & 1 & & * \\ \vdots & \vdots & & \\ 0 & 0 & & \end{pmatrix}$$

以下，この議論を繰り返す．いま $r \geqq s$ を仮定すると ($r < s$ ならば B と C の役割を入れ替えればよい)，$p_1 = q_1$，$p_2 = q_2$，$\cdots$，$p_s = q_s$ となるまで示すことができる．このとき，P は次の形である．

$$P = \begin{pmatrix} 1 & 0 & \cdots & 0 & \\ 0 & 1 & \cdots & 0 & \\ \vdots & \vdots & \ddots & \vdots & * \\ 0 & 0 & \cdots & 1 & \\ & & 0 & & * \end{pmatrix}$$

この P の形と，C の階数が s (第 $s+1$ 行以下は 0) であることより，任意の $j = 1, 2, \cdots, n$ について次式が成立することがわかる．

$$P\boldsymbol{c}_j = \boldsymbol{c}_j$$

したがって，$\boldsymbol{b}_j = \boldsymbol{c}_j$ で，これは $B = C$ を示す．とくに，$r = s$ である．

◆◆練習問題 3 ◆◆

3.1 次の等式が成り立つように a, b, c, d を定めよ．

$$\begin{pmatrix} a-b & b+c \\ c+3d & a-2d \end{pmatrix} = \begin{pmatrix} 8 & 1 \\ 7 & 3 \end{pmatrix}$$

3.2 次の等式を同時にみたす行列 A, B を求めよ．

$$A + 2B = \begin{pmatrix} -5 & 2 & 1 \\ -4 & -8 & 5 \end{pmatrix} \quad 2A + B = \begin{pmatrix} -1 & -2 & 5 \\ -8 & -4 & 1 \end{pmatrix}$$

3.3 次の行列 A, B, C, D について AB, $BC - A^2$, $2CB - 3D$ を計算せよ．

$$A = \begin{pmatrix} 4 & -1 \\ 0 & 2 \end{pmatrix} \quad B = \begin{pmatrix} 1 & 4 & 2 \\ 3 & 1 & 5 \end{pmatrix}$$

$$C = \begin{pmatrix} 3 & 0 \\ -1 & 2 \\ 1 & 1 \end{pmatrix} \quad D = \begin{pmatrix} 1 & 5 & 2 \\ -1 & 0 & 1 \\ 3 & 2 & 4 \end{pmatrix}$$

3.4 n 次正方行列 A, B について，次の等式が成立するための条件を求めよ．

(1) $(A+B)(A-B) = A^2 - B^2$

(2) $(AB)^2 = A^2B^2$ (ただし A, B は正則行列とする)．

3.5 $A = \begin{pmatrix} a & 1 & 0 \\ 0 & a & 1 \\ 0 & 0 & a \end{pmatrix}$ であるとき，A^n を計算せよ．(ヒント： $B = \begin{pmatrix} a & 0 & 0 \\ 0 & a & 0 \\ 0 & 0 & a \end{pmatrix}$, $C = \begin{pmatrix} 0 & 1 & 0 \\ 0 & 0 & 1 \\ 0 & 0 & 0 \end{pmatrix}$ とおくと， $A = B + C$. ここで 2 項定理を $(B+C)^n$ に適用する．)

3.6 次の行列が対称行列 $({}^tA = A)$ となるように a, b, c の値を定めよ．

$$(1) \begin{pmatrix} 2 & b-2 & 1 \\ a & 3 & c \\ b-2 & a+1 & 5 \end{pmatrix} \quad (2) \begin{pmatrix} 1 & 2c+1 & 3 \\ a & -2 & c \\ b & a-2 & 0 \end{pmatrix}$$

$$(3) \begin{pmatrix} 0 & 2c+1 & 3 \\ a & b-c & c \\ c & b-2 & 0 \end{pmatrix}$$

3.7 正方行列 A が $A^3 = O$ をみたすとき，$I - A$ の逆行列は $I + A + A^2$ であることを示せ．また，$A^3 = O$ のとき，$I + A$ の逆行列を求めよ．

3.8 2 次行列 $A = \begin{pmatrix} 1 & 2 \\ 3 & 4 \end{pmatrix}$ について，次の問いに答えよ．

(1) A の逆行列 A^{-1} を基本行列の積で表せ．

(2) A を基本行列の積で表せ．

3.9 次の行列の逆行列を行基本変形を用いて求めよ．

(1) $\begin{pmatrix} 2 & 3 \\ 3 & 5 \end{pmatrix}$　(2) $\begin{pmatrix} 1 & 3 & 4 \\ 2 & 4 & 5 \\ 3 & 8 & 9 \end{pmatrix}$

(3) $\begin{pmatrix} 1 & 0 & 0 & 0 \\ 1 & 2 & 0 & 0 \\ 1 & 2 & 4 & 0 \\ 1 & 2 & 4 & 8 \end{pmatrix}$　(4) $\begin{pmatrix} 1 & 2 & 0 & 0 \\ 2 & 5 & 0 & 0 \\ -1 & -7 & 3 & 8 \\ 6 & 4 & 2 & 5 \end{pmatrix}$

(5) $\begin{pmatrix} 1 & & & O & x_1 \\ & 1 & & & x_2 \\ & & \ddots & & \vdots \\ & & & 1 & x_{n-1} \\ O & & & & 1 \end{pmatrix}$　(6) $\begin{pmatrix} 1 & -1 & & & O \\ & 1 & -1 & & \\ & & \ddots & \ddots & \\ & & & 1 & -1 \\ O & & & & 1 \end{pmatrix}$

4

行列式の計算

第 1 章では，2 次行列について行列式を定義して，2 つの未知数をもつ連立 1 次方程式について解の表示式：クラメルの公式を導いた．この章では，3 次以上の行列式を定義し，クラメルの公式と逆行列の公式を行列式を用いて表現する．次章では，平行六面体の体積，ベクトルの外積なども行列式で表す．

§ 4.1　3 次行列式

3 つの未知数 x, y, z についての連立 1 次方程式

$$\begin{cases} a_1x + b_1y + c_1z = d_1 \\ a_2x + b_2y + c_2z = d_2 \\ a_3x + b_3y + c_3z = d_3 \end{cases}$$

を一般的に解くことを考えよう．連立方程式

$$\begin{cases} b_1p + b_2q + b_3r = 0 \\ c_1p + c_2q + c_3r = 0 \end{cases}$$

の (自明でない) 解を p, q, r とすると，上の第 $1, 2, 3$ 式にそれぞれ p, q, r を掛けて加えることにより，未知数 y, z を消去できる．すなわち

$$(pa_1 + qa_2 + ra_3)x = pd_1 + qd_2 + rd_3.$$

したがって，$pa_1 + qa_2 + ra_3 \neq 0$ のとき，解 x は

$$x = \frac{pd_1 + qd_2 + rd_3}{pa_1 + qa_2 + ra_3}$$

と表される．ここで，第 1 章例題 1.3 より，

$$p = \begin{vmatrix} b_2 & b_3 \\ c_2 & c_3 \end{vmatrix}, \quad q = \begin{vmatrix} b_3 & b_1 \\ c_3 & c_1 \end{vmatrix}, \quad r = \begin{vmatrix} b_1 & b_2 \\ c_1 & c_2 \end{vmatrix}$$

としてよいので，上の表示式の分母は

$$pa_1 + qa_2 + ra_3 = a_1 \begin{vmatrix} b_2 & b_3 \\ c_2 & c_3 \end{vmatrix} + a_2 \begin{vmatrix} b_3 & b_1 \\ c_3 & c_1 \end{vmatrix} + a_3 \begin{vmatrix} b_1 & b_2 \\ c_1 & c_2 \end{vmatrix}$$

$$= a_1b_2c_3 + a_2b_3c_1 + a_3b_1c_2 - a_1b_3c_2 - a_3b_2c_1 - a_2b_1c_3$$

と直接に計算される．上の式を**3次行列式**といい

$$\begin{vmatrix} a_1 & b_1 & c_1 \\ a_2 & b_2 & c_2 \\ a_3 & b_3 & c_3 \end{vmatrix}$$

と表す．この表示式を用いると，解 x, y, z は

$$x = \frac{\begin{vmatrix} d_1 & b_1 & c_1 \\ d_2 & b_2 & c_2 \\ d_3 & b_3 & c_3 \end{vmatrix}}{\begin{vmatrix} a_1 & b_1 & c_1 \\ a_2 & b_2 & c_2 \\ a_3 & b_3 & c_3 \end{vmatrix}}, \quad y = \frac{\begin{vmatrix} a_1 & d_1 & c_1 \\ a_2 & d_2 & c_2 \\ a_3 & d_3 & c_3 \end{vmatrix}}{\begin{vmatrix} a_1 & b_1 & c_1 \\ a_2 & b_2 & c_2 \\ a_3 & b_3 & c_3 \end{vmatrix}}, \quad z = \frac{\begin{vmatrix} a_1 & b_1 & d_1 \\ a_2 & b_2 & d_2 \\ a_3 & b_3 & d_3 \end{vmatrix}}{\begin{vmatrix} a_1 & b_1 & c_1 \\ a_2 & b_2 & c_2 \\ a_3 & b_3 & c_3 \end{vmatrix}}$$

と表される (3次のクラメルの公式)[1]．

ここで，数字 1, 2, 3 を並べたものを (ijk) と表せば，これらは

$$(123),\ (231),\ (312),\ (132),\ (321),\ (213)$$

の6通りで，3次行列式の定義式は $\pm a_ib_jc_k$ の形の単項式の和で表される．ここで符号が $-$ になるのは，(132)，(321)，(213) の3つの場合で，これらは (123) の2つの数字を入れ換えたものである．4次以上の行列式は次の節で定義される．

3次行列式は次のように考えると覚えやすい．これを**サラスの公式**という．

[1] y, z については，§ 4.5 を参照のこと．解の表示式において，分母がすべて等しいことは興味深い．

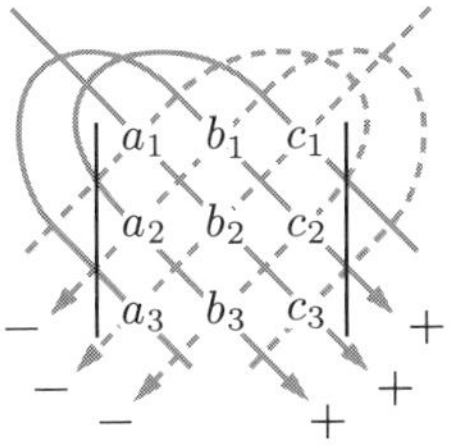

$$= a_1b_2c_3 + a_3b_1c_2 + a_2b_3c_1 \\ -a_2b_1c_3 - a_3b_2c_1 - a_1b_3c_2$$

§ 4.2　順列の転位数

n 個の整数 $1, 2, \cdots, n$ をある順序で並べたものを n 次の**順列** (permutation) といい,

$$\sigma = (\sigma(1)\ \sigma(2)\ \cdots\ \sigma(n)) \quad \text{または} \quad \sigma = (i_1\ \ i_2\ \ \cdots\ \ i_n)$$

などと表す．とくに順列 $(1\ \ 2\ \ \cdots\ \ n)$ を基本順列という．n 次の順列全体の個数は $n!$ である．

順列 $\sigma = (\sigma(1)\ \sigma(2)\ \cdots\ \sigma(n))$ において,

$$i < j \quad \text{かつ} \quad \sigma(i) > \sigma(j)$$

をみたす $\{\sigma(i), \sigma(j)\}$ の個数を σ の**転位数**という．基本順列の転位数は 0 である．転位数が奇数の順列を**奇順列**, 偶数の順列を**偶順列**という．

> **例題 4.1**　2 次, 3 次の順列を書き出し, 転位数を求めよ．

解答　(1) 2 次の順列は $(1\ 2), (2\ 1)$ の 2 つのみである．$(1\ 2)$ の転位数は 0, したがって偶順列, $(2\ 1)$ の転位数は 1 で奇順列である．

(2) 3 次の順列は以下の 6 つである．

$$(1\ 2\ 3),\ (2\ 3\ 1),\ (3\ 1\ 2),\ (1\ 3\ 2),\ (3\ 2\ 1),\ (2\ 1\ 3)$$

$(1\ 2\ 3)$：転位数は 0 で偶順列．

$(2\ 3\ 1)$：大小が入れ替わっているのは, $(\boxed{2}\ 3\ 1)$ の $\{2,1\}$ と $(2\ \boxed{3}\ 1)$ の $\{3,1\}$ の合計 2 つ；したがって, 転位数は 2 で偶順列．

以下同様に

$(3\ 1\ 2)$：$(\boxed{3}\ 1\ 2)$ の $\{3,1\}$ と $\{3,2\}$ の合計 2 つで偶順列．

$(1\ 3\ 2)$：$(1\ \boxed{3}\ 2)$ の $\{3,2\}$ 1 つで奇順列．

$(3\ 2\ 1)$：$(\boxed{3}\ 2\ 1)$ の $\{3,2\}$ と $\{3,1\}$ と $(3\ \boxed{2}\ 1)$ の $\{2,1\}$ の合計 3 つで奇順列．

$(2\ 1\ 3)$：$(\boxed{2}\ 1\ 3)$ の $\{2,1\}$ 1 つで奇順列．　∎

問 4.1　次の順列の転位数を求めよ．

$$(1)\ (3\ 1\ 5\ 4\ 2) \quad (2)\ (n\ n-1\ n-2\ \cdots 2\ 1)$$

順列 σ の符号 ($\operatorname{sgn}\sigma$ と表す) を次のように定義する

$$\operatorname{sgn}\sigma = \begin{cases} 1 & (\sigma：偶順列) \\ -1 & (\sigma：奇順列). \end{cases}$$

順列において，文字を入れ替えると別の順列が得られる．順列の 2 文字の入れ替えを**互換**という．2 文字 i, j を入れ替える互換を (i, j) で表す．たとえば，順列 $(2\ 4\ 3\ 1)$ に互換 $(2, 3)$ を行うと，順列 $(3\ 4\ 2\ 1)$ が得られる．

定理 4.1　順列 τ は互換によって順列 σ から得られたとする．このとき

$$\operatorname{sgn}\tau = -\operatorname{sgn}\sigma$$

が成立する．

証明　順列 $\sigma = (\sigma(1)\ \sigma(2)\ \cdots\ \sigma(n))$ から互換 $(\sigma(i), \sigma(j))$ によって順列 τ が得られたとする．このとき大小関係が変わる可能性のあるのは，$i < k < j$ をみたす k について $(\sigma(i), \sigma(k))$ と $(\sigma(k), \sigma(j))$ の $2(j-i-1)$ 組と $(\sigma(i), \sigma(j))$ の合計 $2j-2i-1$ 組である．たとえば，$\sigma(i) < \sigma(j)$ とすると，$i < k < j$ をみたす各 k について

1) $\sigma(k) < \sigma(i) < \sigma(j)$ または $\sigma(i) < \sigma(j) < \sigma(k)$ ならば，ここで転位数は変わらない．

2) $\sigma(i) < \sigma(k) < \sigma(j)$ ならば，$(\sigma(i), \sigma(k))$ と $(\sigma(k), \sigma(j))$ で転位数は 2 つ増える．

したがって，これらについては転位数の偶奇は変化しないので，実際に転位数の変化にかかわるのは $(\sigma(i), \sigma(j))$ についての ± 1 である．ゆえに，転位数の偶・奇は逆になる．　∎

問 4.2　互換 $(2, 5)$ によって順列 $\sigma = (5\ 3\ 1\ 4\ 2)$ から順列 τ が得られたとする．このとき，σ と τ の転位数を求めよ．

任意の n 次の順列は，高々 $n-1$ 個の互換により基本順列 $(1\ 2\ \cdots\ n)$ から得られる．これを示すために，次の具体例について考えよう．

例題 4.2　順列 $(4\ 3\ 1\ 2)$ は 3 回の互換によって基本順列から得られることを示せ．

解答 順列 $(1\ 4\ 3\ 2)$ が，互換 $(2, 4)$ により基本順列から得られることを $(1\ 4\ 3\ 2) = (2, 4)(1\ 2\ 3\ 4)$ と表す．同様に

$$(3\ 4\ 1\ 2) = (1, 3)(1\ 4\ 3\ 2)$$

$$(4\ 3\ 1\ 2) = (3, 4)(3\ 4\ 1\ 2)$$

よって，$(4\ 3\ 1\ 2) = (3, 4)(1, 3)(2, 4)(1\ 2\ 3\ 4)$ である．これを $(4\ 3\ 1\ 2) = (3, 4)(1, 3)(2, 4)$ とも表す． ▮

一般の n 次の順列 $\sigma = (\sigma(1)\ \sigma(2)\ \cdots\ \sigma(n))$ を高々 $n-1$ 個の互換により基本順列 $\epsilon = (1\ 2\ \cdots\ n)$ から得るためには，順列の右側より数字を合わせていく．最初に $(\sigma(n), n)\epsilon = (*\ \cdots\ n-1\ \sigma(n))$ として (簡単のため $\sigma(n) \neq n-1$ とした)，次に $(\sigma(n-1), n-1)(*\ \cdots\ n-1\ \sigma(n)) = (*\ \cdots\ \sigma(n-1)\ \sigma(n))$ とする．以下，同様に変形すればよい．そのうちで $\sigma(k) = k$ であるものは，この手順から省ける．

定理 4.2 任意の n 次の順列は，高々 $n-1$ 個の互換により基本順列から得られる．

問 4.3 互換を何回か行うことにより，基本順列から順列 $(3\ 4\ 5\ 1\ 2)$ をつくれ．

3 次の順列 $(3\ 2\ 1)$ は

$$(3\ 2\ 1) = (1, 3)(1\ 2\ 3)$$

$$= (1, 2)(1, 3)(2, 3)(1\ 2\ 3)$$

のように 2 通りに表される．このように，互換によって基本順列から順列をつくる方法は一意的でない．しかし，これらの互換の回数が偶数か奇数のいずれであるかは，順列によって一意的に決まることが，次の定理によってわかる．

定理 4.3 順列 σ が m 回の互換によって基本順列から得られたとする．このとき次が成立する．

$$\operatorname{sgn}\sigma = \begin{cases} 1 & (m：偶数) \\ -1 & (m：奇数) \end{cases}$$

証明 基本順列 ϵ は偶順列であるから，$\operatorname{sgn}\epsilon = 1$．したがって，定理 4.1 より $\operatorname{sgn}\sigma = (-1)^m$．これより定理が導かれる． ▮

任意の n 次の順列 $\sigma = (\sigma(1)\ \sigma(2)\ \cdots\ \sigma(n))$ は，n 個の文字 $1, 2, \cdots, n$ の置き換え

$$\begin{pmatrix} 1 & 2 & \cdots & n \\ \downarrow & \downarrow & & \downarrow \\ \sigma(1) & \sigma(2) & \cdots & \sigma(n) \end{pmatrix}$$

と考えられる．このように，順列を文字の置き換えと考えたものを**置換** (やはり permutation という) といい

$$\sigma = \begin{pmatrix} 1 & 2 & \cdots & n \\ \sigma(1) & \sigma(2) & \cdots & \sigma(n) \end{pmatrix}$$

のように表す．任意の置換 σ に対して，文字の置き換え

$$\begin{pmatrix} \sigma(1) & \sigma(2) & \cdots & \sigma(n) \\ \downarrow & \downarrow & & \downarrow \\ 1 & 2 & \cdots & n \end{pmatrix}$$

を σ の**逆置換**といい，上を並べ直して

$$\sigma^{-1} = \begin{pmatrix} 1 & 2 & \cdots & n \\ \sigma^{-1}(1) & \sigma^{-1}(2) & \cdots & \sigma^{-1}(n) \end{pmatrix}$$

と表す．これを，次のように順列として表したものを**逆順列**という．

$$\sigma^{-1} = (\sigma^{-1}(1)\ \sigma^{-1}(2)\ \cdots\ \sigma^{-1}(n))$$

例題 4.3　次の関係式を示せ．

$$(1\ 2\ 3)^{-1} = (1\ 2\ 3), \quad (2\ 3\ 1)^{-1} = (3\ 1\ 2), \quad (3\ 1\ 2)^{-1} = (2\ 3\ 1),$$
$$(1\ 3\ 2)^{-1} = (1\ 3\ 2), \quad (3\ 2\ 1)^{-1} = (3\ 2\ 1), \quad (2\ 1\ 3)^{-1} = (2\ 1\ 3).$$

解答　$(2\ 3\ 1)^{-1}$ について考える．$(2\ 3\ 1)$ は置換 $\begin{pmatrix} 1 & 2 & 3 \\ 2 & 3 & 1 \end{pmatrix}$ なので，逆置換は

$$\begin{pmatrix} 2 & 3 & 1 \\ 1 & 2 & 3 \end{pmatrix} = \begin{pmatrix} 1 & 2 & 3 \\ 3 & 1 & 2 \end{pmatrix}.$$

したがって，逆順列は $(3\ 1\ 2)$ となる．　∎

問 4.4　順列 (3 1 5 4 2) の逆順列を求めよ.

n 次の順列 σ について, 定義からわかるように

$$\sigma^{-1}(\sigma(i)) = i, \quad \sigma(\sigma^{-1}(i)) = i \quad (1 \leqq i \leqq n)$$

が成立する. したがって, ある i, j $(1 \leqq i < j \leqq n)$ に対して

$$i < j \quad \text{かつ} \quad \sigma(i) > \sigma(j)$$

であることと,

$$\sigma(j) < \sigma(i) \quad \text{かつ} \quad \sigma^{-1}(\sigma(j)) > \sigma^{-1}(\sigma(i))$$

であることは同値である. ゆえに, σ の転位数と σ^{-1} の転位数は等しい. よって, 順列の符号の定義より, 次の定理が得られる.

定理 4.4　任意の順列 σ に対して, $\operatorname{sgn}\sigma = \operatorname{sgn}\sigma^{-1}$ が成り立つ.

問 4.5　順列 $\sigma = (3\ 1\ 4\ 2)$ の逆順列とその転位数を求めよ.

§ 4.3　行列式の定義と基本性質

n 文字の順列全体の集合を P_n と表すとき, n 次正方行列 $A = (a_{ij})$, $1 \leqq i, j \leqq n$ に対して, 次の和を A の **行列式** (determinant) という.

$$\begin{aligned} &\sum_{\sigma \in P_n} \operatorname{sgn}\sigma\, a_{1\sigma(1)} a_{2\sigma(2)} \cdots a_{n\sigma(n)} \\ = \quad &\sum_{\sigma:\ \text{even}} a_{1\sigma(1)} a_{2\sigma(2)} \cdots a_{n\sigma(n)} - \sum_{\sigma:\ \text{odd}} a_{1\sigma(1)} a_{2\sigma(2)} \cdots a_{n\sigma(n)} \end{aligned}$$

ここで $\displaystyle\sum_{\sigma \in P_n}$ はすべての順列にわたる和を示し, $\displaystyle\sum_{\sigma:\ \text{even}}, \sum_{\sigma:\ \text{odd}}$ はそれぞれ偶順列全体, 奇順列全体にわたる和を示す. この定義式において, $a_{1\sigma(1)} a_{2\sigma(2)} \cdots a_{n\sigma(n)}$

は各行，各列から1つずつとりだしていることに注意したい．A の行列式は

$$\begin{vmatrix} a_{11} & a_{12} & \cdots & a_{1n} \\ a_{21} & a_{22} & \cdots & a_{2n} \\ \vdots & \vdots & \ddots & \vdots \\ a_{n1} & a_{n2} & \cdots & a_{nn} \end{vmatrix} \quad \text{あるいは簡単に} \quad |A|, \quad |a_{ij}|$$

などと表される．行列の記号は (　)，行列式の記号は | 　| であることを，とくに注意する．行列のときと同様に，n を行列式 $|A|$ の次数，a_{ij} を (i,j) **成分**，また

$$(a_{i1} \ \cdots \ a_{in}), \quad \begin{pmatrix} a_{1j} \\ \vdots \\ a_{nj} \end{pmatrix}$$

をそれぞれ**第 i 行**，**第 j 列**という．実際に定義式より計算できる行列式は多くはないが，それぞれたいへん重要である．それらを例題として以下で説明する．

例題 4.4　$n = 1, 2, 3$ 次の行列式は次のとおりである．

(1)　$|a_{11}| = a_{11}$

(2)　$\begin{vmatrix} a_{11} & a_{12} \\ a_{21} & a_{22} \end{vmatrix} = a_{11}a_{22} - a_{12}a_{21}$

(3)　$$\begin{vmatrix} a_{11} & a_{12} & a_{13} \\ a_{21} & a_{22} & a_{23} \\ a_{31} & a_{32} & a_{33} \end{vmatrix} = \begin{array}{l} a_{11}a_{22}a_{33} + a_{12}a_{23}a_{31} + a_{13}a_{21}a_{32} \\ -a_{11}a_{23}a_{32} - a_{13}a_{22}a_{31} - a_{12}a_{21}a_{33} \end{array}$$

解答　(1) は明らか．(2)，(3) は例題 4.1 による．また，§ 1.3, § 3.1 も参照のこと．(3) の**サラスの公式は4次以上の行列式には使えない**ことに注意する．■

問 4.6　次の行列式の値を求めよ．

(1) $\begin{vmatrix} 2 & 3 \\ -4 & -1 \end{vmatrix}$　(2) $\begin{vmatrix} 1 & -1 & 3 \\ 2 & 0 & 5 \\ -2 & 1 & 4 \end{vmatrix}$　(3) $\begin{vmatrix} 1 & -1 & 0 \\ -1 & 1 & 2 \\ 6 & -5 & 1 \end{vmatrix}$

問 4.7 行列式の定義を用いて，次の行列式を計算せよ．

$$\begin{vmatrix} a_1 & a_2 & a_3 & a_4 \\ b_1 & b_2 & b_3 & b_4 \\ 0 & 0 & c_3 & c_4 \\ 0 & 0 & d_3 & d_4 \end{vmatrix}$$

例題 4.5 ある行 (または列) の成分がすべて 0 である行列式は 0 である．

$$\begin{vmatrix} a_{11} & \cdots & a_{1n} \\ \vdots & & \vdots \\ 0 & \cdots & 0 \\ \vdots & & \vdots \\ a_{n1} & \cdots & a_{nn} \end{vmatrix} = 0, \quad \begin{vmatrix} a_{11} & \cdots & 0 & \cdots & a_{1n} \\ \vdots & & \vdots & & \vdots \\ a_{n1} & \cdots & 0 & \cdots & a_{nn} \end{vmatrix} = 0$$

解答 各項 $a_{1\sigma(1)}a_{2\sigma(2)}\cdots a_{n\sigma(n)}$ には，必ず第 i 行および第 j 列の成分が含まれていることより明らか． ∎

対角線より下の成分がすべて 0 であるような正方行列を上三角行列といい，対角線より上の成分がすべて 0 であるときは下三角行列という．また，両方を合わせて**三角行列**という．対角行列 (とくに単位行列 I_n) は三角行列の特別な場合である．

例題 4.6 三角行列の行列式は次のとおりであることを示せ．

$$\begin{vmatrix} a_{11} & a_{12} & \cdots & a_{1n} \\ 0 & a_{22} & \cdots & a_{2n} \\ \vdots & \ddots & \ddots & \vdots \\ 0 & \cdots & 0 & a_{nn} \end{vmatrix} = a_{11}a_{22}\cdots a_{nn},$$

$$\begin{vmatrix} a_{11} & 0 & \cdots & 0 \\ a_{21} & a_{22} & \ddots & \vdots \\ \vdots & \vdots & \ddots & 0 \\ a_{n1} & a_{n2} & \cdots & a_{nn} \end{vmatrix} = a_{11}a_{22}\cdots a_{nn}.$$

とくに単位行列 I_n の行列式は 1 である.

解答 上三角行列を考える．行列式の定義において順列で $\sigma(n) \neq n$ ならば $a_{n\sigma(n)} = 0$ なので， $\sigma(n) = n$ である順列だけを考えればよい．さらに，そのなかで $\sigma(n-1) \neq n-1$ ならば $a_{n-1\sigma(n-1)} = 0$ なので，$\sigma(n-1) = n-1$ である順列だけが出てくる．以下同様に考えると，行列式の定義式に出てくる順列は基本順列 $\sigma = (1\ 2\ \cdots\ n)$ のみであるので上が成り立つ．下三角行列についても同様である． ▮

例題 4.7 c を定数，A を m 次正方行列，$\boldsymbol{b}$ を m 次行ベクトル，$\boldsymbol{0}$ を m 次零ベクトルとするとき，次が成り立つ.

$$\begin{vmatrix} c & \boldsymbol{b} \\ \boldsymbol{0} & A \end{vmatrix} = c|A|$$

解答 例題 4.6 と同様に，行列式の定義において $i > 1$ ならば $\sigma(i) = 1$ をみたす順列の項は 0 であるので，$\sigma(i) > 1$ となる．したがって，$\sigma(1) = 1$ が成り立ち，定義式は $2, 3, \cdots, n$ の順列についての和となることによる ($n = m + 1$). ▮

以下，行列式の基本性質を定理としてまとめる.

定理 4.5 行列式 $|A|$ のある行を k 倍した行列式は $k|A|$ に等しい.

$$i> \begin{vmatrix} a_{11} & \cdots & a_{1n} \\ \vdots & & \vdots \\ ka_{i1} & \cdots & ka_{in} \\ \vdots & & \vdots \\ a_{n1} & \cdots & a_{nn} \end{vmatrix} = k \begin{vmatrix} a_{11} & \cdots & a_{1n} \\ \vdots & & \vdots \\ a_{i1} & \cdots & a_{in} \\ \vdots & & \vdots \\ a_{n1} & \cdots & a_{nn} \end{vmatrix}$$

証明　行列式の定義より

$$\begin{aligned}\text{左辺} &= \sum_{\sigma \in P_n} \operatorname{sgn}\sigma\, a_{1\sigma(1)} a_{2\sigma(2)} \cdots (k a_{i\sigma(i)}) \cdots a_{n\sigma(n)} \\ &= k \sum_{\sigma \in P_n} \operatorname{sgn}\sigma\, a_{1\sigma(1)} a_{2\sigma(2)} \cdots a_{i\sigma(i)} \cdots a_{n\sigma(n)} \\ &= k|A|.\end{aligned}$$

■

例題 4.8　A を n 次の正方行列とし，k を定数とすると，$|kA| = k^n|A|$ が成立する．とくに，$|-A| = (-1)^n|A|$.

解答　上の定理を繰り返し用いると

$$\begin{vmatrix} ka_{11} & \cdots & ka_{1n} \\ ka_{21} & \cdots & ka_{2n} \\ \vdots & \ddots & \vdots \\ ka_{n1} & \cdots & ka_{nn} \end{vmatrix} = k \begin{vmatrix} a_{11} & \cdots & a_{1n} \\ ka_{21} & \cdots & ka_{2n} \\ \vdots & \ddots & \vdots \\ ka_{n1} & \cdots & ka_{nn} \end{vmatrix} = k^2 \begin{vmatrix} a_{11} & \cdots & a_{1n} \\ a_{21} & \cdots & a_{2n} \\ \vdots & \ddots & \vdots \\ ka_{n1} & \cdots & ka_{nn} \end{vmatrix}$$

$$= \quad \cdots \quad = k^n \begin{vmatrix} a_{11} & \cdots & a_{1n} \\ a_{21} & \cdots & a_{2n} \\ \vdots & \ddots & \vdots \\ a_{n1} & \cdots & a_{nn} \end{vmatrix}.$$

■

定理 4.6　行列式 $|A|$ の第 i 行が，2 つの行ベクトルの和で表されるとき，それぞれの行ベクトルを第 i 行とする行列式の和は $|A|$ に等しい．すなわち

$$i{>} \begin{vmatrix} a_{11} & \cdots & a_{1n} \\ \vdots & & \vdots \\ a_{i1} + a'_{i1} & \cdots & a_{in} + a'_{in} \\ \vdots & & \vdots \\ a_{n1} & \cdots & a_{nn} \end{vmatrix} = \begin{vmatrix} a_{11} & \cdots & a_{1n} \\ \vdots & & \vdots \\ a_{i1} & \cdots & a_{in} \\ \vdots & & \vdots \\ a_{n1} & \cdots & a_{nn} \end{vmatrix} + \begin{vmatrix} a_{11} & \cdots & a_{1n} \\ \vdots & & \vdots \\ a'_{i1} & \cdots & a'_{in} \\ \vdots & & \vdots \\ a_{n1} & \cdots & a_{nn} \end{vmatrix}$$

証明　やはり，行列式の定義より

$$\begin{aligned}\text{左辺} &= \sum_{\sigma \in P_n} \operatorname{sgn}\sigma\, a_{1\sigma(1)} a_{2\sigma(2)} \cdots \left(a_{i\sigma(i)} + a'_{i\sigma(i)}\right) \cdots a_{n\sigma(n)} \\ &= \sum_{\sigma \in P_n} \operatorname{sgn}\sigma\, a_{1\sigma(1)} a_{2\sigma(2)} \cdots a_{i\sigma(i)} \cdots a_{n\sigma(n)}\end{aligned}$$

$$+\sum_{\sigma\in P_n} \operatorname{sgn}\sigma\, a_{1\sigma(1)}a_{2\sigma(2)}\cdots a'_{i\sigma(i)}\cdots a_{n\sigma(n)}$$

$$= \text{右辺}.$$

∎

定理 4.7 行列式 $|A|$ の 2 つの行を入れ替えた行列式は $-|A|$ に等しい.

$$\begin{matrix} \\ \\ i> \\ \\ j> \\ \\ \\ \end{matrix}\begin{vmatrix} a_{11} & \cdots & a_{1n} \\ \vdots & & \vdots \\ a_{j1} & \cdots & a_{jn} \\ \vdots & & \vdots \\ a_{i1} & \cdots & a_{in} \\ \vdots & & \vdots \\ a_{n1} & \cdots & a_{nn} \end{vmatrix} = -\begin{vmatrix} a_{11} & \cdots & a_{1n} \\ \vdots & & \vdots \\ a_{i1} & \cdots & a_{in} \\ \vdots & & \vdots \\ a_{j1} & \cdots & a_{jn} \\ \vdots & & \vdots \\ a_{n1} & \cdots & a_{nn} \end{vmatrix}$$

証明 $i<j$ として, 順列 $\sigma=(\sigma(1)\cdots\sigma(i)\cdots\sigma(j)\cdots\sigma(n))$ から互換 $(\sigma(i),\sigma(j))$ によって得られる順列を τ とすれば, 定理 4.1 より $\operatorname{sgn}\tau=-\operatorname{sgn}\sigma$ である. したがって, σ が P_n 全体を動けば τ も P_n 全体を動くので

$$\begin{aligned}
\text{左辺} &= \sum_{\sigma\in P_n} \operatorname{sgn}\sigma\, a_{1\sigma(1)}a_{2\sigma(2)}\cdots a_{j\sigma(i)}\cdots a_{i\sigma(j)}\cdots a_{n\sigma(n)} \\
&= \sum_{\sigma\in P_n} \operatorname{sgn}\sigma\, a_{1\sigma(1)}a_{2\sigma(2)}\cdots a_{i\sigma(j)}\cdots a_{j\sigma(i)}\cdots a_{n\sigma(n)} \\
&= -\sum_{\tau\in P_n} \operatorname{sgn}\tau\; a_{1\tau(1)}a_{2\tau(2)}\cdots a_{i\tau(i)}\cdots a_{j\tau(j)}\cdots a_{n\tau(n)} \\
&= \text{右辺}.
\end{aligned}$$

∎

定理の系 4.1 2 つの行ベクトルが比例している行列式の値は 0 である. とく

に，2 つの行ベクトルが等しければ行列式の値は 0 である．

$$\begin{array}{r} \\ \\ i> \\ \\ j> \\ \\ \\ \end{array}\begin{vmatrix} a_{11} & \cdots & a_{1n} \\ \vdots & & \vdots \\ a_{i1} & \cdots & a_{in} \\ \vdots & & \vdots \\ ka_{i1} & \cdots & ka_{in} \\ \vdots & & \vdots \\ a_{n1} & \cdots & a_{nn} \end{vmatrix} = 0$$

証明　定理 4.5 により，2 つの行ベクトルが等しい場合に証明すればよい．正方行列 A の第 i 行と第 j 行を入れ替えた行列を B として定理 4.7 を用いると，$|B| = -|A|$ である． A の第 i 行と第 j 行が等しいと仮定すると $B = A$．よって $|A| = -|A|$ となり，これより $|A| = 0$ を得る． ∎

例題 4.9
$$\begin{vmatrix} 2 & -1 & 3 & -5 \\ 4 & -2 & 6 & -10 \\ 5 & 8 & 1 & 4 \\ -9 & 8 & -2 & 5 \end{vmatrix} = 0$$

解答　第 2 行ベクトルは 第 1 行ベクトルの 2 倍である． ∎

定理 4.5，定理 4.6，定理の系 4.1 より，次の定理が導かれる．この定理は，4 次以上の行列式を計算するときに繰り返し用いられる．

定理 4.8　行列式の 1 つの行の何倍かを他の行に加えても，行列式の値は変わらない．

$$
\begin{array}{r}
\\ \\ i> \\ \\ j> \\ \\ \\
\end{array}
\begin{vmatrix}
a_{11} & \cdots & a_{1n} \\
\vdots & & \vdots \\
a_{i1} & \cdots & a_{in} \\
\vdots & & \vdots \\
a_{j1}+ka_{i1} & \cdots & a_{jn}+ka_{in} \\
\vdots & & \vdots \\
a_{n1} & \cdots & a_{nn}
\end{vmatrix}
=
\begin{vmatrix}
a_{11} & \cdots & a_{1n} \\
\vdots & & \vdots \\
a_{i1} & \cdots & a_{in} \\
\vdots & & \vdots \\
a_{j1} & \cdots & a_{jn} \\
\vdots & & \vdots \\
a_{n1} & \cdots & a_{nn}
\end{vmatrix}
$$

行列式の行基本変形　ここで，以上の定理と行基本変形についてまとめておく．

1) 行列式の 1 つの行に 0 でない数 k を掛けると，行列式の値も k 倍になる，
2) 行列式の 1 つの行の定数倍を他の行に加えても，行列式の値は変わらない，
3) 行列式の 2 つの行を入れ替えると，行列式の値の符号 (±) が変わる．

一般の (4 次以上の) 行列式は，このような行基本変形を用いて，例題 4.6, 4.7 の形に直すことにより計算が可能である．さらに，次節の行列式の展開も用いるとよい．

例題 4.10　$\begin{vmatrix} 1 & a & a^2 \\ 1 & b & b^2 \\ 1 & c & c^2 \end{vmatrix}$ を因数分解せよ．

解答

$$
\begin{vmatrix} 1 & a & a^2 \\ 1 & b & b^2 \\ 1 & c & c^2 \end{vmatrix}
=
\begin{vmatrix} 1 & a & a^2 \\ 0 & b-a & b^2-a^2 \\ 0 & c-a & c^2-a^2 \end{vmatrix}
\quad : \begin{array}{l} \text{第 2 行} + (-1)\times \text{第 1 行} \\ \text{第 3 行} + (-1)\times \text{第 1 行} \end{array}
$$

$$
= (b-a)(c-a)\begin{vmatrix} 1 & a & a^2 \\ 0 & 1 & b+a \\ 0 & 1 & c+a \end{vmatrix}
\quad : \text{定理 4.5}
$$

$$= (b-a)(c-a)\begin{vmatrix} 1 & a & a^2 \\ 0 & 1 & b+a \\ 0 & 0 & c-b \end{vmatrix} \quad : \text{第 3 行} + (-1)\times \text{第 2 行}$$

$$= (b-a)(c-a)(c-b) = (a-b)(b-c)(c-a)$$ ■

問 4.8 例題 4.10 をサラスの方法で計算し，因数分解せよ．

問 4.9 次の行列式を因数分解せよ．

$$(1)\ \begin{vmatrix} 1 & b+c & bc \\ 1 & c+a & ca \\ 1 & a+b & ab \end{vmatrix} \qquad (2)\ \begin{vmatrix} 1 & a^2 & bc \\ 1 & b^2 & ca \\ 1 & c^2 & ab \end{vmatrix}$$

例題 4.11 行列式 $\begin{vmatrix} 1 & -1 & 3 & 2 \\ 2 & -3 & 1 & 4 \\ -3 & 2 & 2 & -2 \\ -1 & 5 & 5 & 3 \end{vmatrix}$ の値を求めよ．

解答

$$\begin{vmatrix} 1 & -1 & 3 & 2 \\ 2 & -3 & 1 & 4 \\ -3 & 2 & 2 & -2 \\ -1 & 5 & 5 & 3 \end{vmatrix} = \begin{vmatrix} 1 & -1 & 3 & 2 \\ 0 & -1 & -5 & 0 \\ 0 & -1 & 11 & 4 \\ 0 & 4 & 8 & 5 \end{vmatrix} \quad : \begin{matrix} \text{第 2 行} + (-2)\times \text{第 1 行} \\ \text{第 3 行} + 3\times \text{第 1 行} \\ \text{第 4 行} + \text{第 1 行} \end{matrix}$$

$$= \begin{vmatrix} -1 & -5 & 0 \\ -1 & 11 & 4 \\ 4 & 8 & 5 \end{vmatrix} \quad : \text{例題 4.7}$$

$$= \begin{vmatrix} -1 & -5 & 0 \\ 0 & 16 & 4 \\ 0 & -12 & 5 \end{vmatrix} \quad : \begin{matrix} \text{第 2 行} + (-1)\times \text{第 1 行} \\ \text{第 3 行} + 4\times \text{第 1 行} \end{matrix}$$

$$= -\begin{vmatrix} 16 & 4 \\ -12 & 5 \end{vmatrix} \quad : \text{例題 4.7}$$

$$= -4\begin{vmatrix} 4 & 1 \\ -12 & 5 \end{vmatrix} \quad : \text{定理 4.5}$$

$$= (-4)\times 32 = -128 \quad : 2\ \text{次行列式}.$$ ■

✎ 行列の基本変形と異なり，下から2行目で4をくくり出すのを忘れないようにする！　行列式の計算は，あくまでも等号 (=) の変形である．

問 4.10　次の行列式の値を求めよ．

(1) $\begin{vmatrix} 11 & 12 & 13 \\ 14 & 15 & 16 \\ 17 & 18 & 19 \end{vmatrix}$　(2) $\begin{vmatrix} 1 & 2 & -1 & 4 \\ -2 & -1 & 5 & -2 \\ 3 & 4 & 1 & 5 \\ 2 & -3 & 1 & 7 \end{vmatrix}$　(3) $\begin{vmatrix} -3 & 1 & 1 & 1 \\ 1 & -3 & 1 & 1 \\ 1 & 1 & -3 & 1 \\ 1 & 1 & 1 & -3 \end{vmatrix}$

次の定理も，行列式の大切な性質の1つである．

定理 4.9　正方行列 A の転置行列 ${}^tA$ の行列式は $|A|$ に等しい．すなわち

$$|A| = |{}^tA|.$$

証明　順列 σ の逆順列を σ^{-1} と表せば，定理4.4より $\mathrm{sgn}\,(\sigma^{-1}) = \mathrm{sgn}\,\sigma$ が成立する．行列の次数を n とすれば，行列式と逆順列の定義より

$$\begin{aligned}
\text{左辺} &= \sum_{\sigma \in P_n} \mathrm{sgn}\,\sigma\, a_{1\sigma(1)} a_{2\sigma(2)} \cdots a_{n\sigma(n)} \\
&= \sum_{\sigma \in P_n} \mathrm{sgn}\,\sigma\, a_{\sigma^{-1}(1)1} a_{\sigma^{-1}(2)2} \cdots a_{\sigma^{-1}(n)n} \\
&= \sum_{\sigma \in P_n} \mathrm{sgn}\,(\sigma^{-1})\, a_{\sigma^{-1}(1)1} a_{\sigma^{-1}(2)2} \cdots a_{\sigma^{-1}(n)n} \\
&= \sum_{\tau \in P_n} \mathrm{sgn}\,\tau\, a_{\tau(1)1} a_{\tau(2)2} \cdots a_{\tau(n)n} \\
&= |{}^tA|.
\end{aligned}$$

ここで，σ が順列全体を動けば，逆順列 $\sigma^{-1} = \tau$ も順列全体を動くことを用いた．■

転置行列の行ベクトルはもとの行列の列ベクトルであるので，この定理により，行列式の行に関して成立する命題は，すべて列に関しても正しいことがわかる．たとえば，定理4.5 ~ 4.8 および定理の系4.1は「行」をすべて「列」に替えても成立する．ここでは，次の**行列式の列基本変形**を挙げておく．

1) 行列式の1つの列に0でない数 k を掛けると，行列式の値も k 倍になる，

2) 行列式の1つの列の定数倍を他の列に加えても，行列式の値は変わら

ない，

3) 行列式の 2 つの列を入れ替えると，行列式の値の符号 $(\pm)$ が変わる．

これらは行列式の計算において，有効なことが多い．

定理 4.5, 4.7, 4.8 により，$|A|=0$ ならば，行基本変形によって変形された行列の行列式は 0 に等しい．また，n 次行列 B が階段行列のとき，$|B|=0$ と $B \neq I_n$ は同値である．したがって，B を A の階段行列とすれば次の関係が成り立つ．

$$|A|=0 \iff |B|=0 \iff B \neq I_n \iff \operatorname{rank} A < n.$$

よって，定理 3.8 より次の定理が得られる．

定理 4.10 正方行列 A が $\operatorname{rank} A < n$ をみたすことと $|A|=0$ は同値である．また，A が正則であることと $|A| \neq 0$ は同値である．

§ 4.4 行列式の展開

3 次行列式のサラスの展開式 (例題 4.4 (3)) を変形してみよう．

$$\begin{vmatrix} a_{11} & a_{12} & a_{13} \\ a_{21} & a_{22} & a_{23} \\ a_{31} & a_{32} & a_{33} \end{vmatrix}$$

$$= a_{11}(a_{22}a_{33} - a_{23}a_{32}) + a_{12}(a_{23}a_{31} - a_{21}a_{33}) + a_{13}(a_{21}a_{32} - a_{22}a_{31})$$

$$= a_{11}\begin{vmatrix} a_{22} & a_{23} \\ a_{32} & a_{33} \end{vmatrix} + a_{12}\begin{vmatrix} a_{31} & a_{33} \\ a_{21} & a_{23} \end{vmatrix} + a_{13}\begin{vmatrix} a_{21} & a_{22} \\ a_{31} & a_{32} \end{vmatrix}$$

$$= a_{11}\begin{vmatrix} a_{22} & a_{23} \\ a_{32} & a_{33} \end{vmatrix} - a_{12}\begin{vmatrix} a_{21} & a_{23} \\ a_{31} & a_{33} \end{vmatrix} + a_{13}\begin{vmatrix} a_{21} & a_{22} \\ a_{31} & a_{32} \end{vmatrix}.$$

うえの展開式で，係数の a_{11}, a_{12}, a_{13} は行列式の第 1 行であるが，3 つの 2 次行列式は，もとの行列式の要素をある規則によって並べたものである．これらの行列式をもとの行列式の**余因子** (cofactor) という．

一般に， n 次正方行列 $A=(a_{ij})$ から第 i 行と第 j 列を取り去って得られる $n-1$ 次行列を A_{ij} で表す．さらに，$(-1)^{i+j}|A_{ij}|$ を A の (i,j) 余因子と

いい，$\widetilde{a}_{ij}$ と表す．

$$\widetilde{a}_{ij} = (-1)^{i+j} \begin{vmatrix} a_{11} & \cdots & \overset{\overset{j}{\wedge}}{a_{1j}} & \cdots & a_{1n} \\ \vdots & & \vdots & & \vdots \\ a_{i1} & \cdots & a_{ij} & \cdots & a_{in} \\ \vdots & & \vdots & & \vdots \\ a_{n1} & \cdots & a_{nj} & \cdots & a_{nn} \end{vmatrix} > i$$

ここで，記号 $>i$，$\overset{j}{\wedge}$ はそれぞれ行列式の第 i 行，第 j 列を除去することを意味する．また，$(-1)^{i+j}$ の値は ± 1 で (i,j) について並べると次のようになる．

$$\begin{pmatrix} + & - & + & \cdots \\ - & + & - & \cdots \\ + & - & + & \cdots \\ \vdots & \vdots & \vdots & \ddots \end{pmatrix}$$

問 4.11　行列 $\begin{pmatrix} 1 & 0 & 4 & 2 \\ -2 & 3 & -1 & 6 \\ 3 & 5 & 0 & 1 \\ -1 & 0 & 1 & 3 \end{pmatrix}$ の $(2,2)$ 余因子と $(3,2)$ 余因子を求めよ．

定理 4.11　n 次の行列式 $|A| = |a_{ij}|$ に対して，次の展開式が成り立つ．

$$|A| = a_{i1}\widetilde{a}_{i1} + a_{i2}\widetilde{a}_{i2} + \cdots + a_{in}\widetilde{a}_{in} \qquad \text{：第 } i \text{ 行についての展開}$$

$$|A| = a_{1j}\widetilde{a}_{1j} + a_{2j}\widetilde{a}_{2j} + \cdots + a_{nj}\widetilde{a}_{nj} \qquad \text{：第 } j \text{ 列についての展開.}$$

証明　最初に，第 1 行についての展開を示す．定理 4.6, 4.7 と列の交換により

$$|A| = \sum_{k=1}^{n} \begin{vmatrix} 0 & \cdots & 0 & a_{1k} & 0 & \cdots & 0 \\ a_{21} & \cdots & a_{2\ k-1} & a_{2k} & a_{2\ k+1} & \cdots & a_{2n} \\ \vdots & \ddots & \vdots & \vdots & \vdots & \ddots & \vdots \\ a_{n1} & \cdots & a_{n\ k-1} & a_{nk} & a_{n\ k+1} & \cdots & a_{nn} \end{vmatrix}$$

$$= \sum_{k=1}^{n} (-1)^{k-1} \begin{vmatrix} a_{1k} & 0 & \cdots & 0 & 0 & \cdots & 0 \\ a_{2k} & a_{21} & \cdots & a_{2\ k-1} & a_{2\ k+1} & \cdots & a_{2n} \\ \vdots & \vdots & \ddots & \vdots & \vdots & \ddots & \vdots \\ a_{nk} & a_{n1} & \cdots & a_{n\ k-1} & a_{n\ k+1} & \cdots & a_{nn} \end{vmatrix}$$

$$= \sum_{k=1}^{n} (-1)^{k-1} a_{1k} \begin{vmatrix} a_{21} & \cdots & a_{2\ k-1} & a_{2\ k+1} & \cdots & a_{2n} \\ \vdots & \ddots & \vdots & \vdots & \ddots & \vdots \\ a_{n1} & \cdots & a_{n\ k-1} & a_{n\ k+1} & \cdots & a_{nn} \end{vmatrix}$$

$$= \sum_{k=1}^{n} a_{1k} \widetilde{a}_{1k}.$$

さらに，一般の第 i 行についての展開は，行の交換 (定理 4.7) により

$$|A| = (-1)^{i-1} \begin{vmatrix} a_{i1} & a_{i2} & \cdots & a_{in} \\ a_{11} & a_{12} & \cdots & a_{1n} \\ \vdots & \vdots & \ddots & \vdots \\ a_{i-1\ 1} & a_{i-1\ 2} & \cdots & a_{i-1\ n} \\ a_{i+1\ 1} & a_{i+1\ 2} & \cdots & a_{i+1\ n} \\ \vdots & \vdots & \ddots & \vdots \\ a_{n1} & a_{n2} & \cdots & a_{nn} \end{vmatrix} <i$$

となるので，この行列式の第 1 行を展開することにより展開式が得られる．また，定理 4.9 より，$|A| = |{}^tA|$ が成り立つので，列についての展開は $|{}^tA|$ を行について展開したと考えればよい． ∎

例題 4.12　行列式 $|A| = \begin{vmatrix} a_{11} & a_{12} & a_{13} \\ a_{21} & a_{22} & a_{23} \\ a_{31} & a_{32} & a_{33} \end{vmatrix}$ を第 2 行について展開せよ．

解答　第 2 行についての展開式より．

$$|A| = (-1)^{2+1} a_{21} \begin{vmatrix} a_{12} & a_{13} \\ a_{32} & a_{33} \end{vmatrix} + (-1)^{2+2} a_{22} \begin{vmatrix} a_{11} & a_{13} \\ a_{31} & a_{33} \end{vmatrix} + (-1)^{2+3} a_{23} \begin{vmatrix} a_{11} & a_{12} \\ a_{31} & a_{32} \end{vmatrix}$$

$$= -a_{21}(a_{12}a_{33} - a_{32}a_{13}) + a_{22}(a_{11}a_{33} - a_{31}a_{13}) - a_{23}(a_{11}a_{32} - a_{31}a_{12})$$

$$= a_{21}a_{32}a_{13} - a_{21}a_{12}a_{33} + a_{22}a_{11}a_{33} - a_{22}a_{31}a_{13} + a_{23}a_{31}a_{12} - a_{23}a_{11}a_{32}.$$

もちろん，これはサラスの展開式により計算したものと一致している．なお，第 1 行についての展開式は，この節の最初で計算した式である． ∎

例題 4.13　行列式 $\begin{vmatrix} 5 & 2 & 3 & 2 \\ 4 & 3 & 1 & 1 \\ 1 & 1 & 0 & 1 \\ 0 & 4 & 1 & 0 \end{vmatrix}$ の値を求めよ．

解答　第 4 行について展開する．

$$\begin{vmatrix} 5 & 2 & 3 & 2 \\ 4 & 3 & 1 & 1 \\ 1 & 1 & 0 & 1 \\ 0 & 4 & 1 & 0 \end{vmatrix} = 4\cdot(-1)^{4+2}\begin{vmatrix} 5 & 3 & 2 \\ 4 & 1 & 1 \\ 1 & 0 & 1 \end{vmatrix} + (-1)^{4+3}\begin{vmatrix} 5 & 2 & 2 \\ 4 & 3 & 1 \\ 1 & 1 & 1 \end{vmatrix}$$

$$= 4\begin{vmatrix} -7 & 0 & -1 \\ 4 & 1 & 1 \\ 1 & 0 & 1 \end{vmatrix} - \begin{vmatrix} 3 & 0 & 0 \\ 3 & 2 & 0 \\ 1 & 1 & 1 \end{vmatrix}$$

(第 1 行 − 3× 第 2 行)　$\begin{pmatrix} \text{第 1 行} - 2\times \text{第 3 行} \\ \text{第 2 行} - \text{第 3 行} \end{pmatrix}$

$$= 4\cdot(-1)^{2+2}\begin{vmatrix} -7 & -1 \\ 1 & 1 \end{vmatrix} - 3\cdot 2$$

(第 2 列について展開)

$$= 4(-7+1) - 6 = -30$$

実際の問題では，行列式の行基本変形 (定理 4.8，または列基本変形) を適用して，ある行 (または列) について 0 をできるだけ多くしてから余因子展開をすればよい．■

問 4.12　次の行列式の値を求めよ．

(1) $\begin{vmatrix} 1 & 0 & 0 & 2 \\ 0 & 3 & 4 & 0 \\ 0 & 5 & 6 & 0 \\ 7 & 0 & 0 & 8 \end{vmatrix}$　(2) $\begin{vmatrix} 2 & -1 & 0 & 0 \\ -1 & 2 & -1 & 0 \\ 0 & -1 & 2 & -1 \\ 0 & 0 & -1 & 2 \end{vmatrix}$

(3) $\begin{vmatrix} a & b & c & d \\ b & b & c & d \\ c & c & c & d \\ d & d & d & d \end{vmatrix}$　(4) $\begin{vmatrix} 1 & 1 & 2 & 2 \\ 1 & 2 & 1 & 2 \\ 1 & 2 & 2 & 1 \\ 2 & 1 & 1 & 2 \end{vmatrix}$

例題 4.14 $n+1$ 次の行列式に関する，次の等式を示せ．

$$\begin{vmatrix} x & 0 & 0 & \cdots & 0 & a_n \\ -1 & x & 0 & \cdots & 0 & a_{n-1} \\ 0 & -1 & x & \cdots & 0 & a_{n-2} \\ \vdots & \vdots & \ddots & \ddots & \vdots & \vdots \\ 0 & 0 & \cdots & -1 & x & a_1 \\ 0 & 0 & \cdots & 0 & -1 & a_0 \end{vmatrix} = a_0x^n + a_1x^{n-1} + \cdots + a_n$$

解答 n に関する帰納法で示す．$n=1$ のとき等式は $\begin{vmatrix} x & a_1 \\ -1 & a_0 \end{vmatrix} = a_0x + a_1$ で，これは明らかに成り立つ．$n-1$ のときに等式が成立すると仮定して，n の場合を考える．行列式を第 1 行について展開すると，左辺は

$$x\begin{vmatrix} x & 0 & \cdots & 0 & a_{n-1} \\ -1 & x & \cdots & 0 & a_{n-2} \\ \vdots & \ddots & \ddots & \vdots & \vdots \\ 0 & \cdots & -1 & x & a_1 \\ 0 & \cdots & 0 & -1 & a_0 \end{vmatrix} + a_n(-1)^{1+n+1}\begin{vmatrix} -1 & x & 0 & \cdots & 0 \\ 0 & -1 & x & \cdots & 0 \\ \vdots & \vdots & \ddots & \ddots & \vdots \\ 0 & 0 & \cdots & -1 & x \\ 0 & 0 & \cdots & 0 & -1 \end{vmatrix}$$

$= x(a_0x^{n-1} + a_1x^{n-2} + \cdots + a_{n-1}) + a_n(-1)^{n+2}(-1)^n$：帰納法の仮定による

$= a_0x^n + a_1x^{n-1} + \cdots + a_n.$ ■

問 4.13 上の例題 4.14 の等式を，行基本変形を繰り返し用いることにより示せ．

§ 4.5 逆行列とクラメルの公式

この節では，§ 1.2，§ 1.3 で学んだ 2 次行列の逆行列とクラメルの公式を，余因子を用いて一般の n 次行列に対して証明する．最初に，余因子の性質を示す．

定理 4.12 n 次の行列式で 1 つの行 (または列) の各成分と，それに対応する他の行 (または列) の成分の各余因子の積は 0 に等しい．すなわち

$$a_{i1}\widetilde{a}_{k1} + a_{i2}\widetilde{a}_{k2} + \cdots + a_{in}\widetilde{a}_{kn} = 0 \quad (i \neq k) \qquad \text{：行の場合}$$
$$a_{1j}\widetilde{a}_{1l} + a_{2j}\widetilde{a}_{2l} + \cdots + a_{nj}\widetilde{a}_{nl} = 0 \quad (j \neq l) \qquad \text{：列の場合.}$$

証明　行の場合のみを示す．行列 A の第 k 行を取り除いて，かわりに A の第 i 行を代入して得られる行列 B を考える．すなわち

$$B = \begin{array}{r} \\ \\ i> \\ \\ k> \\ \\ \\ \end{array}\begin{pmatrix} a_{11} & a_{12} & \cdots & a_{1n} \\ \vdots & \vdots & & \vdots \\ a_{i1} & a_{i2} & \cdots & a_{in} \\ \vdots & \vdots & & \vdots \\ a_{i1} & a_{i2} & \cdots & a_{in} \\ \vdots & \vdots & & \vdots \\ a_{n1} & a_{n2} & \cdots & a_{nn} \end{pmatrix}$$

行列式は，2つの行が一致することより，$|B| = 0$ である．また，$|B|$ を第 k 行について展開すると，

$$|B| = a_{i1}\widetilde{a}_{k1} + a_{i2}\widetilde{a}_{k2} + \cdots + a_{in}\widetilde{a}_{kn}$$

であるから，求める結果を得る．■

n 次の正方行列 $A = (a_{ij})$ の (i, j) 余因子 $\widetilde{a}_{ij}$ を (j, i) 成分とする[2] 正方行列を**余因子行列**といい $\widetilde{A}$ と表す．すなわち

$$\widetilde{A} = \begin{pmatrix} \widetilde{a}_{11} & \widetilde{a}_{21} & \cdots & \widetilde{a}_{n1} \\ \widetilde{a}_{12} & \widetilde{a}_{22} & \cdots & \widetilde{a}_{n2} \\ \vdots & \vdots & \ddots & \vdots \\ \widetilde{a}_{1n} & \widetilde{a}_{2n} & \cdots & \widetilde{a}_{nn} \end{pmatrix}$$

定理 4.13　n 次正方行列 $A = (a_{ij})$ に対して，次式が成立する．

$$A\widetilde{A} = \widetilde{A}A = |A|I$$

証明　定理 4.11, 4.12 (行の場合) より

$$A\widetilde{A} = \begin{pmatrix} a_{11} & a_{12} & \cdots & a_{1n} \\ a_{21} & a_{22} & \cdots & a_{2n} \\ \vdots & \vdots & \ddots & \vdots \\ a_{n1} & a_{n2} & \cdots & a_{nn} \end{pmatrix}\begin{pmatrix} \widetilde{a}_{11} & \widetilde{a}_{21} & \cdots & \widetilde{a}_{n1} \\ \widetilde{a}_{12} & \widetilde{a}_{22} & \cdots & \widetilde{a}_{n2} \\ \vdots & \vdots & \ddots & \vdots \\ \widetilde{a}_{1n} & \widetilde{a}_{2n} & \cdots & \widetilde{a}_{nn} \end{pmatrix}$$

[2] i と j の順番に注意すること．転置行列の記号を用いると，$\widetilde{A} = {}^t(\widetilde{a}_{ij})$ である．

$$= \begin{pmatrix} |A| & 0 & \cdots & 0 \\ 0 & |A| & \cdots & 0 \\ \vdots & \vdots & \ddots & \vdots \\ 0 & 0 & \cdots & |A| \end{pmatrix} = |A|I.$$

同様に，列の場合を用いて $\widetilde{A}A = |A|I$ が成り立つ．∎

定理の系 4.2　A が正則のとき $A^{-1} = \dfrac{1}{|A|}\widetilde{A}$ である．

証明　A が正則ならば $|A| \neq 0$ であるので，定理 4.13 を用いて

$$A\left(\frac{1}{|A|}\widetilde{A}\right) = \left(\frac{1}{|A|}\widetilde{A}\right)A = I$$

となり，$A^{-1} = \dfrac{1}{|A|}\widetilde{A}$ がわかる．∎

例題 4.15　定理の系 4.2 を用いて，$A = \begin{pmatrix} a_{11} & a_{12} \\ a_{21} & a_{22} \end{pmatrix}$ の逆行列を求めよ．

解答　$\widetilde{A} = \begin{pmatrix} a_{22} & -a_{12} \\ -a_{21} & a_{11} \end{pmatrix}$ であるから，

$$A^{-1} = \frac{1}{|A|}\widetilde{A} = \frac{1}{a_{11}a_{22} - a_{12}a_{21}} \begin{pmatrix} a_{22} & -a_{12} \\ -a_{21} & a_{11} \end{pmatrix}.$$ ∎

問 4.14　定理の系 4.2 を用いて $\begin{pmatrix} 2 & -1 & 0 \\ -1 & 2 & -1 \\ 0 & -1 & 2 \end{pmatrix}$ の逆行列を求めよ．

$A = (a_{ij})$ を n 次の正方行列とするとき，連立 1 次方程式

$$A\boldsymbol{x} = \boldsymbol{b}, \quad \boldsymbol{x} = \begin{pmatrix} x_1 \\ \vdots \\ x_n \end{pmatrix}, \quad \boldsymbol{b} = \begin{pmatrix} b_1 \\ \vdots \\ b_n \end{pmatrix}$$

を考える．$|A| \neq 0$ ならば，定理 4.10 より $|A|$ は正則である．したがって，連立方程式 $A\boldsymbol{x} = \boldsymbol{b}$ の両辺に左から A^{-1} を掛けると，定理の系 4.2 より

$$\boldsymbol{x} = A^{-1}\boldsymbol{b} = \frac{1}{|A|}\widetilde{A}\boldsymbol{b}$$

となる．ここで，解 $\boldsymbol{x}$ の第 j 成分をみると

$$x_j = \frac{1}{|A|}\left(\boxed{b_1}\,\tilde{a}_{1j} + \boxed{b_2}\,\tilde{a}_{2j} + \cdots + \boxed{b_n}\,\tilde{a}_{nj}\right)$$

である．上の和において $\boxed{}$ の中の b_k を a_{kj} で置き換えると，行列式 $|A|$ の第 j 列に関する展開式が得られるので，和は行列式 $|A|$ の第 j 列を $b_1, b_2, \cdots, b_n$ で置き換えた行列式である．したがって，次の定理を得る．

定理 4.14　**クラメルの公式**　連立 1 次方程式 $A\boldsymbol{x} = \boldsymbol{b}$ の解は，$|A| \neq 0$ のとき

$$x_j = \frac{1}{|A|}\begin{vmatrix} a_{11} & \cdots & a_{1\ j-1} & \boxed{b_1} & a_{1\ j+1} & \cdots & a_{1n} \\ a_{21} & \cdots & a_{2\ j-1} & \boxed{b_2} & a_{2\ j+1} & \cdots & a_{2n} \\ \vdots & \ddots & \vdots & \vdots & \vdots & \ddots & \vdots \\ a_{n1} & \cdots & a_{n\ j-1} & \boxed{b_n} & a_{n\ j+1} & \cdots & a_{nn} \end{vmatrix} \quad (1 \leqq j \leqq n)$$

（$\boxed{b}$ の列が第 j 列）

と表される．

また，$\boldsymbol{b} = \boldsymbol{0}$ の場合は，定理 2.5 より

定理 4.15　A を n 次の正方行列とするとき，同次連立 1 次方程式

$$A\boldsymbol{x} = \boldsymbol{0}, \quad \boldsymbol{x} = \begin{pmatrix} x_1 \\ \vdots \\ x_n \end{pmatrix}$$

が自明でない解をもつための必要十分条件は，$|A| = 0$ が成立することである．

例題 4.16　次の連立 1 次方程式をクラメルの公式を用いて解け．

$$\begin{cases} 2x - y + 3z = 14 \\ x + 3y - z = -4 \\ 3x + y - 2z = -1 \end{cases}$$

解答 $|A| = \begin{vmatrix} 2 & -1 & 3 \\ 1 & 3 & -1 \\ 3 & 1 & -2 \end{vmatrix} = -33$ より A は正則である．公式より

$$x = \frac{1}{-33}\begin{vmatrix} 14 & -1 & 3 \\ -4 & 3 & -1 \\ -1 & 1 & -2 \end{vmatrix} = \frac{-66}{-33} = 2,$$

$$y = \frac{1}{-33}\begin{vmatrix} 2 & 14 & 3 \\ 1 & -4 & -1 \\ 3 & -1 & -2 \end{vmatrix} = \frac{33}{-33} = -1,$$

$$z = \frac{1}{-33}\begin{vmatrix} 2 & -1 & 14 \\ 1 & 3 & -4 \\ 3 & 1 & -1 \end{vmatrix} = \frac{-99}{-33} = 3.$$ ∎

問 4.15 次の連立 1 次方程式をクラメルの公式を用いて解け．

$$\begin{cases} x + y + z = 1 \\ 2x + 3y + 4z = 5 \\ 4x + 9y + 16z = 25 \end{cases}$$

§ 4.6 補足

行列の積の行列式

A, B を n 次の正方行列とするとき，和 $A+B$ の行列式については $|A+B| = |A| + |B|$ は成り立たないが，積については次の定理が成立する．

定理 4.16 n 次の正方行列 A, B に対して次の式が成り立つ．

$$|AB| = |A||B|$$

定理の証明には，行列式の性質を 1 つ示しておく．これは定理 4.7 の一般化である．

定理 4.17 n 次の行列式 $|A|$ の行の順序を，順列 σ によって変更した行列

式について次の式が成り立つ．

$$\begin{vmatrix} a_{\sigma(1)1} & a_{\sigma(1)2} & \cdots & a_{\sigma(1)n} \\ a_{\sigma(2)1} & a_{\sigma(2)2} & \cdots & a_{\sigma(2)n} \\ \vdots & \vdots & & \vdots \\ a_{\sigma(i)1} & a_{\sigma(i)2} & \cdots & a_{\sigma(i)n} \\ \vdots & \vdots & & \vdots \\ a_{\sigma(n)1} & a_{\sigma(n)2} & \cdots & a_{\sigma(n)n} \end{vmatrix} = \mathrm{sgn}\,(\sigma) \begin{vmatrix} a_{11} & a_{12} & \cdots & a_{1n} \\ a_{21} & a_{22} & \cdots & a_{2n} \\ \vdots & \vdots & & \vdots \\ a_{i1} & a_{i2} & \cdots & a_{in} \\ \vdots & \vdots & & \vdots \\ a_{n1} & a_{n2} & \cdots & a_{nn} \end{vmatrix}$$

証明　順列 σ が互換 (i, j) と等しいときが，定理 4.7 である．一般の順列については，定理 4.2 により σ を互換の積 (たとえば m 個) に表しておき，定理 4.7 を繰り返し用いればよい．このとき，行列式の符号は $(-1)^m$ となり，すなわち $\mathrm{sgn}\,(\sigma)$ に等しい．■

定理 4.16 の証明　$A = (a_{ij})$ として，B の第 i 行ベクトルを ${}^t\boldsymbol{b}_i = (b_{i1}\ b_{i2}\ \cdots\ b_{in})$ とおく．行列式の定義より

$$|AB| = \begin{vmatrix} a_{11}{}^t\boldsymbol{b}_1 + a_{12}{}^t\boldsymbol{b}_2 + \cdots + a_{1n}{}^t\boldsymbol{b}_n \\ a_{21}{}^t\boldsymbol{b}_1 + a_{22}{}^t\boldsymbol{b}_2 + \cdots + a_{2n}{}^t\boldsymbol{b}_n \\ \vdots \\ a_{n1}{}^t\boldsymbol{b}_1 + a_{n2}{}^t\boldsymbol{b}_2 + \cdots + a_{nn}{}^t\boldsymbol{b}_n \end{vmatrix} = \begin{vmatrix} \sum_{i_1=1}^{n} a_{1i_1}{}^t\boldsymbol{b}_{i_1} \\ \sum_{i_2=1}^{n} a_{2i_2}{}^t\boldsymbol{b}_{i_2} \\ \vdots \\ \sum_{i_n=1}^{n} a_{ni_n}{}^t\boldsymbol{b}_{i_n} \end{vmatrix}$$

$$= \sum_{i_1=1}^{n}\sum_{i_2=1}^{n}\cdots\sum_{i_n=1}^{n} \begin{vmatrix} a_{1i_1}{}^t\boldsymbol{b}_{i_1} \\ a_{2i_2}{}^t\boldsymbol{b}_{i_2} \\ \vdots \\ a_{ni_n}{}^t\boldsymbol{b}_{i_n} \end{vmatrix} \quad \text{：定理 4.6 より}$$

$$= \sum_{i_1=1}^{n}\sum_{i_2=1}^{n}\cdots\sum_{i_n=1}^{n} a_{1i_1}a_{2i_2}\cdots a_{ni_n} \begin{vmatrix} {}^t\boldsymbol{b}_{i_1} \\ {}^t\boldsymbol{b}_{i_2} \\ \vdots \\ {}^t\boldsymbol{b}_{i_n} \end{vmatrix} \quad \text{：定理 4.5 より}$$

$$= \sum_{\sigma \in P_n} a_{1\sigma(1)} a_{2\sigma(2)} \cdots a_{n\sigma(n)} \begin{vmatrix} {}^t\boldsymbol{b}_{\sigma(1)} \\ {}^t\boldsymbol{b}_{\sigma(2)} \\ \vdots \\ {}^t\boldsymbol{b}_{\sigma(n)} \end{vmatrix}.$$

ここで，定理の系 4.1 により 2 つの行が等しい行列式の値は 0 であるので，${}^t\boldsymbol{b}_1, {}^t\boldsymbol{b}_2, \cdots, {}^t\boldsymbol{b}_n$ を並べ替えたもののみを加えればよいことを用いた．したがって，定理 4.17 より

$$|AB| = \sum_{\sigma \in P_n} \mathrm{sgn}\,(\sigma) a_{1\sigma(1)} a_{2\sigma(2)} \cdots a_{n\sigma(n)} |B| = |A||B|.$$

例題 4.17 正則行列 A に対して $|A^{-1}| = \dfrac{1}{|A|}$ であることを示せ．

解答 $A^{-1}A = I$ であるので

$$|A^{-1}A| = |A^{-1}||A| = |I| = 1$$

が成り立つことよりわかる． ∎

問 4.16 P を正則行列とするとき，$|P^{-1}AP| = |A|$ であることを示せ．

ファンデルモンドの行列式

最後にファンデルモンド [3] の行列式を考えよう．示すことは次の関係式である[4]．

$$\begin{vmatrix} 1 & 1 & \cdots & 1 \\ x_1 & x_2 & \cdots & x_n \\ x_1^2 & {x_2}^2 & \cdots & {x_n}^2 \\ \vdots & \vdots & \ddots & \vdots \\ x_1^{n-1} & {x_2}^{n-1} & \cdots & {x_n}^{n-1} \end{vmatrix} = \prod_{i<j} (x_j - x_i)$$

[3] Vandermonde (人名)

[4] 右辺は n 文字の **差積**といわれ，$i < j$ をみたすすべての $x_j - x_i$ の積である (証明 2 を参照)．

証明 1　基本変形と数学的帰納法を用いる.

$$
左辺 = \begin{vmatrix} 1 & 1 & \cdots & 1 \\ x_1 & x_2 & \cdots & x_n \\ {x_1}^2 & {x_2}^2 & \cdots & {x_n}^2 \\ \vdots & \vdots & \ddots & \vdots \\ {x_1}^{n-2} & {x_2}^{n-2} & \cdots & {x_n}^{n-2} \\ 0 & {x_2}^{n-2}(x_2 - x_1) & \cdots & {x_n}^{n-2}(x_n - x_1) \end{vmatrix}
$$

：第 n 行から第 $n-1$ 行の x_1 倍を引く

$$
= \begin{vmatrix} 1 & 1 & \cdots & 1 \\ x_1 & x_2 & \cdots & x_n \\ {x_1}^2 & {x_2}^2 & \cdots & {x_n}^2 \\ \vdots & \vdots & \ddots & \vdots \\ {x_1}^{n-3} & {x_2}^{n-3} & \cdots & {x_n}^{n-3} \\ 0 & {x_2}^{n-3}(x_2 - x_1) & \cdots & {x_n}^{n-3}(x_n - x_1) \\ 0 & {x_2}^{n-2}(x_2 - x_1) & \cdots & {x_n}^{n-2}(x_n - x_1) \end{vmatrix}
$$

：第 $n-1$ 行から第 $n-2$ 行の x_1 倍を引く

$$\vdots$$

$$
= \begin{vmatrix} 1 & 1 & \cdots & 1 \\ 0 & x_2 - x_1 & \cdots & x_n - x_1 \\ 0 & x_2(x_2 - x_1) & \cdots & x_n(x_n - x_1) \\ \vdots & \vdots & \ddots & \vdots \\ 0 & {x_2}^{n-3}(x_2 - x_1) & \cdots & {x_n}^{n-3}(x_n - x_1) \\ 0 & {x_2}^{n-2}(x_2 - x_1) & \cdots & {x_n}^{n-2}(x_n - x_1) \end{vmatrix}
$$

：同様の変形を続ける

$$
= \begin{vmatrix} x_2 - x_1 & \cdots & x_n - x_1 \\ x_2(x_2 - x_1) & \cdots & x_n(x_n - x_1) \\ \vdots & \ddots & \vdots \\ {x_2}^{n-3}(x_2 - x_1) & \cdots & {x_n}^{n-3}(x_n - x_1) \\ {x_2}^{n-2}(x_2 - x_1) & \cdots & {x_n}^{n-2}(x_n - x_1) \end{vmatrix}
$$

$$
= (x_2 - x_1)(x_3 - x_1)\cdots(x_n - x_1) \begin{vmatrix} 1 & 1 & \cdots & 1 \\ x_2 & x_3 & \cdots & x_n \\ {x_2}^2 & {x_3}^2 & \cdots & {x_n}^2 \\ \vdots & \vdots & \ddots & \vdots \\ {x_2}^{n-2} & {x_3}^{n-2} & \cdots & {x_n}^{n-2} \end{vmatrix}
$$

となる．したがって，あとは n に関する帰納法により証明される． ▮

証明 2 示す関係式の左辺で，$x_j = x_i$ とおくと 2 つの列が等しくなるので，行列式は 0 となる．したがって，因数定理より $x_j - x_i$ は行列式の因数である．また，左辺は $x_1, x_2, \cdots, x_n$ に関する同次式で，次数は

$$1 + 2 + \cdots + (n-1) = \frac{1}{2}n(n-1)$$

である．右辺も次数が ${}_n\mathrm{C}_2 = \dfrac{1}{2}n(n-1)$ の同次式であるので，定数 k を用いて

$$\begin{vmatrix} 1 & 1 & \cdots & 1 \\ x_1 & x_2 & \cdots & x_n \\ {x_1}^2 & {x_2}^2 & \cdots & {x_n}^2 \\ \vdots & \vdots & \ddots & \vdots \\ {x_1}^{n-1} & {x_2}^{n-1} & \cdots & {x_n}^{n-1} \end{vmatrix} = k \prod_{i<j}(x_j - x_i)$$

と表すことができる．ここで，両辺の $x_2{x_3}^2 \cdots {x_n}^{n-1}$ の係数を比較すると，左辺においては明らかに 1；右辺は

$$\begin{aligned} k\left(\boxed{x_2} - x_1\right)\left(\boxed{x_3} - x_1\right) &\cdots \left(\boxed{x_n} - x_1\right) \\ \left(\boxed{x_3} - x_2\right) &\cdots \left(\boxed{x_n} - x_2\right) \\ &\ddots \quad \vdots \\ &\left(\boxed{x_n} - x_{n-1}\right) \end{aligned}$$

であるので $\boxed{}$ の積の係数は k である．よって，$k = 1$ がわかる．∎

◆練習問題 4◆

4.1 次の行列式の値を求めよ．

(1) $\begin{vmatrix} 250 & -150 & 100 \\ -10 & 6 & 4 \\ 1 & -5 & 3 \end{vmatrix}$　(2) $\begin{vmatrix} 2 & 5 & 0 & 1 \\ -3 & 1 & -4 & 3 \\ 1 & 2 & 1 & -1 \\ 4 & -1 & 6 & 5 \end{vmatrix}$

(3) $\begin{vmatrix} 1 & 2 & -1 & 3 \\ 2 & -1 & 1 & 1 \\ -1 & 2 & 4 & 3 \\ -2 & 2 & 1 & 5 \end{vmatrix}$　(4) $\begin{vmatrix} -4 & 1 & 1 & 1 \\ 1 & -4 & 1 & 1 \\ 1 & 1 & -4 & 1 \\ 1 & 1 & 1 & -4 \end{vmatrix}$

(5) $\begin{vmatrix} \sin\phi\cos\theta & \cos\phi\cos\theta & -\sin\theta \\ \sin\phi\sin\theta & \cos\phi\sin\theta & \cos\theta \\ \cos\phi & -\sin\phi & 0 \end{vmatrix}$　(6) $\begin{vmatrix} a & b & c & d \\ -a & b & c & d \\ -a & -b & c & d \\ -a & -b & -c & d \end{vmatrix}$

4.2 等式 $\begin{vmatrix} a+b & b+c & c+a \\ b+c & c+a & a+b \\ c+a & a+b & b+c \end{vmatrix} = 2\begin{vmatrix} a & b & c \\ b & c & a \\ c & a & b \end{vmatrix}$ が成立することを示せ．

4.3 $\alpha+\beta+\gamma=\pi$ のとき $\begin{vmatrix} -1 & \cos\gamma & \cos\beta \\ \cos\gamma & -1 & \cos\alpha \\ \cos\beta & \cos\alpha & -1 \end{vmatrix} = 0$ が成立することを示せ．

4.4 4次行列 $A = \begin{pmatrix} a & b & c & d \\ -b & a & -d & c \\ -c & d & a & -b \\ -d & -c & b & a \end{pmatrix}$ について

(1) ${}^tAA$ を計算せよ．　(2) $|A|$ を求めよ．

4.5 3次行列 $\begin{pmatrix} 1 & x & x \\ x & 1 & x \\ x & x & 1 \end{pmatrix}$ が正則でないときの x の値を求めよ．

4.6 次の連立方程式が自明でない解をもつときの λ の値を求めよ．

$$\begin{cases} \lambda x - y + 4z = 0 \\ x + y + \lambda z = 0 \\ 5x + \lambda y + 10z = 0 \end{cases}$$

4.7 平面上の2点 $\mathrm{A}(a_1, b_1)$, $\mathrm{B}(a_2, b_2)$ を通る直線の方程式は

$$\begin{vmatrix} x & y & 1 \\ a_1 & b_1 & 1 \\ a_2 & b_2 & 1 \end{vmatrix} = 0$$

のように表されることを示せ．(ヒント：方程式を $ax+by+c=0$ とおく．)

4.8 次の行列の余因子行列を求めよ．また，定理の系 4.2 を用いて，逆行列を求めよ．

(1) $\begin{pmatrix} 1 & 2 & -1 \\ 3 & 4 & 1 \\ -2 & 5 & 2 \end{pmatrix}$　(2) $\begin{pmatrix} 3 & 1 & -2 \\ -1 & 1 & 2 \\ 1 & -2 & 1 \end{pmatrix}$

4.9 行列 A の各成分はすべて整数で $|A|=1$ をみたすとする．このとき，逆行列 A^{-1} の各成分もすべて整数であることを示せ．

4.10 次の連立方程式をクラメルの公式を用いて解け.

$$\begin{cases} 3x + 2y + 4z = 1 \\ 2x - \ \ y + \ \ z = 0 \\ \ \ x + 2y + 3z = 1 \end{cases}$$

4.11 奇数次の交代行列の行列式は 0 であることを示せ. (ヒント：3 次交代行列は一般的に $\begin{pmatrix} 0 & a & b \\ -a & 0 & c \\ -b & -c & 0 \end{pmatrix}$ と表されるので, 直接に計算すればよい.)

4.12 n 次正則行列 A の余因子行列 $\widetilde{A}$ の行列式は $|\widetilde{A}| = |A|^{n-1}$ であることを示せ.

5

空間のベクトル

いろいろな量のなかで，時間，物体の長さ，重さなどはそれぞれ，1 s (秒), 1 m, 1 kg のように，ひとつの数値で表される．このように，1 つの数値で表される量を**スカラー** (scalar) という．一方，運動する物体の速度は，その大きさ (速さ) と運動の方向の両方を測ることにより定まる[1]．このように，いくつかの数値で表される量を **ベクトル** (vector) という．第 1, 2 章で学んだ数ベクトルも，いくつかの数を並べた量であるので「ベクトル」という言葉を用いた．一方，幾何学や物理学では，ベクトルを矢線を用いて表し，**平行四辺形の法則**により和を計算する．この章では，矢線のベクトルを数ベクトルで表すことから出発して，ベクトルの計算，直線と平面の方程式，内積，外積などを学ぶ．

§ 5.1　平面のベクトル

最初に平面のベクトルを考えよう．座標平面の 2 点 $\mathrm{A}(a_1, a_2)$，$\mathrm{B}(b_1, b_2)$ に対して，2 つの数 $b_1 - a_1$, $b_2 - a_2$ を縦に並べたものを

$$\overrightarrow{\mathrm{AB}} = \begin{pmatrix} b_1 - a_1 \\ b_2 - a_2 \end{pmatrix}$$

のように表し，A を始点，B を終点とする**ベクトル**という．また，別の 2 点 $\mathrm{C}(c_1, c_2)$，$\mathrm{D}(d_1, d_2)$ について

$$\begin{cases} b_1 - a_1 = d_1 - c_1 \\ b_2 - a_2 = d_2 - c_2 \end{cases}$$

が成立するとき，ベクトル $\overrightarrow{\mathrm{AB}}$ とベクトル $\overrightarrow{\mathrm{CD}}$ は等しいといい

$$\overrightarrow{\mathrm{AB}} = \overrightarrow{\mathrm{CD}}$$

---

[1] 速さのみならば，スカラーである．

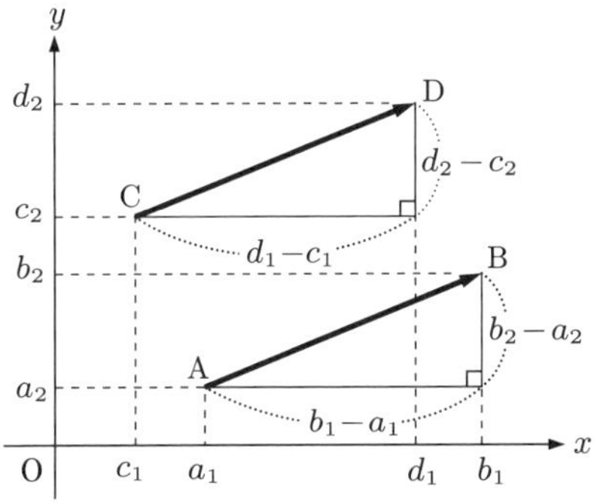

図 5.1　ベクトルの相等

と表す．これは，線分 CD が平行移動により，線分 AB に (向きも考え合わせて) 重ね合わされることである．したがって，ベクトル

$$\begin{pmatrix} b_1 - a_1 \\ b_2 - a_2 \end{pmatrix}$$

は，平行移動により線分 AB に重ね合わすことのできる線分全体を意味する．

一方，原点を O(0,0) と表すと，座標平面上の点 $\mathrm{A}(a_1, a_2)$ に対して，2 点 O, A により定まるベクトル

$$\overrightarrow{\mathrm{OA}} = \begin{pmatrix} a_1 \\ a_2 \end{pmatrix}$$

は，点 A と同じものと考えることができる．これを，点 A の**位置ベクトル**という．これらのベクトルは，個々の線分の表示を用いずに，太い文字 $\boldsymbol{a}, \boldsymbol{b}, \boldsymbol{c}$ などを用いて表すことが多い．今後は，ベクトル

$$\boldsymbol{a} = \begin{pmatrix} a_1 \\ a_2 \end{pmatrix}$$

を，平行移動により線分 OA に (向きをこめて) 重ね合わすことができる線分全体と考えてもよいし，また，点 $\mathrm{A}(a_1, a_2)$ の位置ベクトル $\overrightarrow{\mathrm{OA}}$ と考えてもよい．さらに，単に数の組を縦に並べた**数ベクトル**と考えても差し支えない．なお，a_1, a_2 を $\boldsymbol{a}$ の**成分**という．

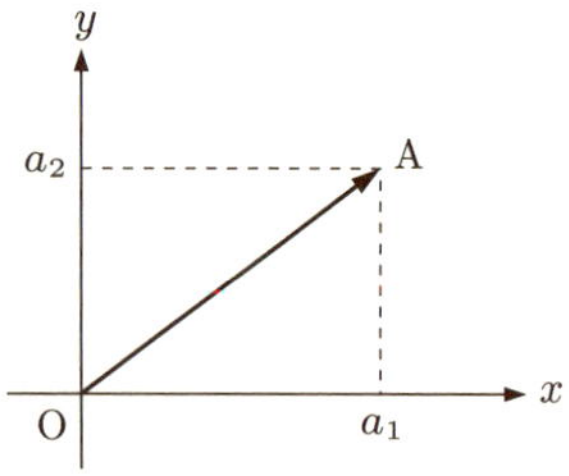

図 5.2　位置ベクトル

例題 5.1　4点 A$(-1,1)$, B$(1,-2)$, C$(3,1)$, D$(1,4)$ を頂点とする四角形 ABCD は平行四辺形であることを示せ.

解答

$$\overrightarrow{\mathrm{AB}} = \begin{pmatrix} 2 \\ -3 \end{pmatrix} = \overrightarrow{\mathrm{DC}}$$

であるので, 線分 AB は平行移動により, 線分 DC に重ね合わすことができる. ∎

ベクトルには, 行列と同じような演算が考えられる. ベクトル $\boldsymbol{a}, \boldsymbol{b}$ を

$$\boldsymbol{a} = \begin{pmatrix} a_1 \\ a_2 \end{pmatrix}, \quad \boldsymbol{b} = \begin{pmatrix} b_1 \\ b_2 \end{pmatrix}$$

としたとき, ベクトルの**和** $\boldsymbol{a}+\boldsymbol{b}$ と**スカラー倍** $k\boldsymbol{a}$ を

$$\boldsymbol{a}+\boldsymbol{b} = \begin{pmatrix} a_1+b_1 \\ a_2+b_2 \end{pmatrix}, \quad k\boldsymbol{a} = \begin{pmatrix} ka_1 \\ ka_2 \end{pmatrix}$$

と定義する. 和については, $\boldsymbol{a} = \overrightarrow{\mathrm{OA}}$, $\boldsymbol{b} = \overrightarrow{\mathrm{OB}}$ とし, $\boldsymbol{a}+\boldsymbol{b} = \overrightarrow{\mathrm{OC}}$ と表すとき, OACB は平行四辺形となる (平行四辺形の法則). スカラー倍は, $\boldsymbol{a}$ をその向きに k 倍したベクトルで, k が負のときは $\boldsymbol{a}$ の逆向きに $|k|$ 倍すると考える. また,

$$\boldsymbol{0} = \begin{pmatrix} 0 \\ 0 \end{pmatrix}$$

と表し, **零ベクトル**という. これは, 実数の 0 と同じ働きをする. $-\boldsymbol{a} = (-1)\boldsymbol{a}$

を，$\boldsymbol{a}$ の逆ベクトルという．ベクトルの差については

$$\boldsymbol{a} - \boldsymbol{b} = \boldsymbol{a} + (-\boldsymbol{b})$$

と考える．

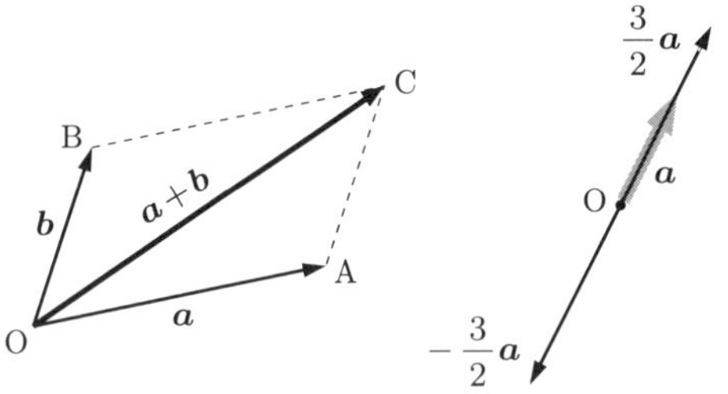

図 **5.3**　ベクトルの和とスカラー倍

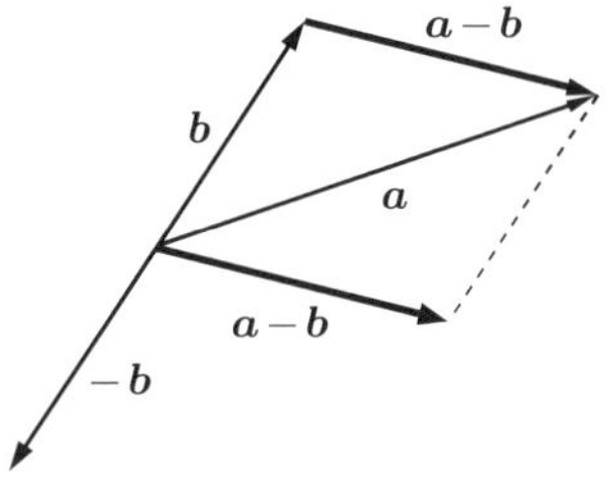

図 **5.4**　ベクトルの差

例題 5.2　$\boldsymbol{a} = \begin{pmatrix} 2 \\ -1 \end{pmatrix}$，$\boldsymbol{b} = \begin{pmatrix} -3 \\ 5 \end{pmatrix}$ であるとき，次のベクトルを計算せよ．

(1)　$3\boldsymbol{a} + 2\boldsymbol{b}$　　(2)　$2(2\boldsymbol{a} - \boldsymbol{b})$

解答　(1)　$3\boldsymbol{a} + 2\boldsymbol{b} = 3\begin{pmatrix} 2 \\ -1 \end{pmatrix} + 2\begin{pmatrix} -3 \\ 5 \end{pmatrix}$

$$= \begin{pmatrix} 6 \\ -3 \end{pmatrix} + \begin{pmatrix} -6 \\ 10 \end{pmatrix} = \begin{pmatrix} 0 \\ 7 \end{pmatrix},$$

(2)　$2(2\boldsymbol{a} - \boldsymbol{b}) = 4\boldsymbol{a} - 2\boldsymbol{b}$

$$= \begin{pmatrix} 8 \\ -4 \end{pmatrix} - \begin{pmatrix} -6 \\ 10 \end{pmatrix} = \begin{pmatrix} 14 \\ -14 \end{pmatrix}.$$ ▮

例題 5.3　4 点 A, B, C, D を頂点とする平行四辺形 ABCD において，$\boldsymbol{a} = \overrightarrow{\mathrm{AB}}$，$\boldsymbol{b} = \overrightarrow{\mathrm{AD}}$，また，2 つの対角線の交点を O とするとき，ベクトル

$$\overrightarrow{\mathrm{AC}}, \quad \overrightarrow{\mathrm{OC}}, \quad \overrightarrow{\mathrm{BD}}$$

を $\boldsymbol{a}, \boldsymbol{b}$ を用いて表せ．

解答

$$\overrightarrow{\mathrm{AC}} = \overrightarrow{\mathrm{AB}} + \overrightarrow{\mathrm{AD}} = \boldsymbol{a} + \boldsymbol{b},$$

$$\overrightarrow{\mathrm{OC}} = \frac{1}{2}\overrightarrow{\mathrm{AC}} = \frac{1}{2}(\boldsymbol{a}+\boldsymbol{b}),$$

$$\overrightarrow{\mathrm{BD}} = \overrightarrow{\mathrm{AD}} - \overrightarrow{\mathrm{AB}} = \boldsymbol{b}-\boldsymbol{a}.$$ ∎

問 5.1　正六角形 ABCDEF において $\boldsymbol{a} = \overrightarrow{\mathrm{AB}}$, $\boldsymbol{b} = \overrightarrow{\mathrm{AF}}$ とするとき，$\overrightarrow{\mathrm{AC}}$, $\overrightarrow{\mathrm{AD}}$, $\overrightarrow{\mathrm{BD}}$, $\overrightarrow{\mathrm{CE}}$ を $\boldsymbol{a}, \boldsymbol{b}$ を用いて表せ.

問 5.2　$\boldsymbol{a} = \begin{pmatrix} -2 \\ 3 \end{pmatrix}$, $\boldsymbol{b} = \begin{pmatrix} 1 \\ -2 \end{pmatrix}$ とするとき，次のベクトルを，$\boldsymbol{a}$ と $\boldsymbol{b}$ で $x\boldsymbol{a}+y\boldsymbol{b}$ の形 (一次結合) で表せ.

$$(1)\ \begin{pmatrix} 3 \\ 1 \end{pmatrix} \qquad (2)\ \begin{pmatrix} -4 \\ 3 \end{pmatrix}$$

また，次の連立方程式をみたすベクトル $\boldsymbol{x}, \boldsymbol{y}$ を求めよ.

$$2\boldsymbol{x}+5\boldsymbol{y} = \boldsymbol{a}, \quad 3\boldsymbol{x}+8\boldsymbol{y} = \boldsymbol{b}$$

§ 5.2　空間のベクトル

空間のベクトルについても考え方は同じである．座標空間の2点 $\mathrm{A}(a_1, a_2, a_3)$, $\mathrm{B}(b_1, b_2, b_3)$ に対して，3つの数 $b_1 - a_1$, $b_2 - a_2$, $b_3 - a_3$ を縦に並べたものを

$$\overrightarrow{\mathrm{AB}} = \begin{pmatrix} b_1 - a_1 \\ b_2 - a_2 \\ b_3 - a_3 \end{pmatrix}$$

のように表し，A を始点，B を終点とする**ベクトル**という．また，別の2点 $\mathrm{C}(c_1, c_2, c_3)$，$\mathrm{D}(d_1, d_2, d_3)$ について

$$\begin{cases} b_1 - a_1 = d_1 - c_1 \\ b_2 - a_2 = d_2 - c_2 \\ b_3 - a_3 = d_3 - d_3 \end{cases}$$

が成立するとき，ベクトル $\overrightarrow{\mathrm{AB}}$ とベクトル $\overrightarrow{\mathrm{CD}}$ は等しいといい

$$\overrightarrow{\mathrm{AB}} = \overrightarrow{\mathrm{CD}}$$

と表す.

また，原点を O(0,0,0) と表し，座標空間上の点 $\mathrm{A}(a_1, a_2, a_3)$ に対して，2 点 O, A により定まるベクトル

$$\overrightarrow{\mathrm{OA}} = \begin{pmatrix} a_1 \\ a_2 \\ a_3 \end{pmatrix}$$

を，点 A の位置ベクトルという．平面ベクトルと同様に，ベクトル

$$\boldsymbol{a} = \begin{pmatrix} a_1 \\ a_2 \\ a_3 \end{pmatrix}$$

は，平行移動により線分 OA に (向きをこめて) 重ね合わすことができる線分全体であるが，点 $\mathrm{A}(a_1, a_2, a_3)$ の位置ベクトル $\overrightarrow{\mathrm{OA}}$ と考えたり，また，単純に数ベクトルと考えても差し支つかえない．ここで，a_1, a_2, a_3 を $\boldsymbol{a}$ の 成分という．

空間ベクトルにも，演算を平面ベクトルと同じように定義する．ベクトル $\boldsymbol{a}, \boldsymbol{b}$ を

$$\boldsymbol{a} = \begin{pmatrix} a_1 \\ a_2 \\ a_3 \end{pmatrix}, \quad \boldsymbol{b} = \begin{pmatrix} b_1 \\ b_2 \\ b_3 \end{pmatrix}$$

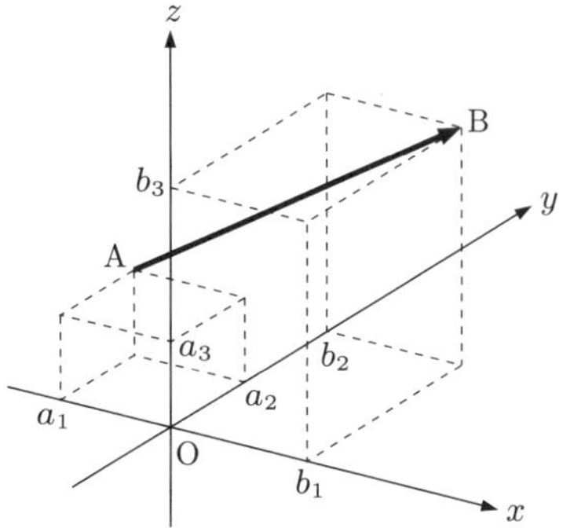

図 5.5　空間のベクトル

とするとき，ベクトルの和 $\boldsymbol{a}+\boldsymbol{b}$ とスカラー倍 $k\boldsymbol{a}$ を

$$\boldsymbol{a}+\boldsymbol{b}=\begin{pmatrix} a_1+b_1 \\ a_2+b_2 \\ a_3+b_3 \end{pmatrix}, \quad k\boldsymbol{a}=\begin{pmatrix} ka_1 \\ ka_2 \\ ka_3 \end{pmatrix}$$

と定義する．また，零ベクトルは以下のとおりである．

$$\boldsymbol{0}=\begin{pmatrix} 0 \\ 0 \\ 0 \end{pmatrix}$$

例題 5.4　空間ベクトルをそれぞれ

$$\boldsymbol{a}=\begin{pmatrix} 1 \\ 2 \\ 3 \end{pmatrix}, \boldsymbol{b}=\begin{pmatrix} -2 \\ 3 \\ -4 \end{pmatrix}, \boldsymbol{c}=\begin{pmatrix} -3 \\ 4 \\ -7 \end{pmatrix}, \boldsymbol{d}=\begin{pmatrix} 4 \\ 4 \\ 10 \end{pmatrix}$$

とおくとき，次の等式をみたす x, y, z を求めよ．

$$x\boldsymbol{a}+y\boldsymbol{b}+z\boldsymbol{c}=\boldsymbol{d}$$

解答　両辺を計算すると

$$\begin{pmatrix} x-2y-3z \\ 2x+3y+4z \\ 3x-4y-7z \end{pmatrix}=\begin{pmatrix} 4 \\ 4 \\ 10 \end{pmatrix}$$

となるので，これは § 2.1 で考察した連立方程式に等しい．したがって，解は $x=3,\ y=-2,\ z=1$ である．∎

問 5.3　空間ベクトルを $\boldsymbol{a}=\begin{pmatrix} -3 \\ 2 \\ 1 \end{pmatrix}, \boldsymbol{b}=\begin{pmatrix} 0 \\ 4 \\ 3 \end{pmatrix}, \boldsymbol{c}=\begin{pmatrix} 1 \\ -2 \\ 4 \end{pmatrix}$ とするとき，次のベクトルを計算せよ．

(1) $\boldsymbol{a}-\boldsymbol{b}$　(2) $5\boldsymbol{b}+3\boldsymbol{c}$　(3) $2(\boldsymbol{a}-3\boldsymbol{c})$
(4) $3\boldsymbol{b}-2(\boldsymbol{a}+\boldsymbol{c})$

また，次の連立方程式をみたすベクトル $\boldsymbol{x}, \boldsymbol{y}$ を求めよ．

$$2\boldsymbol{x}-3\boldsymbol{y}=\boldsymbol{a}, \quad 5\boldsymbol{x}-7\boldsymbol{y}=\boldsymbol{b}$$

§ 5.3　ベクトルの内積

内積　ベクトル $\boldsymbol{a} = \begin{pmatrix} a_1 \\ a_2 \\ a_3 \end{pmatrix}$ と $\boldsymbol{b} = \begin{pmatrix} b_1 \\ b_2 \\ b_3 \end{pmatrix}$ について，$\boldsymbol{a}$ と $\boldsymbol{b}$ の **内積** (inner product) $(\boldsymbol{a}, \boldsymbol{b})$ を

$$(\boldsymbol{a}, \boldsymbol{b}) = a_1 b_1 + a_2 b_2 + a_3 b_3$$

と定義する．内積は，次のような性質をもつ．

1) すべての $\boldsymbol{a}$ に対して $(\boldsymbol{a}, \boldsymbol{a}) \geqq 0$ で，$\boldsymbol{a} = \boldsymbol{0}$ のときに限り $(\boldsymbol{a}, \boldsymbol{a}) = 0$
2) $(\boldsymbol{b}, \boldsymbol{a}) = (\boldsymbol{a}, \boldsymbol{b})$
3) $(k\boldsymbol{a}, \boldsymbol{b}) = k(\boldsymbol{a}, \boldsymbol{b})$
4) $(\boldsymbol{a}, \boldsymbol{b} + \boldsymbol{c}) = (\boldsymbol{a}, \boldsymbol{b}) + (\boldsymbol{a}, \boldsymbol{c})$

また，$\boldsymbol{a}$ の **長さ** $\|\boldsymbol{a}\|$ を

$$\|\boldsymbol{a}\| = \sqrt{(\boldsymbol{a}, \boldsymbol{a})} = \sqrt{{a_1}^2 + {a_2}^2 + {a_3}^2}$$

と定義する．これは，ベクトルを矢線で表したとき，その長さである．とくに，$\|\boldsymbol{a}\| = 1$ のとき **単位ベクトル** という．

いま，$\boldsymbol{a}$ と $\boldsymbol{b}$ を位置ベクトルとする点をそれぞれ A, B と表すとき，$\angle \mathrm{AOB}$ を $\boldsymbol{a}$ と $\boldsymbol{b}$ とのなす角という．この角度を θ とおくとき **余弦定理** より

$$\|\boldsymbol{a} - \boldsymbol{b}\|^2 = \|\boldsymbol{a}\|^2 + \|\boldsymbol{b}\|^2 - 2\|\boldsymbol{a}\|\|\boldsymbol{b}\| \cos\theta$$

が成立する．一方，内積の性質 1) – 4) を用いると

$$\|\boldsymbol{a} - \boldsymbol{b}\|^2 = (\boldsymbol{a} - \boldsymbol{b}, \boldsymbol{a} - \boldsymbol{b})$$

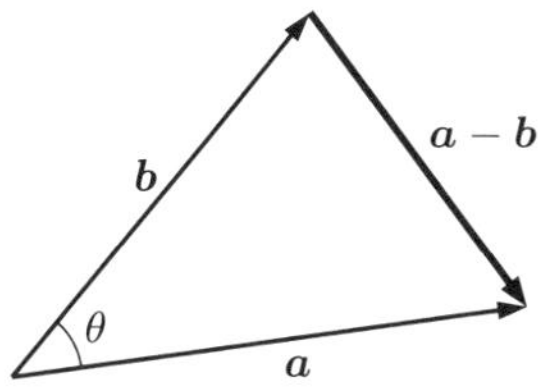

図 5.6　余弦定理

$$= (\boldsymbol{a}, \boldsymbol{a}) - (\boldsymbol{b}, \boldsymbol{a}) - (\boldsymbol{a}, \boldsymbol{b}) + (\boldsymbol{b}, \boldsymbol{b})$$

$$= \|\boldsymbol{a}\|^2 - 2(\boldsymbol{a}, \boldsymbol{b}) + \|\boldsymbol{b}\|^2$$

となる．したがって，これらの式より，内積の幾何学的な表現式

$$(\boldsymbol{a}, \boldsymbol{b}) = \|\boldsymbol{a}\|\|\boldsymbol{b}\|\cos\theta$$

が得られる．とくに，2つのベクトル $\boldsymbol{a}$ と $\boldsymbol{b}$ とが **直交する** (orthogonal) 条件 $(\cos\theta = 0)$ は，内積を用いて次のように表される．

$$(\boldsymbol{a}, \boldsymbol{b}) = 0$$

例題 5.5　ベクトル $\boldsymbol{a} = \begin{pmatrix} 2 \\ -3 \\ 1 \end{pmatrix}$ と $\boldsymbol{b} = \begin{pmatrix} -3 \\ 1 \\ 2 \end{pmatrix}$ のなす角を求めよ．

解答

$$\cos\theta = \frac{(\boldsymbol{a}, \boldsymbol{b})}{\|\boldsymbol{a}\|\|\boldsymbol{b}\|} = \frac{-7}{\sqrt{14}\sqrt{14}} = -\frac{1}{2}.$$

ゆえに，$\theta = \dfrac{2}{3}\pi$ である．∎

問 5.4　次のベクトル $\boldsymbol{a}$, $\boldsymbol{b}$ の内積を求めよ．

(1) $\boldsymbol{a} = \begin{pmatrix} 1 \\ 3 \\ -6 \end{pmatrix}$, $\boldsymbol{b} = \begin{pmatrix} 5 \\ -1 \\ 1 \end{pmatrix}$　(2) $\boldsymbol{a} = \begin{pmatrix} 4 \\ -5 \\ 1 \end{pmatrix}$, $\boldsymbol{b} = \begin{pmatrix} -3 \\ 2 \\ 2 \end{pmatrix}$

問 5.5　次のベクトル $\boldsymbol{a}$, $\boldsymbol{b}$ のなす角を求めよ．

(1) $\boldsymbol{a} = \begin{pmatrix} 2 \\ -2 \\ 3 \end{pmatrix}$, $\boldsymbol{b} = \begin{pmatrix} -1 \\ 2 \\ 2 \end{pmatrix}$　(2) $\boldsymbol{a} = \begin{pmatrix} 2 \\ 2 \\ -1 \end{pmatrix}$, $\boldsymbol{b} = \begin{pmatrix} 6 \\ -3 \\ 2 \end{pmatrix}$.

問 5.6　次の等式を証明せよ．

(1) $(\boldsymbol{a} + \boldsymbol{b}, \boldsymbol{a} - \boldsymbol{b}) = \|\boldsymbol{a}\|^2 - \|\boldsymbol{b}\|^2$,

(2) $\|\boldsymbol{a} + \boldsymbol{b}\|^2 + \|\boldsymbol{a} - \boldsymbol{b}\|^2 = 2(\|\boldsymbol{a}\|^2 + \|\boldsymbol{b}\|^2)$,

(3) $\|\boldsymbol{a} + \boldsymbol{b}\|^2 - \|\boldsymbol{a} - \boldsymbol{b}\|^2 = 4(\boldsymbol{a}, \boldsymbol{b})$.

平行四辺形の面積　2つの辺 OA, OB により張られる平行四辺形の面積 S を，ベクトル $\overrightarrow{\mathrm{OA}} = \boldsymbol{a}$, $\overrightarrow{\mathrm{OB}} = \boldsymbol{b}$ を用いて表してみよう．辺 OA, OB のなす角を θ とすると

$$\begin{aligned} S &= \|\boldsymbol{a}\|\|\boldsymbol{b}\|\sin\theta \\ &= \sqrt{\|\boldsymbol{a}\|^2\|\boldsymbol{b}\|^2 - \|\boldsymbol{a}\|^2\|\boldsymbol{b}\|^2\cos^2\theta} \end{aligned}$$

と表される．したがって

$$S = \sqrt{\|\boldsymbol{a}\|^2\|\boldsymbol{b}\|^2 - (\boldsymbol{a}, \boldsymbol{b})^2}$$

である．また，ベクトルの表示 $\boldsymbol{a} = \begin{pmatrix} a_1 \\ a_2 \\ a_3 \end{pmatrix}$, $\boldsymbol{b} = \begin{pmatrix} b_1 \\ b_2 \\ b_3 \end{pmatrix}$ を用いると

$$\begin{aligned} S &= \sqrt{({a_1}^2 + {a_2}^2 + {a_3}^2)({b_1}^2 + {b_2}^2 + {b_3}^2) - (a_1b_1 + a_2b_2 + a_3b_3)^2} \\ &= \sqrt{(a_2b_3 - a_3b_2)^2 + (a_3b_1 - a_1b_3)^2 + (a_1b_2 - a_2b_1)^2} \end{aligned}$$

と計算される．とくに $\boldsymbol{a}, \boldsymbol{b}$ が2次元ベクトル $(a_3 = b_3 = 0)$ のときは

$$\left| \begin{vmatrix} a_1 & b_1 \\ a_2 & b_2 \end{vmatrix} \right| = |a_1b_2 - a_2b_1|$$

と等しい (行列式の絶対値)．これは，2次の行列式の幾何的な意味を示している．

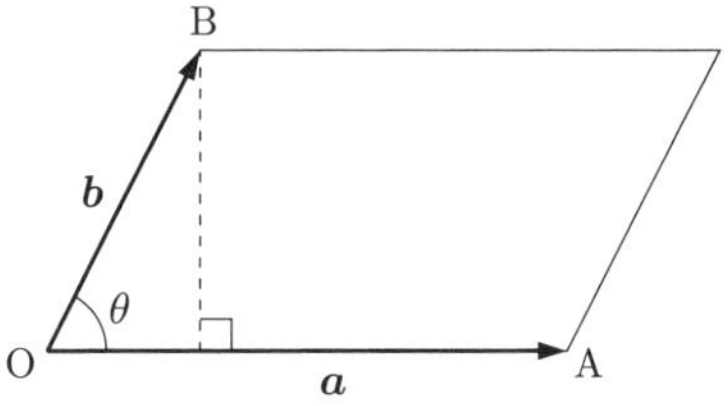

図 5.7　平行四辺形の面積

例題 5.6　3点 $\mathrm{A}(a, 0, 0)$, $\mathrm{B}(0, b, 0)$, $\mathrm{C}(0, 0, c)$ を頂点とする三角形の面積を求めよ．

解答　$\boldsymbol{a}=\overrightarrow{\mathrm{AB}}$, $\boldsymbol{b}=\overrightarrow{\mathrm{AC}}$ とおくと，$\boldsymbol{a}=\begin{pmatrix}-a\\b\\0\end{pmatrix}$，　$\boldsymbol{b}=\begin{pmatrix}-a\\0\\c\end{pmatrix}$ であるから，求める面積は[2]

$$S=\frac{1}{2}\sqrt{(a^2+b^2)(a^2+c^2)-a^4}=\frac{1}{2}\sqrt{b^2c^2+c^2a^2+a^2b^2}$$ ∎

問 5.7　3点 A(5, −2, −2), B(2, 0, −3), C(7, −3, −1) を頂点とする三角形の面積を求めよ．

§ 5.4　ベクトルの外積

ベクトル $\boldsymbol{a}=\begin{pmatrix}a_1\\a_2\\a_3\end{pmatrix}$ と $\boldsymbol{b}=\begin{pmatrix}b_1\\b_2\\b_3\end{pmatrix}$ について，$\boldsymbol{a}$ と $\boldsymbol{b}$ の **外積** (exterior product) $\boldsymbol{a}\times\boldsymbol{b}$ を

$$\boldsymbol{a}\times\boldsymbol{b}=\begin{pmatrix}\begin{vmatrix}a_2&b_2\\a_3&b_3\end{vmatrix}\\\begin{vmatrix}a_3&b_3\\a_1&b_1\end{vmatrix}\\\begin{vmatrix}a_1&b_1\\a_2&b_2\end{vmatrix}\end{pmatrix}=\begin{pmatrix}a_2b_3-a_3b_2\\a_3b_1-a_1b_3\\a_1b_2-a_2b_1\end{pmatrix}$$

と定義する (例題 1.3 参照)．空間の基本ベクトルを

$$\boldsymbol{e}_1=\begin{pmatrix}1\\0\\0\end{pmatrix},\ \boldsymbol{e}_2=\begin{pmatrix}0\\1\\0\end{pmatrix},\ \boldsymbol{e}_3=\begin{pmatrix}0\\0\\1\end{pmatrix}$$

と表し，行列式の展開式を形式的に用いると

$$\boldsymbol{a}\times\boldsymbol{b}=\begin{vmatrix}a_2&b_2\\a_3&b_3\end{vmatrix}\boldsymbol{e}_1-\begin{vmatrix}a_1&b_1\\a_3&b_3\end{vmatrix}\boldsymbol{e}_2+\begin{vmatrix}a_1&b_1\\a_2&b_2\end{vmatrix}\boldsymbol{e}_3$$

[2] $S^2=\left(\frac{bc}{2}\right)^2+\left(\frac{ca}{2}\right)^2+\left(\frac{ab}{2}\right)^2$ と表すと，ピタゴラスの定理の類似であることがわかる．

$$= \begin{vmatrix} a_1 & b_1 & \boldsymbol{e}_1 \\ a_2 & b_2 & \boldsymbol{e}_2 \\ a_3 & b_3 & \boldsymbol{e}_3 \end{vmatrix}$$

のように表すこともできる．外積は内積と異なり，定義からすぐわかるように

$$\boldsymbol{a} \times \boldsymbol{b} = -(\boldsymbol{b} \times \boldsymbol{a})$$

という性質をもつ．また，たとえば

$$\boldsymbol{e}_1 \times (\boldsymbol{e}_2 \times \boldsymbol{e}_2) = \boldsymbol{0}, \quad (\boldsymbol{e}_1 \times \boldsymbol{e}_2) \times \boldsymbol{e}_2 = -\boldsymbol{e}_1$$

であるように，$\boldsymbol{a} \times (\boldsymbol{b} \times \boldsymbol{c})$ と $(\boldsymbol{a} \times \boldsymbol{b}) \times \boldsymbol{c}$ は必ずしも等しくない．したがって，外積の計算では積の計算順序は大切である．

外積の性質をまとめると，次のようになる．

1) $\boldsymbol{a} \times \boldsymbol{b} = -(\boldsymbol{b} \times \boldsymbol{a})$
2) $\boldsymbol{a} \times (\boldsymbol{b} + \boldsymbol{c}) = \boldsymbol{a} \times \boldsymbol{b} + \boldsymbol{a} \times \boldsymbol{c}$
3) $k(\boldsymbol{a} \times \boldsymbol{b}) = (k\boldsymbol{a} \times \boldsymbol{b})$

さらに，外積は次の性質をもつ．

$$(\boldsymbol{a}, \boldsymbol{a} \times \boldsymbol{b}) = a_1 \begin{vmatrix} a_2 & b_2 \\ a_3 & b_3 \end{vmatrix} + a_2 \begin{vmatrix} a_3 & b_3 \\ a_1 & b_1 \end{vmatrix} + a_3 \begin{vmatrix} a_1 & b_1 \\ a_2 & b_2 \end{vmatrix}$$

$$= 0,$$

同様に $(\boldsymbol{b}, \boldsymbol{a} \times \boldsymbol{b}) = 0$ が成立する．また，$\boldsymbol{a} \times \boldsymbol{b}$ の大きさは

$$\|\boldsymbol{a} \times \boldsymbol{b}\|^2 = (a_2 b_3 - a_3 b_2)^2 + (a_3 b_1 - a_1 b_3)^2 + (a_1 b_2 - a_2 b_1)^2$$

であるので，$\boldsymbol{a}$ と $\boldsymbol{b}$ により張られる平行四辺形の面積に等しい．最後に，

$\boldsymbol{x} = \boldsymbol{a} \times \boldsymbol{b}$ とおき $\boldsymbol{x} = \begin{pmatrix} x_1 \\ x_2 \\ x_3 \end{pmatrix}$ と数ベクトルで表示すると，$\boldsymbol{a} \times \boldsymbol{b} \neq \boldsymbol{0}$ ならば

$$\begin{vmatrix} a_1 & b_1 & x_1 \\ a_2 & b_2 & x_2 \\ a_3 & b_3 & x_3 \end{vmatrix} = x_1 \begin{vmatrix} a_2 & b_2 \\ a_3 & b_3 \end{vmatrix} - x_2 \begin{vmatrix} a_1 & b_1 \\ a_3 & b_3 \end{vmatrix} + x_3 \begin{vmatrix} a_1 & b_1 \\ a_2 & b_2 \end{vmatrix}$$

$$= \begin{vmatrix} a_2 & b_2 \\ a_3 & b_3 \end{vmatrix}^2 + \begin{vmatrix} a_3 & b_3 \\ a_1 & b_1 \end{vmatrix}^2 + \begin{vmatrix} a_1 & b_1 \\ a_2 & b_2 \end{vmatrix}^2$$

$$= \|\boldsymbol{a} \times \boldsymbol{b}\|^2 > 0.$$

このように，上の行列式の値が正になるとき，ベクトルの順列 $(\boldsymbol{a}\ \boldsymbol{b}\ \boldsymbol{x})$ は右手系をつくるという．たとえば，基本ベクトル $\boldsymbol{e}_1, \boldsymbol{e}_2, \boldsymbol{e}_3$ について

$$(\boldsymbol{e}_1\ \boldsymbol{e}_2\ \boldsymbol{e}_3), \quad (\boldsymbol{e}_2\ \boldsymbol{e}_3\ \boldsymbol{e}_1), \quad (\boldsymbol{e}_3\ \boldsymbol{e}_1\ \boldsymbol{e}_2)$$

はそれぞれ右手系である．

したがって，外積は次のように特徴づけられる．

定理 5.1 外積 $\boldsymbol{x} = \boldsymbol{a} \times \boldsymbol{b}$ は $\boldsymbol{0}$ または次をみたすただ1つのベクトルである．

(1) $\boldsymbol{x}$ は $\boldsymbol{a}$ と $\boldsymbol{b}$ とに直交する，

(2) $\|\boldsymbol{x}\|$ は $\boldsymbol{a}$ と $\boldsymbol{b}$ により張られる平行四辺形の面積，

(3) ベクトルの順列 $(\boldsymbol{a}\ \boldsymbol{b}\ \boldsymbol{x})$ は右手系をつくる．

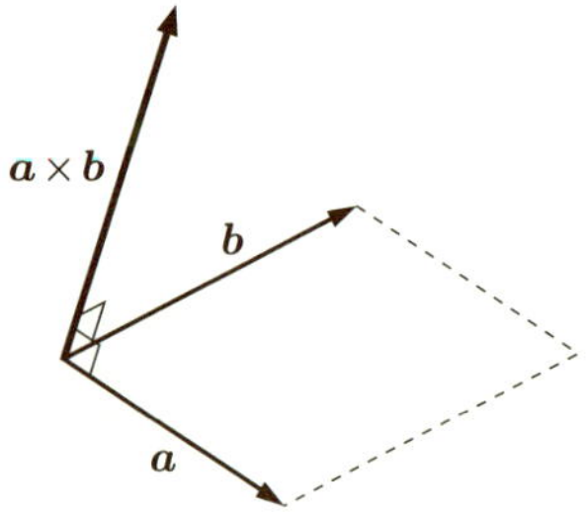

図 5.8 ベクトルの外積

例題 5.7 ベクトル $\boldsymbol{a} = \begin{pmatrix} 2 \\ -3 \\ 1 \end{pmatrix}$ と $\boldsymbol{b} = \begin{pmatrix} 1 \\ 4 \\ -2 \end{pmatrix}$ の外積 $\boldsymbol{a} \times \boldsymbol{b}$ を計算せよ．

また，$(\boldsymbol{a}, \boldsymbol{a} \times \boldsymbol{b}) = (\boldsymbol{b}, \boldsymbol{a} \times \boldsymbol{b}) = 0$ が成立することを確かめよ．

解答

$$\boldsymbol{a}\times\boldsymbol{b}=\begin{pmatrix}\begin{vmatrix}-3 & 4\\ 1 & -2\end{vmatrix}\\ \begin{vmatrix}1 & -2\\ 2 & 1\end{vmatrix}\\ \begin{vmatrix}2 & 1\\ -3 & 4\end{vmatrix}\end{pmatrix}=\begin{pmatrix}2\\5\\11\end{pmatrix}.$$

また

$$(\boldsymbol{a},\boldsymbol{a}\times\boldsymbol{b})=2\cdot 2+(-3)\cdot 5+1\cdot 11=0,$$

$$(\boldsymbol{b},\boldsymbol{a}\times\boldsymbol{b})=1\cdot 2+4\cdot 5+(-2)\cdot 11=0.$$

問 5.8　基本ベクトル $\boldsymbol{e}_1,\boldsymbol{e}_2,\boldsymbol{e}_3$ に対して次の式が成り立つことを示せ.

(1) $\boldsymbol{e}_2\times\boldsymbol{e}_3=\boldsymbol{e}_1$　(2) $\boldsymbol{e}_3\times\boldsymbol{e}_1=\boldsymbol{e}_2$　(3) $\boldsymbol{e}_1\times\boldsymbol{e}_2=\boldsymbol{e}_3$

問 5.9　空間ベクトルを $\boldsymbol{a}=\begin{pmatrix}1\\4\\5\end{pmatrix}$, $\boldsymbol{b}=\begin{pmatrix}2\\-1\\3\end{pmatrix}$, $\boldsymbol{c}=\begin{pmatrix}0\\1\\7\end{pmatrix}$ とするとき，次のベクトルを計算せよ.

(1) $\boldsymbol{a}\times\boldsymbol{b}$　(2) $\boldsymbol{a}\times(\boldsymbol{b}\times\boldsymbol{c})$　(3) $(\boldsymbol{a}\times\boldsymbol{b})\times(\boldsymbol{b}\times\boldsymbol{c})$
(4) $\boldsymbol{a}\times(\boldsymbol{b}-2\boldsymbol{c})$

平行六面体の体積　3 つの辺 OA, OB, OC により張られる平行六面体[3]の体積 V を，ベクトル $\overrightarrow{\mathrm{OA}}=\boldsymbol{a}$, $\overrightarrow{\mathrm{OB}}=\boldsymbol{b}$, $\overrightarrow{\mathrm{OC}}=\boldsymbol{c}$ を用いて表してみよう.

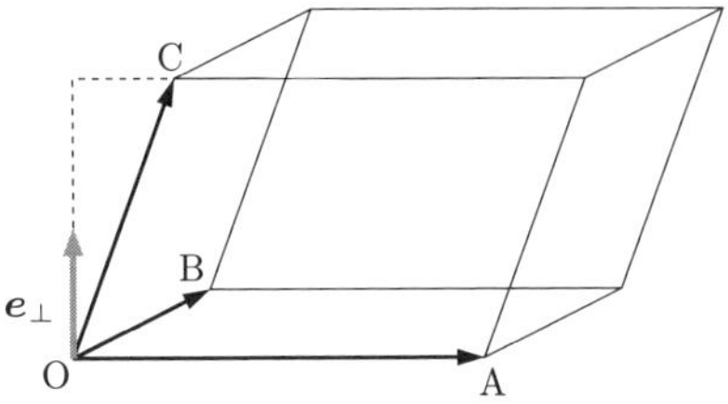

図 5.9　平行六面体

[3] 数学的には $k\overrightarrow{\mathrm{OA}}+l\overrightarrow{\mathrm{OB}}+m\overrightarrow{\mathrm{OC}}\ :\ 0\leqq k\leqq 1, 0\leqq l\leqq 1, 0\leqq m\leqq 1$ で表される立体である.

外積 $\boldsymbol{a}\times\boldsymbol{b}$ の大きさは $\boldsymbol{a}$ と $\boldsymbol{b}$ により張られる平行四辺形の面積で，方向はその平行四辺形に直交する方向 (単位ベクトルを $\boldsymbol{e}_\perp$ とする) なので

$$\begin{aligned} V &= \|\boldsymbol{a}\times\boldsymbol{b}\||(\boldsymbol{e}_\perp, \boldsymbol{c})| \\ &= |(\boldsymbol{a}\times\boldsymbol{b}, \boldsymbol{c})| \end{aligned}$$

と表される．ここで，ベクトルの表示

$$\boldsymbol{a} = \begin{pmatrix} a_1 \\ a_2 \\ a_3 \end{pmatrix},\ \boldsymbol{b} = \begin{pmatrix} b_1 \\ b_2 \\ b_3 \end{pmatrix},\ \boldsymbol{c} = \begin{pmatrix} c_1 \\ c_2 \\ c_3 \end{pmatrix}$$

を用いると，**スカラー3重積** $(\boldsymbol{a}\times\boldsymbol{b}, \boldsymbol{c})$ は

$$\begin{aligned} (\boldsymbol{a}\times\boldsymbol{b}, \boldsymbol{c}) &= \begin{vmatrix} a_2 & b_2 \\ a_3 & b_3 \end{vmatrix} c_1 - \begin{vmatrix} a_1 & b_1 \\ a_3 & b_3 \end{vmatrix} c_2 + \begin{vmatrix} a_1 & b_1 \\ a_2 & b_2 \end{vmatrix} c_3 \\ &= \begin{vmatrix} a_1 & b_1 & c_1 \\ a_2 & b_2 & c_2 \\ a_3 & b_3 & c_3 \end{vmatrix} \end{aligned}$$

と計算されるので，平行六面体の体積は

$$V = \left| \begin{vmatrix} a_1 & b_1 & c_1 \\ a_2 & b_2 & c_2 \\ a_3 & b_3 & c_3 \end{vmatrix} \right|$$

と等しい (右辺は行列式の絶対値)．これは，3次行列式の幾何的な意味を示している．

§ 5.5　共線条件と直線の方程式

空間内の異なる2点 A, B を通る直線上の点 P について，ベクトル $\overrightarrow{\mathrm{AB}}$, $\overrightarrow{\mathrm{AP}}$ を考えると

$$\overrightarrow{\mathrm{AP}} = t\overrightarrow{\mathrm{AB}}$$

が成立する．逆に，上の式が成立すると，点 P は A, B を通る直線上にあることがわかる．

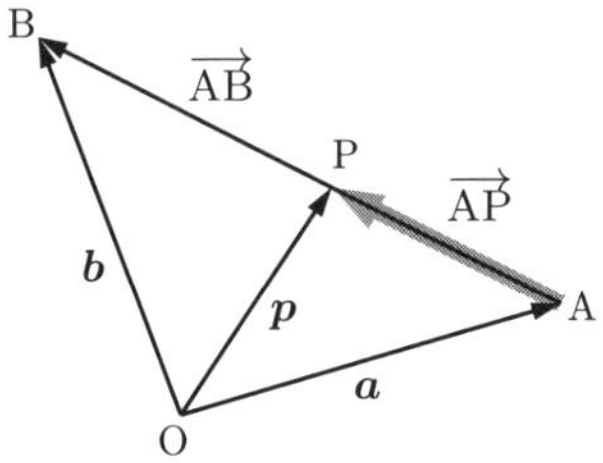

図 **5.10** 共線条件

定理 5.2 共線条件 点 A, B, P の位置ベクトルをそれぞれ $\boldsymbol{a}$, $\boldsymbol{b}$, $\boldsymbol{p}$ と表すとき，点 P が A, B を通る直線上にあることの必要十分条件は，$\boldsymbol{p}$ が次式で表されることである．

$$\boldsymbol{p} = (1-t)\boldsymbol{a} + t\boldsymbol{b}$$

証明 $\overrightarrow{\mathrm{AB}} = \boldsymbol{b} - \boldsymbol{a}$, $\overrightarrow{\mathrm{AP}} = \boldsymbol{p} - \boldsymbol{a}$ と表されるので，これらを上の式に代入して $\boldsymbol{p}$ について解くと求める式が得られる．また，逆に $\boldsymbol{p}$ が上の式で表されれば，$\overrightarrow{\mathrm{AP}} = t\overrightarrow{\mathrm{AB}}$ が成立するので，点 P が A, B を通る直線上にあることがわかる． ∎

例題 5.8 線分 AB を $m : n$ の比に内分する点 P は

$$\boldsymbol{p} = \frac{n}{m+n}\boldsymbol{a} + \frac{m}{m+n}\boldsymbol{b}$$

表されることを示せ．ここで，$\boldsymbol{a}$, $\boldsymbol{b}$, $\boldsymbol{p}$ は，それぞれ点 A, B, P の位置ベクトルである．

解答

$$\overrightarrow{\mathrm{AP}} = \frac{m}{m+n}\overrightarrow{\mathrm{AB}}$$

であるので

$$\begin{aligned}\boldsymbol{p} &= \boldsymbol{a} + \frac{m}{m+n}(\boldsymbol{b} - \boldsymbol{a}) \\ &= \frac{n}{m+n}\boldsymbol{a} + \frac{m}{m+n}\boldsymbol{b}.\end{aligned}$$ ∎

問 5.10 3 点 A$(2,-1,3)$, B$(5,2,1)$, P$(x,y,-3)$ が同一直線上にあるように x, y の値を定めよ．

問 5.11 線分 AB を $m : n$ の比に外分する点 P とおくとき，$\boldsymbol{p}$ を $\boldsymbol{a}$ と $\boldsymbol{b}$ を用いて表せ．

直線の方程式　空間では，相異なる2点を定めると，それらを含む直線はただ1つ定まる．2点を $\mathrm{A}(a_1, a_2, a_3)$，$\mathrm{B}(b_1, b_2, b_3)$ とし，直線上の任意の点を $\mathrm{P}(x, y, z)$ と表すと，点 A, B, P の位置ベクトル $\boldsymbol{a}$, $\boldsymbol{b}$, $\boldsymbol{p}$ は共線条件

$$\boldsymbol{p} = (1-t)\boldsymbol{a} + t\boldsymbol{b}$$

をみたす．これを成分で表すと，直線の**パラメター表示**

$$\begin{cases} x - a_1 = t(b_1 - a_1) \\ y - a_2 = t(b_2 - a_2) \\ z - a_3 = t(b_3 - a_3) \end{cases} \quad (t\text{：任意の数})$$

が得られる．この表示式より t を消去すると，点 A, B を通る**直線の方程式**

$$\frac{x - a_1}{b_1 - a_1} = \frac{y - a_2}{b_2 - a_2} = \frac{z - a_3}{b_3 - a_3}$$

が得られる[4]．ここで，ベクトル

$$\boldsymbol{d} = \overrightarrow{\mathrm{AB}} = \begin{pmatrix} b_1 - a_1 \\ b_2 - a_2 \\ b_3 - a_3 \end{pmatrix}$$

を**方向ベクトル**という．

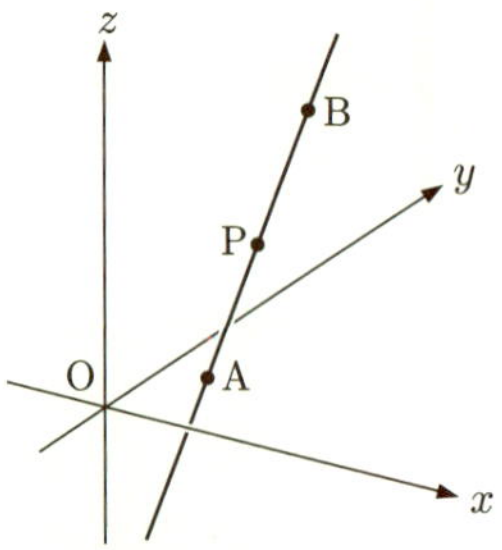

図 5.11　空間の直線

[4] ここで，たとえば $b_3 = a_3$ のように分母が 0 のときは，方程式は $\dfrac{x - a_1}{b_1 - a_1} = \dfrac{y - a_2}{b_2 - a_2}$，$z = a_3$ を表すと約束する．

定理 5.3 空間における任意の直線は，次のパラメター表示で表される．

$$\begin{cases} x - x_0 = lt \\ y - y_0 = mt \quad (t：任意の数) \\ z - z_0 = nt \end{cases}$$

また，直線の方程式は

$$\frac{x - x_0}{l} = \frac{y - y_0}{m} = \frac{z - z_0}{n}$$

となる．

証明 2 点を通る直線の方程式で $l = b_1 - a_1$, $m = b_2 - a_2$, $n = b_3 - a_3$ とおくと，方程式は上記の形で表されることは明らか．逆に，$t = 1$ とおき $x_1 = x_0 + l$, $y_1 = y_0 + m$, $z_1 = z_0 + n$ と表すと，上記は 2 点 $\mathrm{P}_0(x_0, y_0, z_0)$, $\mathrm{P}_1(x_1, y_1, z_1)$ を通る直線の表示式である． ∎

例題 5.9 2 点 A(2, −4, −1), B(5, −6, −2) を通る直線の方程式を求めよ．

解答 公式に代入するとパラメター表示は

$$\begin{cases} x - 2 = 3t \\ y + 4 = -2t \quad (t：任意の数) \\ z + 1 = -t \end{cases}$$

したがって，この表示式より t を消去すると，直線の方程式は

$$\frac{x - 2}{3} = \frac{y + 4}{-2} = \frac{z + 1}{-1}.$$ ∎

問 5.12 平面上の相異なる 2 点 $\mathrm{A}(a_1, a_2)$, $\mathrm{B}(b_1, b_2)$ を通る直線の方程式は，次のとおりであることを示せ (第 4 章，練習問題 7 参照).

$$\begin{vmatrix} x & y & 1 \\ a_1 & a_2 & 1 \\ b_1 & b_2 & 1 \end{vmatrix} = 0$$

§ 5.6 平面の方程式

同一直線上にない 3 点 A, B, C は 1 つの平面を定める．その平面上の点を P とすると，ベクトル $\overrightarrow{\mathrm{CP}}$ がスカラー s, t により

$$\overrightarrow{\mathrm{CP}} = s\overrightarrow{\mathrm{CA}} + t\overrightarrow{\mathrm{CB}}$$

と表される．逆に，上の式が成立すると，点 P は 3 点 A, B, C をとおる平面上にある．

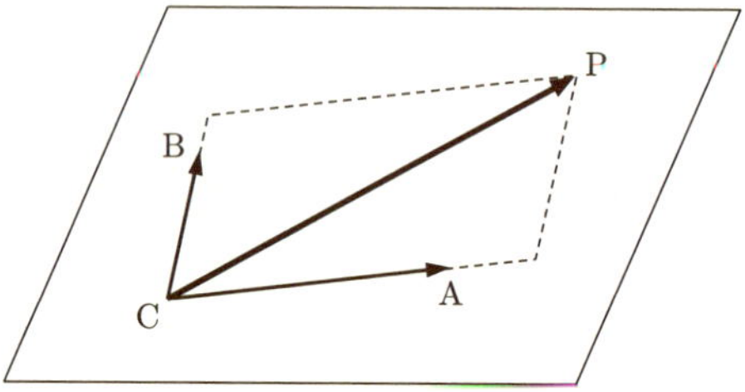

図 **5.12**　平面条件

一般的に平面上の点 A, B, C について，C の位置ベクトルを $\boldsymbol{c}$，さらに

$$\boldsymbol{c} = \begin{pmatrix} x_0 \\ y_0 \\ z_0 \end{pmatrix}, \quad \overrightarrow{\mathrm{CA}} = \begin{pmatrix} u_1 \\ u_2 \\ u_3 \end{pmatrix}, \quad \overrightarrow{\mathrm{CB}} = \begin{pmatrix} v_1 \\ v_2 \\ v_3 \end{pmatrix}$$

とおくと，$\mathrm{P}(x, y, z)$ が平面に含まれる条件は

$$\begin{cases} x - x_0 = u_1 s + v_1 t \\ y - y_0 = u_2 s + v_2 t \quad (s, t：任意の数) \\ z - z_0 = u_3 s + v_3 t \end{cases}$$

と表される．これは，平面のひとつの表示式で**パラメター表示**という．

平面の方程式　このパラメター表示より s と t を消去すると，x, y, z の方

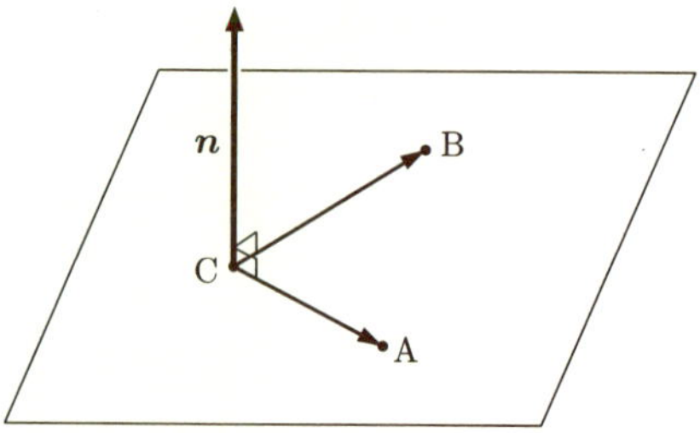

図 **5.13**　3 点を通る平面

程式が得られるが，ここでは外積と内積を用いて平面の方程式を導くことにする．**法線ベクトル** $\boldsymbol{n}$ を

$$\boldsymbol{n} = \overrightarrow{\mathrm{CA}} \times \overrightarrow{\mathrm{CB}}$$

と定義する．このとき，$\boldsymbol{n}$ と $\overrightarrow{\mathrm{CA}}$, $\overrightarrow{\mathrm{CB}}$ と直交するので

$$(\overrightarrow{\mathrm{CP}}, \boldsymbol{n}) = s(\overrightarrow{\mathrm{CA}}, \boldsymbol{n}) + t(\overrightarrow{\mathrm{CB}}, \boldsymbol{n}) = 0.$$

したがって

$$\boldsymbol{n} = \begin{pmatrix} a \\ b \\ c \end{pmatrix}$$

とおくと，**平面の方程式**

$$a(x - x_0) + b(y - y_0) + c(z - z_0) = 0$$

を得る．以上により，$d = -ax_0 - by_0 - cz_0$ とすると，

定理 5.4　空間における平面の方程式は

$$ax + by + cz + d = 0$$

のように x, y, z の 1 次式として表される．

例題 5.10　3 点 $\mathrm{A}(0,2,1)$, $\mathrm{B}(3,-1,1)$, $\mathrm{C}(-2,1,-3)$ を通る平面の方程式を求めよ．

解答　法線ベクトルは

$$\overrightarrow{\mathrm{CA}} = \begin{pmatrix} 2 \\ 1 \\ 4 \end{pmatrix}, \quad \overrightarrow{\mathrm{CB}} = \begin{pmatrix} 5 \\ -2 \\ 4 \end{pmatrix}, \quad \boldsymbol{n} = \overrightarrow{\mathrm{CA}} \times \overrightarrow{\mathrm{CB}} = 3\begin{pmatrix} 4 \\ 4 \\ -3 \end{pmatrix}.$$

ゆえに，求める方程式は

$$3\{4(x+2) + 4(y-1) - 3(z+3)\} = 0$$

すなわち，$4x + 4y - 3z - 5 = 0$ である．∎

解答 [別解]　求める平面の方程式を $ax+by+cz+d=0$ とおくと，3点を通る条件は

$$\begin{cases} 2b+c+d=0 \\ 3a-b+c+d=0 \\ -2a+b-3c+d=0. \end{cases}$$

これを解くと，$a=-\dfrac{4}{5}d$, $b=-\dfrac{4}{5}d$, $c=\dfrac{3}{5}d$. よって，求める方程式は

$$\left(-\frac{4}{5}d\right)x+\left(-\frac{4}{5}d\right)y+\left(\frac{3}{5}d\right)z+d=0$$

$$4x+4y-3z-5=0.$$ ■

例題 5.11　点 $P_0(x_0,y_0,z_0)$ を通り，平面 $ax+by+cz+d=0$ に直交する直線の方程式を求めよ．

解答　求める直線の方向ベクトルが平面の法線ベクトルであることより，方程式は

$$\frac{x-x_0}{a}=\frac{y-y_0}{b}=\frac{z-z_0}{c}.$$ ■

問 5.13　次の平面の方程式を求めよ．

(1) 点 $A(2,6,1)$ を通り，平面 $x+4y+2z-3=0$ に平行な平面

(2) 空間の点 $A(3,-1,7)$ を通り，法線ベクトルが $\boldsymbol{n}=\begin{pmatrix} 4 \\ 2 \\ -5 \end{pmatrix}$ の平面

問 5.14　方程式 $2x-3y+4z+12=0$ で表される平面上の (同一直線上にない) 3点をひと組求めよ．また，パラメター表示を求めよ．

問 5.15　3点 $A(1,1,-3)$, $B(-1,0,-4)$, $C(3,1,2)$ を通る平面の方程式を求めよ．また，パラメター表示はどのようになるか．

◆◆練習問題 5◆◆

5.1 空間の2点 $P(3,1,-3)$, $Q(-4,1,2)$ について，次の点の座標を求めよ．

(1) 線分 PQ の中点．

(2) 線分 PQ を $3:2$ に内分する点.

(3) 線分 PQ を $3:2$ に外分する点.

5.2 (1) ベクトル $\boldsymbol{a}=\begin{pmatrix}1\\-4\end{pmatrix}$ に直交する長さ 1 のベクトルを求めよ.

(2) ベクトル $\boldsymbol{a}=\begin{pmatrix}1\\3\\-7\end{pmatrix}$, $\boldsymbol{b}=\begin{pmatrix}4\\0\\2\end{pmatrix}$ に直交する長さ 1 のベクトルを求めよ.

5.3 3 点 $\mathrm{A}(-1,0)$, $\mathrm{B}(-2,1)$, $\mathrm{C}(1,4)$ を頂点とする三角形 ABC について, $\cos A$, $\cos B$, $\cos C$ の各値を求めよ.

5.4 $\boldsymbol{a}=\begin{pmatrix}-1\\3\\1\end{pmatrix}$, $\boldsymbol{b}=\begin{pmatrix}2\\1\\-1\end{pmatrix}$ のとき, $\boldsymbol{a}\times\boldsymbol{x}=\boldsymbol{b}$ をみたすベクトル $\boldsymbol{x}$ を求めよ.

5.5 (1) 空間の 3 点 $\mathrm{A}(1,3,2)$, $\mathrm{B}(2,-1,3)$, $\mathrm{C}(-1,2,1)$ を通る平面に垂直で, 点 C を通る直線の方程式を求めよ.

(2) 空間の 2 点 $\mathrm{A}(6,-1,5)$, $\mathrm{B}(7,2,4)$ を通る直線に垂直で, 原点を通る平面の方程式を求めよ.

(3) 点 A(2,1,−1), B(3,2,1) を通り, 平面 $4x-y-z+2=0$ に垂直な平面を求めよ.

5.6 空間の 2 直線

$$l_1:\quad \frac{x+3}{4}=y+3=\frac{z-1}{-2},\quad l_2:\quad \frac{x-2}{-1}=\frac{y-5}{2}=z$$

が交わることを示し, さらにこれらの 2 直線を含む平面の方程式を求めよ.

5.7 空間のベクトル $\boldsymbol{a},\boldsymbol{b},\boldsymbol{c}$ について, 次の等式が成立することを示せ.

(1) $(\boldsymbol{a}+k\boldsymbol{b})\times\boldsymbol{b}=\boldsymbol{a}\times\boldsymbol{b}$

(2) $(\boldsymbol{a}\times\boldsymbol{b},\boldsymbol{c})=(\boldsymbol{b}\times\boldsymbol{c},\boldsymbol{a})=(\boldsymbol{c}\times\boldsymbol{a},\boldsymbol{b})$

(3) $\boldsymbol{a}\times(\boldsymbol{b}\times\boldsymbol{c})=(\boldsymbol{a},\boldsymbol{c})\boldsymbol{b}-(\boldsymbol{a},\boldsymbol{b})\boldsymbol{c}$

5.8 4 点 O, A, B, C によりつくられる四面体の体積 V は, ベクトル $\overrightarrow{\mathrm{OA}}=\boldsymbol{a}$, $\overrightarrow{\mathrm{OB}}=\boldsymbol{b}$, $\overrightarrow{\mathrm{OC}}=\boldsymbol{c}$ を用いると $V=\dfrac{1}{6}\,|(\boldsymbol{a}\times\boldsymbol{b},\boldsymbol{c})|$ と表されることを説明せよ (ヒント: △ABC を底面とする三角錐と考え, OA,OB,OC で張られる平行六面体の体積と比べる).

6

ベクトル空間

第 5 章では平面と空間のベクトルを学び，矢線で表されたベクトルが 2 つまたは 3 つの数の組で表されることを知った．一方，連立 1 次方程式の解は，一般的に n 個の数の組で表され，第 2 章ではそれらを数ベクトルと呼んだ．これらの 章では 1 つ 1 つのベクトルを考えたが，この章ではベクトルの集まり：**部分空間**を考察する．たとえば，空間において原点を通る平面や直線は，部分空間である．さらに，1 つの同次連立 1 次方程式の解全体も部分空間をつくる．ここでは，1 次独立，1 次従属，基底，次元のような，聞き慣れない用語が現れるが，これらを用いて部分空間を考察することにより，連立 1 次方程式の解全体の構造が理解できるのである．

§ 6.1　1 次独立と 1 次従属

第 2 章で学んだように，n 個の実数または文字 $x_1, x_2, \ldots, x_n$ を縦に並べたもの ($n \times 1$ 行列) を n 次 **数ベクトル** といい

$$\boldsymbol{x} = \begin{pmatrix} x_1 \\ x_2 \\ \vdots \\ x_n \end{pmatrix}$$

のように表す．n 次数ベクトル $\boldsymbol{a}, \boldsymbol{b}$ を

$$\boldsymbol{a} = \begin{pmatrix} a_1 \\ a_2 \\ \vdots \\ a_n \end{pmatrix}, \quad \boldsymbol{b} = \begin{pmatrix} b_1 \\ b_2 \\ \vdots \\ b_n \end{pmatrix}$$

としたとき，ベクトルの **和** $\boldsymbol{a}+\boldsymbol{b}$ と **スカラー倍** $k\boldsymbol{a}$ をそれぞれ

$$\boldsymbol{a}+\boldsymbol{b}=\begin{pmatrix} a_1+b_1 \\ a_2+b_2 \\ \vdots \\ a_n+b_n \end{pmatrix}, \quad k\boldsymbol{a}=\begin{pmatrix} ka_1 \\ ka_2 \\ \vdots \\ ka_n \end{pmatrix}$$

と定義する．また

$$\boldsymbol{0}=\begin{pmatrix} 0 \\ 0 \\ \vdots \\ 0 \end{pmatrix}$$

と表し，**零ベクトル**という．これは，実数の 0 と同じ働きをする．$-\boldsymbol{a}=(-1)\boldsymbol{a}$ を，$\boldsymbol{a}$ の**逆ベクトル**という．ベクトルの**差**についても

$$\boldsymbol{a}-\boldsymbol{b}=\boldsymbol{a}+(-\boldsymbol{b})$$

と考える．n 次数ベクトルは，第 5 章の空間ベクトルの 3 つの成分が n 個となったものと考えてよい．上で定義された和とスカラー倍について次の法則が成立する．

1) $\boldsymbol{a}+\boldsymbol{b}=\boldsymbol{b}+\boldsymbol{a}$
2) $(\boldsymbol{a}+\boldsymbol{b})+\boldsymbol{c}=\boldsymbol{a}+(\boldsymbol{b}+\boldsymbol{c})$
3) $\boldsymbol{a}+\boldsymbol{0}=\boldsymbol{a}$
4) $\boldsymbol{a}+(-\boldsymbol{a})=\boldsymbol{0}$
5) $k(\boldsymbol{a}+\boldsymbol{b})=k\boldsymbol{a}+k\boldsymbol{b}$
6) $(kl)\boldsymbol{a}=k(l\boldsymbol{a})$
7) $(k+l)\boldsymbol{a}=k\boldsymbol{a}+l\boldsymbol{a}$
8) $1\boldsymbol{a}=\boldsymbol{a}$.

n 次数ベクトル全体を $\boldsymbol{R}^n$ と表し，n **次元数ベクトル空間** という．これからは，n 次数ベクトルを $\boldsymbol{R}^n$ のベクトルと簡単にいう．

連立1次方程式 $A\boldsymbol{x}=\boldsymbol{b}$ は，係数行列を列ベクトルにより $A=(\boldsymbol{a}_1\ \ \boldsymbol{a}_2\ \cdots\ \boldsymbol{a}_n)$ と表すと，次のようなベクトルの方程式となる．

$$x_1\boldsymbol{a}_1+x_2\boldsymbol{a}_2+\cdots+x_n\boldsymbol{a}_n=\boldsymbol{b}$$

言い換えると，連立1次方程式は，与えられた $\boldsymbol{b}$ について，上記の方程式をみたす n 個の数 $x_1, x_2, \ldots, x_n$ を求める問題である．

一般に，$\boldsymbol{R}^n$ の s 個のベクトル $\boldsymbol{a}_1, \boldsymbol{a}_2, \ldots, \boldsymbol{a}_s$ と s 個の数 $k_1, k_2, \ldots, k_s$ について和：

$$k_1\boldsymbol{a}_1+k_2\boldsymbol{a}_2+\cdots+k_s\boldsymbol{a}_s$$

を $\boldsymbol{a}_1, \boldsymbol{a}_2, \ldots, \boldsymbol{a}_s$ の **1次結合**という．いま，これらの1次結合で表される2つのベクトル

$$\boldsymbol{a}=k_1\boldsymbol{a}_1+k_2\boldsymbol{a}_2+\cdots+k_s\boldsymbol{a}_s, \quad \boldsymbol{b}=l_1\boldsymbol{a}_1+l_2\boldsymbol{a}_2+\cdots+l_s\boldsymbol{a}_s$$

の和とスカラー倍を計算すると

$$\boldsymbol{a}+\boldsymbol{b}=(k_1+l_1)\boldsymbol{a}_1+(k_2+l_2)\boldsymbol{a}_2+\cdots+(k_s+l_s)\boldsymbol{a}_s$$

$$k\boldsymbol{a}=kk_1\boldsymbol{a}_1+kk_2\boldsymbol{a}_2+\cdots+kk_s\boldsymbol{a}_s$$

したがって，これらのベクトルも $\boldsymbol{a}_1, \boldsymbol{a}_2, \ldots, \boldsymbol{a}_s$ の1次結合で表されている．

このような，$\boldsymbol{R}^n$ のベクトル $\boldsymbol{a}_1, \boldsymbol{a}_2, \ldots, \boldsymbol{a}_s$ の1次結合全体

$$W=\{k_1\boldsymbol{a}_1+k_2\boldsymbol{a}_2+\cdots+k_s\boldsymbol{a}_s;\ k_1, k_2, \ldots, k_s：\text{任意の数}\}$$

を $\boldsymbol{a}_1, \boldsymbol{a}_2, \ldots, \boldsymbol{a}_s$ により**生成される部分空間**[1]といい，以下のように表す

$$W=\langle \boldsymbol{a}_1, \boldsymbol{a}_2, \ldots, \boldsymbol{a}_s\rangle$$

これ以後，略して「部分空間 $W=\langle \boldsymbol{a}_1, \boldsymbol{a}_2, \ldots, \boldsymbol{a}_s\rangle$」ということにする．また，$\boldsymbol{a}_1, \boldsymbol{a}_2, \ldots, \boldsymbol{a}_s$ を W の**生成系**という．上で述べた1次結合の性質より

命題 6.1　部分空間 $W=\langle \boldsymbol{a}_1, \boldsymbol{a}_2, \ldots, \boldsymbol{a}_s\rangle$ は次の性質をもつ．

1)　$\boldsymbol{0}\in W$

2)　$\boldsymbol{a}, \boldsymbol{b}\in W$ ならば $\boldsymbol{a}+\boldsymbol{b}\in W$,

---

[1] 「部分空間」という用語は，もう少し広い意味で用いる (§ 6.3 を参照)．この部分空間は $\boldsymbol{a}_1, \boldsymbol{a}_2, \ldots, \boldsymbol{a}_s$ を含む最小のベクトル空間である．

3)　$\boldsymbol{a} \in W$ ならば，任意の数 k について $k\boldsymbol{a} \in W$

例題 6.1　$\boldsymbol{R}^3$ のベクトル

$$\boldsymbol{a}_1 = \begin{pmatrix} 2 \\ -1 \\ 3 \end{pmatrix},\ \boldsymbol{a}_2 = \begin{pmatrix} 2 \\ 1 \\ 1 \end{pmatrix}$$

について，部分空間

$$W_1 = \langle \boldsymbol{a}_1 \rangle = \{\boldsymbol{x} = t\boldsymbol{a}_1\ ;\quad t：任意の数\},$$

$$W_2 = \langle \boldsymbol{a}_1, \boldsymbol{a}_2 \rangle = \{\boldsymbol{x} = t\boldsymbol{a}_1 + s\boldsymbol{a}_2\ ;\quad t, s：任意の数\}$$

はそれぞれどのような図形を表すか．

解答　(1) W_1 の任意のベクトルを $\boldsymbol{x} = \begin{pmatrix} x \\ y \\ z \end{pmatrix}$ とおくと，$x = 2t,\ y = -t,\ z = 3t$ をみたしている．ここから t を消去すれば，求める図形は直線：$\dfrac{x}{2} = \dfrac{y}{-1} = \dfrac{z}{3}$ である．

同様に，W_2 のベクトルを $\boldsymbol{x} = \begin{pmatrix} x \\ y \\ z \end{pmatrix}$ とおくと，$x = 2t + 2s,\ y = -t + s,\ z = 3t + s$ が成立するので，t, s を消去すれば，求める図形は平面：$x - y - z = 0$ である．　▮

一般に，$\boldsymbol{R}^n$ のベクトル $\boldsymbol{a}_1, \boldsymbol{a}_2, \ldots, \boldsymbol{a}_s$ の 1 次結合が $\boldsymbol{0}$ となる関係式

$$k_1\boldsymbol{a}_1 + k_2\boldsymbol{a}_2 + \cdots + k_s\boldsymbol{a}_s = \boldsymbol{0}$$

を $\boldsymbol{a}_1, \boldsymbol{a}_2, \ldots, \boldsymbol{a}_s$ の**線形関係**という．ここで，$k_1 = k_2 = \cdots = k_s = 0$ とおくと，必ず線形関係になるので，この場合を**自明な線形関係**という．

さて，$\boldsymbol{R}^n$ のベクトル $\boldsymbol{a}_1, \boldsymbol{a}_2, \ldots, \boldsymbol{a}_s$ が，自明な関係を除いて線形関係をもたないとき，すなわち

$$k_1\boldsymbol{a}_1 + k_2\boldsymbol{a}_2 + \cdots + k_s\boldsymbol{a}_s = \boldsymbol{0} \iff k_1 = k_2 = \cdots = k_s = 0.$$

が成立するとき，ベクトル $\boldsymbol{a}_1, \boldsymbol{a}_2, \ldots, \boldsymbol{a}_s$ は **1 次独立** (linearly independent) であるという．

一方，自明でない線形関係をもつときは **1 次従属** (linearly dependent) であるという．この自明でない関係式で，たとえば $k_s \neq 0$ とすると

$$\boldsymbol{a}_s = -\frac{k_1}{k_s}\boldsymbol{a}_1 - \frac{k_2}{k_s}\boldsymbol{a}_2 - \cdots - \frac{k_{s-1}}{k_s}\boldsymbol{a}_{s-1}$$

が成立するので，$\boldsymbol{a}_s$ は $\boldsymbol{a}_1, \boldsymbol{a}_2, \cdots, \boldsymbol{a}_{s-1}$ の 1 次結合で表される．部分空間の記号を用いると

$$\langle \boldsymbol{a}_1, \boldsymbol{a}_2, \ldots, \boldsymbol{a}_{s-1}, \boldsymbol{a}_s \rangle = \langle \boldsymbol{a}_1, \boldsymbol{a}_2, \ldots, \boldsymbol{a}_{s-1} \rangle.$$

例題 6.2　$\boldsymbol{R}^3$ のベクトル $\boldsymbol{a}_1 = \begin{pmatrix} 2 \\ 1 \\ 1 \end{pmatrix}$，$\boldsymbol{a}_2 = \begin{pmatrix} 2 \\ -1 \\ 3 \end{pmatrix}$，$\boldsymbol{a}_3 = \begin{pmatrix} 3 \\ 2 \\ -1 \end{pmatrix}$ は 1 次独立であることを示せ．

解答　線形関係 $x\boldsymbol{a}_1 + y\boldsymbol{a}_2 + z\boldsymbol{a}_3 = \boldsymbol{0}$ を成分で表すと，同次 1 次連立方程式

$$\begin{cases} 2x + 2y + 3z = 0 \\ x - y + 2z = 0 \\ x + 3y - z = 0 \end{cases}$$

を得る．この方程式の係数行列を A とおくと

$$A \to \begin{pmatrix} 1 & 0 & 0 \\ 0 & 1 & 0 \\ 0 & 0 & 1 \end{pmatrix}.$$

したがって，$\operatorname{rank} A = 3$ となり，方程式は自明な解 $x = y = z = 0$ 以外はもたない (定理 2.5 参照)．ゆえに，1 次独立である．∎

例題 6.3　$\boldsymbol{R}^3$ のベクトル $\boldsymbol{a}_1 = \begin{pmatrix} 2 \\ 1 \\ 1 \end{pmatrix}$，$\boldsymbol{a}_2 = \begin{pmatrix} 2 \\ -1 \\ 3 \end{pmatrix}$，$\boldsymbol{a}_3 = \begin{pmatrix} 3 \\ 2 \\ 1 \end{pmatrix}$，は 1 次従属であることを示せ．

解答　線形関係 $x\boldsymbol{a}_1 + y\boldsymbol{a}_2 + z\boldsymbol{a}_3 = \boldsymbol{0}$ を成分で表すと，上の例題と同じように，同次 1 次連立方程式の係数行列 A は

$$A = \begin{pmatrix} 2 & 2 & 3 \\ 1 & -1 & 2 \\ 1 & 3 & 1 \end{pmatrix} \to \begin{pmatrix} 1 & 0 & \dfrac{7}{4} \\ 0 & 1 & -\dfrac{1}{4} \\ 0 & 0 & 0 \end{pmatrix}.$$

したがって, $\operatorname{rank} A = 2$ となり，方程式は自明でない解 $\boldsymbol{x} \neq \boldsymbol{0}$ をもつ (定理 2.5 参照). ゆえに，1 次従属である．ここで，上の係数行列を連立 1 次方程式 $x\boldsymbol{a}_1 + y\boldsymbol{a}_2 = \boldsymbol{a}_3$ の拡大係数行列とみなすと，解 $x = \dfrac{7}{4}, y = -\dfrac{1}{4}$ が得られている．したがって，$\boldsymbol{a}_3 = \dfrac{7}{4}\boldsymbol{a}_1 - \dfrac{1}{4}\boldsymbol{a}_2$ が成立している． ▮

以下では，与えられたベクトルの，線形関係を求める一般的な方法を解説する．ベクトル $\boldsymbol{a}_1, \boldsymbol{a}_2, \ldots, \boldsymbol{a}_s$ が線形関係

$$k_1\boldsymbol{a}_1 + k_2\boldsymbol{a}_2 + \cdots + k_s\boldsymbol{a}_s = \boldsymbol{0}$$

をもつとき，任意の n 次正則行列 P を両辺に掛けると

$$k_1P\boldsymbol{a}_1 + k_2P\boldsymbol{a}_2 + \cdots + k_sP\boldsymbol{a}_s = \boldsymbol{0}.$$

したがって，$\boldsymbol{b}_1 = P\boldsymbol{a}_1$, $\boldsymbol{b}_2 = P\boldsymbol{a}_2$, $\ldots$, $\boldsymbol{b}_s = P\boldsymbol{a}_s$ とすると，線形関係

$$k_1\boldsymbol{b}_1 + k_2\boldsymbol{b}_2 + \cdots + k_s\boldsymbol{b}_s = \boldsymbol{0}$$

が得られる．逆に，$\boldsymbol{b}_1, \boldsymbol{b}_2, \ldots, \boldsymbol{b}_s$ が線形関係をもつときは, $\boldsymbol{a}_1 = P^{-1}\boldsymbol{b}_1$, $\boldsymbol{a}_2 = P^{-1}\boldsymbol{b}_2$, $\ldots$, $\boldsymbol{a}_s = P^{-1}\boldsymbol{b}_s$ であるので，$\boldsymbol{a}_1, \boldsymbol{a}_2, \ldots, \boldsymbol{a}_s$ が同じ線形関係をもつ．したがって，

補題 6.1　$\boldsymbol{R}^n$ のベクトル $\boldsymbol{a}_1, \boldsymbol{a}_2, \ldots, \boldsymbol{a}_s$ と n 次正則行列 P に対して

$$\boldsymbol{b}_1 = P\boldsymbol{a}_1, \quad \boldsymbol{b}_2 = P\boldsymbol{a}_2, \quad \ldots, \quad \boldsymbol{b}_s = P\boldsymbol{a}_s$$

とおくと，$\boldsymbol{a}_1, \boldsymbol{a}_2, \ldots, \boldsymbol{a}_s$ と $\boldsymbol{b}_1, \boldsymbol{b}_2, \ldots, \boldsymbol{b}_s$ は同一の線形関係をもつ．

与えられたベクトル $\boldsymbol{a}_1, \boldsymbol{a}_2, \ldots, \boldsymbol{a}_s$ に対して，これらを列ベクトルとする $n \times s$ 行列を

$$A = (\boldsymbol{a}_1 \ \ \boldsymbol{a}_2 \ \ \cdots \ \ \boldsymbol{a}_s)$$

と表す．この行列に行基本変形を行い，得られた階段行列を B とおくと，ある正則行列 P により

$$
\begin{aligned}
B &= P(\boldsymbol{a}_1 \;\; \boldsymbol{a}_2 \;\; \cdots \;\; \boldsymbol{a}_s) \\
&= (P\boldsymbol{a}_1 \;\; P\boldsymbol{a}_2 \;\; \cdots \;\; P\boldsymbol{a}_s) \\
&= (\boldsymbol{b}_1 \;\; \boldsymbol{b}_2 \;\; \cdots \;\; \boldsymbol{b}_s)
\end{aligned}
$$

と表される．ここで A の階数 (したがって B の階数) を r とすると，ピボットを含む r 個の列ベクトル $\boldsymbol{b}_{p_1}, \boldsymbol{b}_{p_2}, \ldots, \boldsymbol{b}_{p_r}$ が次のようにとれる[2]．

$$
\boldsymbol{b}_{p_1} = \begin{pmatrix} 1 \\ 0 \\ \vdots \\ 0 \\ 0 \\ \vdots \\ 0 \end{pmatrix}, \;
\boldsymbol{b}_{p_2} = \begin{pmatrix} 0 \\ 1 \\ \vdots \\ 0 \\ 0 \\ \vdots \\ 0 \end{pmatrix}, \; \ldots, \;
\boldsymbol{b}_{p_r} = \begin{pmatrix} 0 \\ 0 \\ \vdots \\ 1 \\ 0 \\ \vdots \\ 0 \end{pmatrix}
$$

ベクトル $\boldsymbol{b}_{p_1}, \boldsymbol{b}_{p_2}, \ldots, \boldsymbol{b}_{p_r}$ は明らかに 1 次独立なので，ここに補題 6.1 を用いると，$\boldsymbol{a}_{p_1}, \boldsymbol{a}_{p_2}, \ldots, \boldsymbol{a}_{p_r}$ が 1 次独立であることがわかる．さらに，任意の $\boldsymbol{b}_j$ $(\boldsymbol{b}_j \neq \boldsymbol{b}_{p_k})$ は

$$
\boldsymbol{b}_j = \begin{pmatrix} k_1 \\ k_2 \\ \vdots \\ k_r \\ 0 \\ \vdots \\ 0 \end{pmatrix} = k_1\boldsymbol{b}_{p_1} + k_2\boldsymbol{b}_{p_2} + \cdots + k_r\boldsymbol{b}_{p_r}
$$

のように表されるので，また補題 6.1 を用いると

$$
\boldsymbol{a}_j = k_1\boldsymbol{a}_{p_1} + k_2\boldsymbol{a}_{p_2} + \cdots + k_r\boldsymbol{a}_{p_r}
$$

[2] これは $r < n$ のときで，$r = n$ のときは下段の 0 はない．

という関係式があることがわかる．

以上をまとめると

定理 6.1　$\boldsymbol{R}^n$ のベクトル $\boldsymbol{a}_1, \boldsymbol{a}_2, \cdots, \boldsymbol{a}_s$ に対して，行列

$$A = (\boldsymbol{a}_1 \ \ \boldsymbol{a}_2 \ \ \cdots \ \ \boldsymbol{a}_s)$$

の階数を r とすると，r 個の 1 次独立なベクトル $\boldsymbol{a}_{p_1}, \boldsymbol{a}_{p_2}, \ldots, \boldsymbol{a}_{p_r}$ が定まり，任意の $\boldsymbol{a}_j$ はこれらの 1 次結合

$$\boldsymbol{a}_j = k_1\boldsymbol{a}_{p_1} + k_2\boldsymbol{a}_{p_2} + \cdots + k_r\boldsymbol{a}_{p_r}$$

で表される．ここで，$p_1, p_2, \ldots, p_r$ は A の階段行列 B のピボットを含む列の番号で，係数 $k_1, k_2, \ldots, k_r$ は B の第 j 列成分である．

この定理より，n 次元ベクトル空間では，n 個より多いベクトルは必ず 1 次従属となることがわかる．

例題 6.4　$\boldsymbol{R}^3$ のベクトル $\boldsymbol{a}_1 = \begin{pmatrix} 1 \\ -1 \\ 3 \end{pmatrix}$, $\boldsymbol{a}_2 = \begin{pmatrix} -2 \\ 2 \\ -6 \end{pmatrix}$, $\boldsymbol{a}_3 = \begin{pmatrix} 3 \\ 3 \\ 3 \end{pmatrix}$, $\boldsymbol{a}_4 = \begin{pmatrix} 2 \\ 4 \\ 0 \end{pmatrix}$, $\boldsymbol{a}_5 = \begin{pmatrix} 2 \\ 1 \\ 3 \end{pmatrix}$ の中から適当に 1 次独立なベクトルの組を選び出し，残りのベクトルをそれらの 1 次結合で表せ．

解答　上のベクトルを並べた行列を $A = (\boldsymbol{a}_1 \ \boldsymbol{a}_2 \ \boldsymbol{a}_3 \ \boldsymbol{a}_4 \ \boldsymbol{a}_5)$ とおき基本変形をすると，

$$A = \begin{pmatrix} 1 & -2 & 3 & 2 & 2 \\ -1 & 2 & 3 & 4 & 1 \\ 3 & -6 & 3 & 0 & 3 \end{pmatrix} \to \begin{pmatrix} 1 & -2 & 0 & -1 & \frac{1}{2} \\ 0 & 0 & 1 & 1 & \frac{1}{2} \\ 0 & 0 & 0 & 0 & 0 \end{pmatrix}.$$

この階段行列において，ピボットを含む列は $\boldsymbol{b}_1, \boldsymbol{b}_3$ であるので，定理 6.1 より $\boldsymbol{a}_1, \boldsymbol{a}_3$ は 1 次独立である．さらに，$\boldsymbol{b}_2 = -2\boldsymbol{b}_1$，$\boldsymbol{b}_4 = -\boldsymbol{b}_1 + \boldsymbol{b}_3$，$\boldsymbol{b}_5 = \dfrac{1}{2}\boldsymbol{b}_1 + \dfrac{1}{2}\boldsymbol{b}_3$ の関係があるので，求める関係式は $\boldsymbol{a}_2 = -2\boldsymbol{a}_1$，$\boldsymbol{a}_4 = -\boldsymbol{a}_1 + \boldsymbol{a}_3$，$\boldsymbol{a}_5 = \dfrac{1}{2}\boldsymbol{a}_1 + \dfrac{1}{2}\boldsymbol{a}_3$．∎

問 6.1　$\boldsymbol{R}^4$ のベクトル $\boldsymbol{a}_1 = \begin{pmatrix} 2 \\ 1 \\ 0 \\ 3 \end{pmatrix}$, $\boldsymbol{a}_2 = \begin{pmatrix} -1 \\ 0 \\ 2 \\ 1 \end{pmatrix}$, $\boldsymbol{a}_3 = \begin{pmatrix} 2 \\ 3 \\ -7 \\ 3 \end{pmatrix}$, $\boldsymbol{a}_4 = \begin{pmatrix} 3 \\ -1 \\ 5 \\ 2 \end{pmatrix}$, $\boldsymbol{a}_5 = \begin{pmatrix} -4 \\ 6 \\ -13 \\ 4 \end{pmatrix}$ の中から適当に 1 次独立なベクトルの組を選び出し，残りのベクトルをそれらの 1 次結合で表せ.

§ 6.2　基底と次元

ここで，生成系の選び方はいろいろとある．たとえば，$\boldsymbol{a}_1, \boldsymbol{a}_2, \ldots, \boldsymbol{a}_s$ が生成系であれば，そこへ $\boldsymbol{a}_1 + \boldsymbol{a}_2$ を加えても生成系となる．一方，定理 6.1 より，生成系から 1 次独立なベクトルを選ぶことができる．一般に，W のベクトル $\boldsymbol{a}_1, \boldsymbol{a}_2, \ldots, \boldsymbol{a}_r$ が

1)　$W = \langle \boldsymbol{a}_1, \boldsymbol{a}_2, \ldots, \boldsymbol{a}_r \rangle$,

2)　$\boldsymbol{a}_1, \boldsymbol{a}_2, \ldots, \boldsymbol{a}_r$ は 1 次独立

をみたすとき，この $\boldsymbol{a}_1, \boldsymbol{a}_2, \ldots, \boldsymbol{a}_r$ を W の (1 つの) **基底** (basis) という.

定理 6.2　部分空間の任意のベクトルは，基底の 1 次結合によりただ 1 通りに表される.

証明　部分空間 W の (1 つの) 基底を $\boldsymbol{a}_1, \boldsymbol{a}_2, \ldots, \boldsymbol{a}_r$ とする．W の任意のベクトル $\boldsymbol{a}$ が基底の 1 次結合で表されることは，生成系であることよりあきらか．もし,

$$\boldsymbol{a} = k_1\boldsymbol{a}_1 + k_2\boldsymbol{a}_2 + \cdots + k_r\boldsymbol{a}_r = k_1'\boldsymbol{a}_1 + k_2'\boldsymbol{a}_2 + \cdots + k_r'\boldsymbol{a}_r$$

のように 2 通りに表されたとすると

$$(k_1 - k_1')\boldsymbol{a}_1 + (k_2 - k_2')\boldsymbol{a}_2 + \cdots + (k_r - k_r')\boldsymbol{a}_r = \boldsymbol{a} - \boldsymbol{a} = \boldsymbol{0}.$$

基底は 1 次独立なので，$k_1 - k_1' = k_2 - k_2' = \cdots = k_r - k_r' = 0$. ゆえに，ただ 1 通りである. ∎

ここで，$(k_1, k_2, \ldots, k_r)$ を基底 $\boldsymbol{a}_1, \boldsymbol{a}_2, \ldots, \boldsymbol{a}_r$ に関する $\boldsymbol{a}$ の**座標**という．基底のとり方もいろいろとあるが，次の定理が成り立つ.

定理 6.3　$\boldsymbol{R}^n$ の部分空間の基底をつくるベクトルの数は一定である．

定理の証明は第 § 6.6 で行うが，このように，部分空間の基底をつくるベクトルの数はいつも等しいので，この数 r を部分空間の**次元** (dimension) といい

$$\dim W$$

と表す．便宜上，$\dim\{\boldsymbol{0}\} = 0$ と定める．$\boldsymbol{R}^n$ においては，基本ベクトル系 $\boldsymbol{e}_1, \boldsymbol{e}_2, \ldots, \boldsymbol{e}_n$ が基底となるので，$\dim \boldsymbol{R}^n = n$ である．とくに，部分空間 W の生成系が $\boldsymbol{a}_1,\boldsymbol{a}_2, \ldots, \boldsymbol{a}_s$ ならば，定理 6.1 よりそれらの中から基底を選び出すことができる，したがって

定理 6.4　部分空間 W の生成系が $\boldsymbol{a}_1,\boldsymbol{a}_2, \ldots, \boldsymbol{a}_s$ ならば

$$\dim W = \operatorname{rank}(\boldsymbol{a}_1 \ \ \boldsymbol{a}_2 \ \ \cdots \ \ \boldsymbol{a}_s).$$

ここで，今までに習った例題を用いて，基底と次元について確認しよう．

例題 6.5　$\boldsymbol{R}^3$ のベクトル $\boldsymbol{a}_1 = \begin{pmatrix} 1 \\ -1 \\ 3 \end{pmatrix}$, $\boldsymbol{a}_2 = \begin{pmatrix} -2 \\ 2 \\ -6 \end{pmatrix}$, $\boldsymbol{a}_3 = \begin{pmatrix} 3 \\ 3 \\ 3 \end{pmatrix}$, $\boldsymbol{a}_4 = \begin{pmatrix} 2 \\ 4 \\ 0 \end{pmatrix}$, $\boldsymbol{a}_5 = \begin{pmatrix} 2 \\ 1 \\ 3 \end{pmatrix}$ で生成される部分空間 W の基底と次元を求めよ．

解答　上のベクトルを並べた行列を $A = (\boldsymbol{a}_1 \ \boldsymbol{a}_2 \ \boldsymbol{a}_3 \ \boldsymbol{a}_4 \ \boldsymbol{a}_5)$ とおき基本変形をすると

$$A \to \begin{pmatrix} 1 & -2 & 0 & -1 & \dfrac{1}{2} \\ 0 & 0 & 1 & 1 & \dfrac{1}{2} \\ 0 & 0 & 0 & 0 & 0 \end{pmatrix}.$$

例題 6.4 より $\boldsymbol{a}_1, \boldsymbol{a}_3$ は 1 次独立で，残りのベクトルはそれぞれ $\boldsymbol{a}_2 = -2\boldsymbol{a}_1$，$\boldsymbol{a}_4 = -\boldsymbol{a}_1 + \boldsymbol{a}_3$，$\boldsymbol{a}_5 = \dfrac{1}{2}\boldsymbol{a}_1 + \dfrac{1}{2}\boldsymbol{a}_3$ と表される．したがって，$\boldsymbol{a}_1, \boldsymbol{a}_3$ が W の基底で次元は $\dim W = 2$ である．■

問 6.2　基本ベクトル系 $\boldsymbol{e}_1, \boldsymbol{e}_2, \ldots, \boldsymbol{e}_n$ が $\boldsymbol{R}^n$ の基底となることを示せ．

問 6.3　$\boldsymbol{R}^4$ のベクトル $\boldsymbol{a}_1 = \begin{pmatrix} 2 \\ 1 \\ 0 \\ 3 \end{pmatrix}$, $\boldsymbol{a}_2 = \begin{pmatrix} -1 \\ 0 \\ 2 \\ 1 \end{pmatrix}$, $\boldsymbol{a}_3 = \begin{pmatrix} 2 \\ 3 \\ -7 \\ 3 \end{pmatrix}$, $\boldsymbol{a}_4 = \begin{pmatrix} 3 \\ -1 \\ 5 \\ 2 \end{pmatrix}$, $\boldsymbol{a}_5 = \begin{pmatrix} -4 \\ 6 \\ -13 \\ 4 \end{pmatrix}$ により生成される部分空間の基底と次元を求めよ (問 6.1 参照).

基底の取り替え　生成系が異なる 2 つの部分空間

$$W = \langle \boldsymbol{a}_1, \boldsymbol{a}_2, \ldots, \boldsymbol{a}_r \rangle, \quad W' = \langle \boldsymbol{b}_1, \boldsymbol{b}_2, \ldots, \boldsymbol{b}_{r'} \rangle$$

が集合として等しいとする．このとき，これらの生成系が共に基底であるならば，定理 6.3, 6.4 より $r = r'$ である．$\boldsymbol{b}_j \in \langle \boldsymbol{a}_1, \boldsymbol{a}_2, \ldots, \boldsymbol{a}_r \rangle$ より

$$\boldsymbol{b}_j = p_{1j}\boldsymbol{a}_1 + p_{2j}\boldsymbol{a}_2 + \cdots + p_{rj}\boldsymbol{a}_r \quad (1 \leqq j \leqq r)$$

のように $\boldsymbol{b}_j$ は $\boldsymbol{a}_i$ $(1 \leqq i \leqq r)$ の 1 次結合で表されている．

これからの議論のために，行列 P と 2 つの基底に関する座標 (位置) ベクトル

$$P = \begin{pmatrix} p_{11} & \cdots & p_{1r} \\ \vdots & \ddots & \vdots \\ p_{r1} & \cdots & p_{rr} \end{pmatrix}, \quad \boldsymbol{u} = \begin{pmatrix} u_1 \\ u_2 \\ \vdots \\ u_r \end{pmatrix}, \quad \boldsymbol{v} = \begin{pmatrix} v_1 \\ v_2 \\ \vdots \\ v_r \end{pmatrix}$$

を準備する．上記の 1 次結合関係より，2 つの基底のあいだに

$$(\boldsymbol{b}_1 \ \ \boldsymbol{b}_2 \ \ \cdots \ \ \boldsymbol{b}_r) = (\boldsymbol{a}_1 \ \ \boldsymbol{a}_2 \ \ \cdots \ \ \boldsymbol{a}_r)\,P$$

の関係が成立する．

補題 6.2　部分空間 W ベクトル $\boldsymbol{x}$ が 2 つの基底により，それぞれ

$$\boldsymbol{x} = u_1\boldsymbol{a}_1 + u_2\boldsymbol{a}_2 + \cdots + u_r\boldsymbol{a}_r = v_1\boldsymbol{b}_1 + v_2\boldsymbol{b}_2 + \cdots + v_r\boldsymbol{b}_r$$

のように表されているとき，$\boldsymbol{u} = P\boldsymbol{v}$ が成立する．また，P は正則行列である．

証明 ベクトルの1次結合を上記の記号を用いて表すと

$$\boldsymbol{x} = (\boldsymbol{b}_1 \ \ \boldsymbol{b}_2 \ \ \cdots \ \ \boldsymbol{b}_r)\,\boldsymbol{v} = (\boldsymbol{a}_1 \ \ \boldsymbol{a}_2 \ \ \cdots \ \ \boldsymbol{a}_r)\,P\boldsymbol{v}.$$

ゆえに，$\boldsymbol{u} = P\boldsymbol{v}$ である．もし，P が正則でなかったら，あるベクトル $\boldsymbol{z} \neq \boldsymbol{0}$ があって，$P\boldsymbol{z} = \boldsymbol{0}$. したがって

$$z_1\boldsymbol{b}_1 + z_2\boldsymbol{b}_2 + \cdots + z_r\boldsymbol{b}_r = (\boldsymbol{b}_1 \ \ \boldsymbol{b}_2 \ \ \cdots \ \ \boldsymbol{b}_r)\,\boldsymbol{z} = (\boldsymbol{a}_1 \ \ \boldsymbol{a}_2 \ \ \cdots \ \ \boldsymbol{a}_r)\,P\boldsymbol{z} = \boldsymbol{0}.$$

これは $\boldsymbol{b}_1, \boldsymbol{b}_2, \ldots, \boldsymbol{b}_r$ が1次独立であることに反する．ゆえに P は正則である． ▮

与えられたベクトルの系が，基底であるかどうかを判定するのに，次の定理は有用である．

定理 6.5 部分空間 W のひとつの基底を $\boldsymbol{a}_1, \boldsymbol{a}_2, \ldots, \boldsymbol{a}_r$ とする．ベクトルの系 $\boldsymbol{b}_1, \boldsymbol{b}_2, \ldots, \boldsymbol{b}_r$ が

$$(\boldsymbol{b}_1 \ \ \boldsymbol{b}_2 \ \ \cdots \ \ \boldsymbol{b}_r) = (\boldsymbol{a}_1 \ \ \boldsymbol{a}_2 \ \ \cdots \ \ \boldsymbol{a}_r)P$$

と表されるとき，P が正則行列であることが，このベクトルの系が基底となるための必要十分条件である．

証明 必要性は補題 6.2 で示されている．P が正則行列であるとする．任意の $\boldsymbol{u}$ について，$\boldsymbol{v} = P^{-1}\boldsymbol{u}$ とおくと，補題の証明より

$$u_1\boldsymbol{a}_1 + u_2\boldsymbol{a}_2 + \cdots + u_r\boldsymbol{a}_r = v_1\boldsymbol{b}_1 + v_2\boldsymbol{b}_2 + \cdots + v_r\boldsymbol{b}_r$$

がいえる．ゆえに，$W = \langle \boldsymbol{b}_1, \boldsymbol{b}_2, \cdots, \boldsymbol{b}_r \rangle$. また

$$v_1\boldsymbol{b}_1 + v_2\boldsymbol{b}_2 + \cdots + v_r\boldsymbol{b}_r = \boldsymbol{0}$$

が成り立つとすると

$$(\boldsymbol{b}_1 \ \ \boldsymbol{b}_2 \ \ \cdots \ \ \boldsymbol{b}_r)\,\boldsymbol{v} = (\boldsymbol{a}_1 \ \ \boldsymbol{a}_2 \ \ \cdots \ \ \boldsymbol{a}_r)\,P\boldsymbol{v} = \boldsymbol{0}.$$

よって，$P\boldsymbol{v} = \boldsymbol{0}$ となり，$\boldsymbol{v} = \boldsymbol{0}$. ゆえに，$\boldsymbol{b}_1, \boldsymbol{b}_2, \ldots, \boldsymbol{b}_r$ は1次独立である． ▮

例題 6.6 $\boldsymbol{R}^3$ のベクトル

$$\boldsymbol{a}_1 = \begin{pmatrix} 1 \\ 0 \\ 2 \end{pmatrix}, \ \boldsymbol{a}_2 = \begin{pmatrix} 0 \\ 2 \\ 1 \end{pmatrix}, \ \boldsymbol{b}_1 = \begin{pmatrix} 2 \\ 6 \\ 7 \end{pmatrix}, \ \boldsymbol{b}_2 = \begin{pmatrix} 1 \\ 4 \\ 4 \end{pmatrix}$$

について次の問いに答えよ．

(1) ベクトル $\boldsymbol{b}_1, \boldsymbol{b}_2$ それぞれを，ベクトル $\boldsymbol{a}_1, \boldsymbol{a}_2$ の1次結合で表せ．

(2) $\langle \boldsymbol{a}_1, \boldsymbol{a}_2 \rangle = \langle \boldsymbol{b}_1, \boldsymbol{b}_2 \rangle$ であることを示せ．

解答　(1) 次の式をみたす x, y を求める．

$$\begin{pmatrix} 2 \\ 6 \\ 7 \end{pmatrix} = x\begin{pmatrix} 1 \\ 0 \\ 2 \end{pmatrix} + y\begin{pmatrix} 0 \\ 2 \\ 1 \end{pmatrix} = \begin{pmatrix} x \\ 2y \\ 2x+y \end{pmatrix}$$

明らかに，$x = 2$, $y = 3$. 同様に

$$\begin{pmatrix} 1 \\ 4 \\ 4 \end{pmatrix} = x\begin{pmatrix} 1 \\ 0 \\ 2 \end{pmatrix} + y\begin{pmatrix} 0 \\ 2 \\ 1 \end{pmatrix} = \begin{pmatrix} x \\ 2y \\ 2x+y \end{pmatrix}$$

をみたすのは，$x = 1, y = 2$. ゆえに $\boldsymbol{b}_1 = 2\boldsymbol{a}_1 + 3\boldsymbol{a}_2$, $\boldsymbol{b}_2 = \boldsymbol{a}_1 + 2\boldsymbol{a}_2$. したがって

$$(\boldsymbol{b}_1\ \boldsymbol{b}_2) = (\boldsymbol{a}_1\ \boldsymbol{a}_2)\begin{pmatrix} 2 & 1 \\ 3 & 2 \end{pmatrix}$$

ここで，行列 $P = \begin{pmatrix} 2 & 1 \\ 3 & 2 \end{pmatrix}$ は正則行列なので，定理 6.5 より $\boldsymbol{b}_1, \boldsymbol{b}_2$ も基底となり，

$\langle \boldsymbol{a}_1, \boldsymbol{a}_2 \rangle = \langle \boldsymbol{b}_1, \boldsymbol{b}_2 \rangle$. ∎

問 6.4　$\boldsymbol{R}^3$ のベクトルを

$$\boldsymbol{a}_1 = \begin{pmatrix} 2 \\ 1 \\ 1 \end{pmatrix},\ \boldsymbol{a}_2 = \begin{pmatrix} 3 \\ -1 \\ 4 \end{pmatrix},\ \boldsymbol{b}_1 = \begin{pmatrix} 5 \\ 4 \\ 1 \end{pmatrix},\ \boldsymbol{b}_2 = \begin{pmatrix} 2 \\ -1 \\ 3 \end{pmatrix}$$

とおくと，$\langle \boldsymbol{a}_1, \boldsymbol{a}_2 \rangle = \langle \boldsymbol{b}_1, \boldsymbol{b}_2 \rangle$ が成立することを示せ.

とくに，$W = \boldsymbol{R}^n$, $r = n$ のときは，基本ベクトル $\boldsymbol{e}_1, \boldsymbol{e}_2, \ldots, \boldsymbol{e}_n$ は，ひとつの基底をつくる．このとき，任意の基底 $\boldsymbol{b}_1, \boldsymbol{b}_2, \ldots, \boldsymbol{b}_n$ は，正則行列 P により

$$(\boldsymbol{b}_1\ \ \boldsymbol{b}_2\ \ \cdots\ \ \boldsymbol{b}_n) = (\boldsymbol{e}_1\ \ \boldsymbol{e}_2\ \ \cdots\ \ \boldsymbol{e}_n)P = P$$

と表される．ゆえに，$P = (\boldsymbol{b}_1\ \ \boldsymbol{b}_2\ \ \cdots\ \ \boldsymbol{b}_n)$ が成立する．

§ 6.3　零空間と像空間

1つの $m \times n$ 行列 $A = (a_{ij})$ に対して，**零空間** (kernel) $K(A)$，**像空間** (image) $R(A)$ をそれぞれ

$$K(A) = \{\boldsymbol{x} \in \boldsymbol{R}^n;\ A\boldsymbol{x} = \boldsymbol{0}\}$$

$$R(A) = \{\boldsymbol{y} \in \boldsymbol{R}^m;\ \boldsymbol{y} = A\boldsymbol{x},\ \boldsymbol{x}：任意の\ n\ 次数ベクトル\}$$

と定義すると，とくに，$K(A)$ は**同次連立 1 次方程式**の解全体である．最初に，これらはそれぞれ生成系をもち， $\boldsymbol{R}^n, \boldsymbol{R}^m$ の部分空間となることを示す．

行列 A の j 列ベクトル (m 次数ベクトル) を $\boldsymbol{a}_j$ とおくと

$$\boldsymbol{y} = A\boldsymbol{x} = x_1\boldsymbol{a}_1 + x_2\boldsymbol{a}_2 + \cdots + x_n\boldsymbol{a}_n$$

となるので，$R(A)$ は $\boldsymbol{a}_1, \boldsymbol{a}_2, \ldots, \boldsymbol{a}_n$ の 1 次結合全体である，

$$R(A) = \langle \boldsymbol{a}_1, \boldsymbol{a}_2, \ldots, \boldsymbol{a}_n \rangle.$$

したがって，連立 1 次方程式 $A\boldsymbol{x} = \boldsymbol{b}$ が解をもつ条件 (定理 2.4) は

$$\boldsymbol{b} \in R(A)$$

と同値である．連立 1 次方程式は，与えられた $\boldsymbol{b}$ を $\boldsymbol{a}_1, \boldsymbol{a}_2, \ldots, \boldsymbol{a}_n$ の 1 次結合で表すようなスカラー $x_1, x_2, \ldots, x_n$ を求める問題であるので，$\boldsymbol{a}_1, \boldsymbol{a}_2, \ldots, \boldsymbol{a}_n, \boldsymbol{b}$ の線形関係を階段行列に変形して調べたのである．

定理 6.4 を行列 A の像空間 $R(A)$ に当てはめると，$R(A)$ は列ベクトルより生成されるので，次の重要な等式が得られる．

定理 6.6 $$\operatorname{rank} A = \dim R(A).$$

§ 6.6 では，これらの零空間と像空間を用いて，別の角度から連立 1 次方程式が解ける条件を考える．

次に，零空間の生成系を求めよう．零空間は同次連立 1 次方程式

$$A\boldsymbol{x} = \boldsymbol{0}$$

により定義される．これは，定理 2.4 で $d_1 = \cdots = d_m = 0$ の場合で，A の階数を r, ピボット未知数を x_{p_i} $(1 \leqq i \leqq r)$ とすると，方程式は

$$x_{p_i} + \sum_{j \neq p} b_{ij} x_j = 0 \quad (1 \leqq i \leqq r)$$

に同値である．したがって，ピボットでない $n - r$ 個の未知数 x_j $(j \neq p_i, 1 \leqq i \leqq r)$ を適当な順番に $c_1, c_2, \ldots, c_{n-r}$ とおけば，1 次独立な $n - r$ 個のベクトル $\boldsymbol{d}_1, \boldsymbol{d}_2, \ldots, \boldsymbol{d}_{n-r}$ が定まり，解は

$$\boldsymbol{x} = c_1\boldsymbol{d}_1 + c_2\boldsymbol{d}_2 + \cdots + c_{n-r}\boldsymbol{d}_{n-r}$$

と表される．したがって

定理 6.7　行列 A の階数を r とすると，1 次独立な $n-r$ 個 のベクトル $\boldsymbol{d}_1$, $\boldsymbol{d}_2, \ldots, \boldsymbol{d}_{n-r}$ が定まり，零空間は

$$K(A) = \langle \boldsymbol{d}_1, \boldsymbol{d}_2, \ldots, \boldsymbol{d}_{n-r} \rangle$$

と表される．とくに $\dim K(A) = n - r$ が成立する．

例題 6.7　次の同次連立 1 次方程式で定義される零空間の基底と次元を求めよ．

$$(1) \begin{cases} x - 2y - 3z = 0 \\ 2x + 3y + 4z = 0 \\ 3x - 4y - 7z = 0 \end{cases} \qquad (2) \begin{cases} x_1 + 2x_2 - x_3 - 4x_4 = 0 \\ 2x_1 + 3x_2 \qquad - 5x_4 = 0 \\ 2x_1 + x_2 + 4x_3 + 2x_4 = 0 \\ x_1 + x_2 + x_3 - 3x_4 = 0 \end{cases}$$

解答　例題 2.6 より

$$(1) \quad A = \begin{pmatrix} 1 & -2 & -3 \\ 2 & 3 & 4 \\ 3 & -4 & -7 \end{pmatrix} \to \begin{pmatrix} 1 & 0 & 0 \\ 0 & 1 & 0 \\ 0 & 0 & 1 \end{pmatrix} \quad ：計算は § 2.2 参照$$

ゆえに，自明な解 $x = y = z = 0$ がただ 1 つの解であるので，$K = \{\boldsymbol{0}\}$，$\dim K = 0$.

$$(2) \quad A = \begin{pmatrix} 1 & 2 & -1 & -4 \\ 2 & 3 & 0 & -5 \\ 2 & 1 & 4 & 2 \\ 1 & 1 & 1 & -3 \end{pmatrix} \to \begin{pmatrix} 1 & 0 & 3 & 0 \\ 0 & 1 & -2 & 0 \\ 0 & 0 & 0 & 1 \\ 0 & 0 & 0 & 0 \end{pmatrix}$$

となるので，自明でない解が存在する．ベクトル $\boldsymbol{a} = \begin{pmatrix} -3 \\ 2 \\ 1 \\ 0 \end{pmatrix}$ を用いると解は

$\begin{pmatrix} x_1 \\ x_2 \\ x_3 \\ x_4 \end{pmatrix} = c \begin{pmatrix} -3 \\ 2 \\ 1 \\ 0 \end{pmatrix}$ と表される．すなわち $\boldsymbol{a}$ が基底で $\dim K = 1$. ∎

一般の部分空間　一般に n 次元数ベクトル空間 $\boldsymbol{R}^n$ の部分集合 W が 3 つの条件

1)　$\mathbf{0} \in W$

2)　$\boldsymbol{a},\ \boldsymbol{b} \in W$ ならば $\boldsymbol{a}+\boldsymbol{b} \in W$

3)　$\boldsymbol{a} \in W$ ならば，任意の数 k について $k\boldsymbol{a} \in W$

をみたすとき，W を **部分空間** (subspace)[3] という．部分空間を一般的に考えることは，第 8 章で固有ベクトルの空間の理解を深めることに役立つ．

例題 6.8　$\boldsymbol{R}^3$ の部分集合 $W = \left\{ \begin{pmatrix} x \\ y \\ z \end{pmatrix} \in \boldsymbol{R}^3; \quad x-y=0 \right\}$ は部分空間であることを示せ．

解答　明らかに，$\mathbf{0} \in W$．$\boldsymbol{x_1} = \begin{pmatrix} x_1 \\ y_1 \\ z_1 \end{pmatrix}$，$\boldsymbol{x_2} = \begin{pmatrix} x_2 \\ y_2 \\ z_2 \end{pmatrix} \in W$ とおくと

$$(x_1+x_2)-(y_1+y_2)=(x_1-y_1)+(x_2-y_2)=0$$

が成立するので，$\boldsymbol{x_1}+\boldsymbol{x_2} \in W$ である．さらに，$\boldsymbol{x} \in W$ ならば

$$(kx)-(ky)=k(x-y)=0$$

なので，$k\boldsymbol{x} \in W$ が成立する．∎

問 6.5　$\boldsymbol{R}^3$ の部分集合 $W = \left\{ \begin{pmatrix} x \\ y \\ z \end{pmatrix} \in \boldsymbol{R}^3;\ x+2y+3z=0 \right\}$ は部分空間であることを，例題 6.8 にならって示せ．

問 6.6　零空間 $K(A)$ が一般的な部分空間であることを，例題 6.8 にならって示せ．

実は，一般的な部分空間も，いままで学んできた部分空間と同じである．

定理 6.8　$\boldsymbol{R}^n$ の $\{\mathbf{0}\}$ と異なる部分空間 W は必ず生成系をもつ．すなわち，ベクトル $\boldsymbol{a}_1, \boldsymbol{a}_2, \ldots, \boldsymbol{a}_s$ があって

$$W = \langle \boldsymbol{a}_1, \boldsymbol{a}_2, \ldots, \boldsymbol{a}_s \rangle.$$

証明　1 つの $\boldsymbol{a}_1 \in W$ をとったとき，$W = \langle \boldsymbol{a}_1 \rangle$ ならば証明は終わる．$W \neq \langle \boldsymbol{a}_1 \rangle$ とすると，ある $\boldsymbol{a}_2 \in W$ で $\boldsymbol{a}_2 \notin \langle \boldsymbol{a}_1 \rangle$ をみたすものがある．このとき，$\boldsymbol{a}_1, \boldsymbol{a}_2$ は 1 次独立である．同様に，$W = \langle \boldsymbol{a}_1, \boldsymbol{a}_2 \rangle$ ならば証明は終わる．$W \neq \langle \boldsymbol{a}_1, \boldsymbol{a}_2 \rangle$ とすると，

[3] $\boldsymbol{R}^n$ 全体と $\{\mathbf{0}\}$ (零ベクトルのみの集合) も，ともに部分空間と考える．

ある $\boldsymbol{a}_3 \in W$ で $\boldsymbol{a}_3 \notin \langle \boldsymbol{a}_1, \boldsymbol{a}_2 \rangle$ をみたし，$\boldsymbol{a}_1, \boldsymbol{a}_2, \boldsymbol{a}_3$ が1次独立となるものがある．以下同様に続けると，$\boldsymbol{R}^n$ の1次独立なベクトルは，n 個以下であるので (§ 6.6，補題 6.4 を参照)，この議論は有限回で終わる．したがって，(有限な) 生成系が存在する．■

このように，一般の部分空間にも生成系が存在するので，基底と次元が § 6.2 と同じように考えられる．

> **例題 6.9**　$\boldsymbol{R}^3$ の部分空間 $W = \left\{ \begin{pmatrix} x \\ y \\ z \end{pmatrix} \in \boldsymbol{R}^3 \,;\, x + y + z = 0 \right\}$ の基底と次元を求めよ．

解答　条件 $x + y + z = 0$ を1次方程式と考える．$y = c_1$，$z = c_2$ とおくと $x = -c_1 - c_2$ と表されるので，$\begin{pmatrix} x \\ y \\ z \end{pmatrix} = c_1 \begin{pmatrix} -1 \\ 1 \\ 0 \end{pmatrix} + c_2 \begin{pmatrix} -1 \\ 0 \\ 1 \end{pmatrix}$．したがって，$\boldsymbol{a}_1 = \begin{pmatrix} -1 \\ 1 \\ 0 \end{pmatrix}$ と $\boldsymbol{a}_2 = \begin{pmatrix} -1 \\ 0 \\ 1 \end{pmatrix}$ が生成系である．ここで $\boldsymbol{a}_1, \boldsymbol{a}_2$ は1次独立であるので (確認してみよ)，これらは基底である．したがって，$\dim W = 2$．■

> **問 6.7**　$\boldsymbol{R}^3$ の部分空間 $W = \left\{ \begin{pmatrix} x \\ y \\ z \end{pmatrix} \in \boldsymbol{R}^3 \,;\, x + 2y + 3z = 0 \right\}$ の基底と次元を求めよ．

§ 6.4　正規直交基底

§ 5.3 では空間の内積を学んだ．この節では一般のベクトル空間 $\boldsymbol{R}^n$ で内積を考えることにする．ベクトル $\boldsymbol{a} = \begin{pmatrix} a_1 \\ a_2 \\ \vdots \\ a_n \end{pmatrix}$ と $\boldsymbol{b} = \begin{pmatrix} b_1 \\ b_2 \\ \vdots \\ b_n \end{pmatrix}$ について，$\boldsymbol{a}$ と $\boldsymbol{b}$

の**内積** $(\boldsymbol{a},\boldsymbol{b})$ を

$$(\boldsymbol{a},\boldsymbol{b})=a_1b_1+a_2b_2+\cdots+a_nb_n$$

と定義する．空間の場合と同様に，内積は，次のような性質をもつ．

1) すべての $\boldsymbol{a}$ に対して $(\boldsymbol{a},\boldsymbol{a})\geqq 0$ で，$\boldsymbol{a}=\boldsymbol{0}$ のときに限り $(\boldsymbol{a},\boldsymbol{a})=0$
2) $(\boldsymbol{b},\boldsymbol{a})=(\boldsymbol{a},\boldsymbol{b})$
3) $(k\boldsymbol{a},\boldsymbol{b})=k(\boldsymbol{a},\boldsymbol{b})$
4) $(\boldsymbol{a},\boldsymbol{b}+\boldsymbol{c})=(\boldsymbol{a},\boldsymbol{b})+(\boldsymbol{a},\boldsymbol{c})$

ここでも，$\boldsymbol{a}$ の**長さ** $\|\boldsymbol{a}\|$ を

$$\|\boldsymbol{a}\|=\sqrt{(\boldsymbol{a},\boldsymbol{a})}=\sqrt{{a_1}^2+{a_2}^2+\cdots+{a_n}^2}$$

と定義する．とくに，$\|\boldsymbol{a}\|=1$ のとき**単位ベクトル**という．

問 6.8　$\boldsymbol{a}=\begin{pmatrix}2\\0\\-1\\4\end{pmatrix}$，$\boldsymbol{b}=\begin{pmatrix}3\\-1\\2\\-1\end{pmatrix}$ とするとき $(\boldsymbol{a},\boldsymbol{b})$，$\|\boldsymbol{a}\|$，$\|\boldsymbol{b}\|$ の値を求めよ．

一般の $\boldsymbol{R}^n$ のベクトルを目で見ることはできないが，上の量 $\|\boldsymbol{a}\|$ は「長さ」と呼ぶにふさわしいものであることを示そう．

補題 6.3 (シュヴァルツの不等式)　$\boldsymbol{R}^n$ の任意のベクトル $\boldsymbol{a},\boldsymbol{b}$ に対して

$$|(\boldsymbol{a},\boldsymbol{b})|\leqq\|\boldsymbol{a}\|\|\boldsymbol{b}\|$$

が成立する．ここで等号が成立するのは，$\boldsymbol{a}$ と $\boldsymbol{b}$ が 1 次従属であるときに限る．

証明　$\boldsymbol{a}=\boldsymbol{0}$ のときは明らかであるので，$\boldsymbol{a}\neq\boldsymbol{0}$ のときに示す．$f(x)=\|x\boldsymbol{a}+\boldsymbol{b}\|^2$ とおくと，$f(x)$ は正または 0 の値をとる 2 次関数で，内積の性質より

$$\begin{aligned}f(x)&=(x\boldsymbol{a}+\boldsymbol{b},x\boldsymbol{a}+\boldsymbol{b})\\&=(\boldsymbol{a},\boldsymbol{a})x^2+2(\boldsymbol{a},\boldsymbol{b})x+(\boldsymbol{b},\boldsymbol{b})\\&=\|\boldsymbol{a}\|^2x^2+2(\boldsymbol{a},\boldsymbol{b})x+\|\boldsymbol{b}\|^2\end{aligned}$$

が成立する．したがって，上の 2 次式の判別式を D とおくと，2 次関数が非負である条件より

$$\frac{D}{4}=(\boldsymbol{a},\boldsymbol{b})^2-\|\boldsymbol{a}\|^2\|\boldsymbol{b}\|^2\leqq 0.$$

すなわち，不等式が証明された．また，$f(x)=0$ となるのは，$x\boldsymbol{a}+\boldsymbol{b}=\boldsymbol{0}$ であるときに限る．■

定理 6.9　ベクトルの長さ $\|\boldsymbol{a}\|$ は，次のような性質をもつ．

(1)　$\|\boldsymbol{a}\| \geqq 0$ で，$\boldsymbol{a}=\boldsymbol{0}$ のときに限り $\|\boldsymbol{a}\|=0$ となる．

(2)　$\|k\boldsymbol{a}\| = |k|\,\|\boldsymbol{a}\|$　(k：任意の数)

(3)　任意のベクトル $\boldsymbol{a},\boldsymbol{b}$ について，次の**三角不等式**が成立する．

$$\|\boldsymbol{a}+\boldsymbol{b}\| \leqq \|\boldsymbol{a}\|+\|\boldsymbol{b}\|$$

証明　(1), (2) は，内積の性質より明らか．(3) はシュヴァルツの不等式より次式が成立することによる．

$$\begin{aligned}\|\boldsymbol{a}+\boldsymbol{b}\|^2 &= (\boldsymbol{a}+\boldsymbol{b},\boldsymbol{a}+\boldsymbol{b})\\ &= (\boldsymbol{a},\boldsymbol{a})+2(\boldsymbol{a},\boldsymbol{b})+(\boldsymbol{b},\boldsymbol{b})\\ &\leqq \|\boldsymbol{a}\|^2+2\|\boldsymbol{a}\|\|\boldsymbol{b}\|+\|\boldsymbol{b}\|^2\\ &= (\|\boldsymbol{a}\|+\|\boldsymbol{b}\|)^2\end{aligned}$$

■

シュヴァルツの不等式より

$$-1 \leqq \frac{(\boldsymbol{a},\boldsymbol{b})}{\|\boldsymbol{a}\|\|\boldsymbol{b}\|} \leqq 1$$

が成立するので，次式をみたす θ を $\boldsymbol{a}$ と $\boldsymbol{b}$ とのなす**角**と定義する．

$$\cos\theta = \frac{(\boldsymbol{a},\boldsymbol{b})}{\|\boldsymbol{a}\|\|\boldsymbol{b}\|}$$

とくに，2つのベクトル $\boldsymbol{a}$ と $\boldsymbol{b}$ とが**直交する**条件 ($\cos\theta=0$) は

$$(\boldsymbol{a},\boldsymbol{b})=0.$$

例題 6.10　直交条件 $(\boldsymbol{a},\boldsymbol{b})=0$ はピタゴラスの定理

$$\|\boldsymbol{b}-\boldsymbol{a}\|^2 = \|\boldsymbol{a}\|^2+\|\boldsymbol{b}\|^2$$

が成立することと同値である．

解答　内積の性質により

$$\|\boldsymbol{b}-\boldsymbol{a}\|^2 = (\boldsymbol{b}-\boldsymbol{a},\boldsymbol{b}-\boldsymbol{a})$$

$$= \|\boldsymbol{b}\|^2 - 2(\boldsymbol{a}, \boldsymbol{b}) + \|\boldsymbol{a}\|^2$$

したがって，直交条件とピタゴラスの定理が同値となる．■

問 6.9　${x_1}^2 + {x_2}^2 + {x_3}^2 + {x_4}^2 \leqq 1$ のとき，$3x_1 - x_2 - 2x_3 + \sqrt{2}x_4$ の最大値と最小値を求めよ．

互いに直交するベクトルの組 $\boldsymbol{a}_1, \boldsymbol{a}_2, \ldots, \boldsymbol{a}_r$ は応用上大切である．ここで，**互いに直交する**とは，次が成立することである．

$$(\boldsymbol{a}_i, \boldsymbol{a}_j) = 0 \quad (i \neq j)$$

定理 6.10　互いに直交する零ベクトルでないベクトルの組 $\boldsymbol{a}_1, \boldsymbol{a}_2, \ldots, \boldsymbol{a}_r$ は 1 次独立である．

証明　数 $k_1, k_2, \ldots, k_r$ に対して

$$k_1\boldsymbol{a}_1 + k_2\boldsymbol{a}_2 + \cdots + k_r\boldsymbol{a}_r = \boldsymbol{0}$$

が成立するならば，任意の j $(1 \leqq j \leqq r)$ について

$$\begin{aligned}(k_1\boldsymbol{a}_1 + k_2\boldsymbol{a}_2 + \cdots + k_r\boldsymbol{a}_r, \boldsymbol{a}_j) &= \sum_{i=1}^{r} k_i(\boldsymbol{a}_i, \boldsymbol{a}_j) \\ &= k_j(\boldsymbol{a}_j, \boldsymbol{a}_j) = 0.\end{aligned}$$

したがって，$(\boldsymbol{a}_j, \boldsymbol{a}_j) \neq 0$ より $k_j = 0$ となり，このベクトルの組は 1 次独立である．■

互いに直交する単位ベクトルの組を，**正規直交系**という．すなわち

$$(\boldsymbol{a}_i, \boldsymbol{a}_j) = \begin{cases} 1 & (i = j) \\ 0 & (i \neq j) \end{cases}$$

が成立するときである．とくに，このようなベクトルの組が基底をつくるとき，**正規直交基底** (orthonormal basis) という．$\boldsymbol{R}^n$ において基本ベクトル系

$$\boldsymbol{e}_1 = \begin{pmatrix} 1 \\ 0 \\ \vdots \\ 0 \end{pmatrix}, \quad \boldsymbol{e}_2 = \begin{pmatrix} 0 \\ 1 \\ \vdots \\ 0 \end{pmatrix}, \quad \ldots, \quad \boldsymbol{e}_n = \begin{pmatrix} 0 \\ 0 \\ \vdots \\ 1 \end{pmatrix}$$

は正規直交基底である．

✎　互いに直交する零ベクトルでないベクトルの組 $\boldsymbol{a}_1, \boldsymbol{a}_2, \ldots, \boldsymbol{a}_r$ に対して

$$\boldsymbol{b}_1 = \frac{\boldsymbol{a}_1}{\|\boldsymbol{a}_1\|}, \quad \boldsymbol{b}_2 = \frac{\boldsymbol{a}_2}{\|\boldsymbol{a}_2\|}, \quad \ldots, \quad \boldsymbol{b}_r = \frac{\boldsymbol{a}_r}{\|\boldsymbol{a}_r\|}$$

をつくれば $\boldsymbol{b}_1, \boldsymbol{b}_2, \ldots, \boldsymbol{b}_r$ は正規直交系である．

定理 6.11　$\boldsymbol{R}^n$ の正規直交基底 $\boldsymbol{a}_1, \boldsymbol{a}_2, \ldots, \boldsymbol{a}_n$ が与えられたとき，任意のベクトル $\boldsymbol{x}$ は，この基底を用いて次のようにただ1通りに表される．

$$\boldsymbol{x} = (\boldsymbol{x}, \boldsymbol{a}_1)\boldsymbol{a}_1 + (\boldsymbol{x}, \boldsymbol{a}_2)\boldsymbol{a}_2 + \cdots + (\boldsymbol{x}, \boldsymbol{a}_n)\boldsymbol{a}_n$$

証明　ベクトルの組 $\boldsymbol{a}_1, \boldsymbol{a}_2, \ldots, \boldsymbol{a}_n$ は基底であるので，任意のベクトル $\boldsymbol{x}$ は，適当な数 $k_1, k_2, \ldots, k_n$ を用いてこの基底を用いて次のようにただ1通りに表される．

$$\boldsymbol{x} = k_1\boldsymbol{a}_1 + k_2\boldsymbol{a}_2 + \cdots + k_n\boldsymbol{a}_n.$$

したがって，任意の j $(1 \leqq j \leqq n)$ について

$$\begin{aligned}(\boldsymbol{x}, \boldsymbol{a}_j) &= (k_1\boldsymbol{a}_1 + k_2\boldsymbol{a}_2 + \cdots + k_n\boldsymbol{a}_n, \boldsymbol{a}_j) \\ &= \sum_{i=1}^{n} k_i(\boldsymbol{a}_i, \boldsymbol{a}_j) \ = \ k_j\end{aligned}$$

したがって，$k_j = (\boldsymbol{x}, \boldsymbol{a}_j)$ となる．　∎

このように，正規直交基底ならば，基底に関する座標を求めるためには，ベクトルの内積を計算すればよいことがわかる．

問 6.10　$\boldsymbol{a}_1 = \dfrac{1}{\sqrt{3}}\begin{pmatrix} 1 \\ 1 \\ -1 \end{pmatrix}$，$\boldsymbol{a}_2 = \dfrac{1}{\sqrt{6}}\begin{pmatrix} -1 \\ 2 \\ 1 \end{pmatrix}$，$\boldsymbol{a}_3 = \dfrac{1}{\sqrt{2}}\begin{pmatrix} 1 \\ 0 \\ 1 \end{pmatrix}$ とするとき

(1) $\boldsymbol{a}_1, \boldsymbol{a}_2, \boldsymbol{a}_3$ は $\boldsymbol{R}^3$ の正規直交基底をつくることを示せ．

(2) $\begin{pmatrix} 1 \\ 2 \\ -4 \end{pmatrix}$ をこの基底を用いて表せ．

問 6.11　定理 6.11 の展開において次が成立することを示せ．

$$\|\boldsymbol{x}\|^2 = (\boldsymbol{x}, \boldsymbol{a}_1)^2 + (\boldsymbol{x}, \boldsymbol{a}_2)^2 + \cdots + (\boldsymbol{x}, \boldsymbol{a}_n)^2$$

任意の部分空間 W とその基底 $\boldsymbol{a}_1, \boldsymbol{a}_2, \ldots, \boldsymbol{a}_r$ が与えられたとき，そこから W の正規直交基底がつくれることを示そう．簡単のため $\boldsymbol{a}_1, \boldsymbol{a}_2, \boldsymbol{a}_3$ を W の基底とする．最初に，互いに直交する基底 $\boldsymbol{c}_1, \boldsymbol{c}_2, \boldsymbol{c}_3$ をつくる．

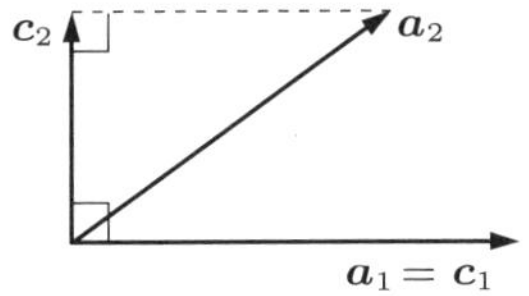

図 **6.1**　$\boldsymbol{c}_2$ をつくる

1)　$\boldsymbol{c}_1$ の構成：　$\boldsymbol{c}_1 = \boldsymbol{a}_1$ とおく．

2)　$\boldsymbol{c}_2$ の構成：　$\boldsymbol{c}_2 = \boldsymbol{a}_2 - k_1\boldsymbol{c}_1$ とおくと，直交する条件より

$$(\boldsymbol{c}_2, \boldsymbol{c}_1) = (\boldsymbol{a}_2, \boldsymbol{c}_1) - k_1(\boldsymbol{c}_1, \boldsymbol{c}_1) = 0$$

したがって，$k_1 = \dfrac{(\boldsymbol{a}_2, \boldsymbol{c}_1)}{(\boldsymbol{c}_1, \boldsymbol{c}_1)}$ と定まり

$$\boldsymbol{c}_2 = \boldsymbol{a}_2 - \frac{(\boldsymbol{a}_2, \boldsymbol{c}_1)}{(\boldsymbol{c}_1, \boldsymbol{c}_1)}\boldsymbol{c}_1$$

3)　$\boldsymbol{c}_3$ の構成：　$\boldsymbol{c}_3 = \boldsymbol{a}_3 - k_1\boldsymbol{c}_1 - k_2\boldsymbol{c}_2$ とおくと，上と同様に条件

$$(\boldsymbol{c}_3, \boldsymbol{c}_1) = (\boldsymbol{a}_3, \boldsymbol{c}_1) - k_1(\boldsymbol{c}_1, \boldsymbol{c}_1) = 0,$$
$$(\boldsymbol{c}_3, \boldsymbol{c}_2) = (\boldsymbol{a}_3, \boldsymbol{c}_2) - k_2(\boldsymbol{c}_2, \boldsymbol{c}_2) = 0$$

により，$k_1 = \dfrac{(\boldsymbol{a}_3, \boldsymbol{c}_1)}{(\boldsymbol{c}_1, \boldsymbol{c}_1)}$，$k_2 = \dfrac{(\boldsymbol{a}_3, \boldsymbol{c}_2)}{(\boldsymbol{c}_2, \boldsymbol{c}_2)}$ と定まる．したがって

$$\boldsymbol{c}_3 = \boldsymbol{a}_3 - \frac{(\boldsymbol{a}_3, \boldsymbol{c}_1)}{(\boldsymbol{c}_1, \boldsymbol{c}_1)}\boldsymbol{c}_1 - \frac{(\boldsymbol{a}_3, \boldsymbol{c}_2)}{(\boldsymbol{c}_2, \boldsymbol{c}_2)}\boldsymbol{c}_2$$

あとは注意 § 6.4 より $\boldsymbol{b}_1, \boldsymbol{b}_2, \boldsymbol{b}_3$ を

$$\boldsymbol{b}_1 = \frac{\boldsymbol{c}_1}{\|\boldsymbol{c}_1\|},\quad \boldsymbol{b}_2 = \frac{\boldsymbol{c}_2}{\|\boldsymbol{c}_2\|},\quad \boldsymbol{b}_3 = \frac{\boldsymbol{c}_3}{\|\boldsymbol{c}_3\|}$$

と定めれば，これらは正規直交系である．以上のことをまとめると，一般的には次の定理となる．

定理 6.12　部分空間 W の基底 $\boldsymbol{a}_1, \boldsymbol{a}_2, \ldots, \boldsymbol{a}_r$ に対して，W の正規直交基底 $\boldsymbol{b}_1$, $\boldsymbol{b}_2$, ..., $\boldsymbol{b}_r$ を，任意の j $(1 \leqq j \leqq r)$ について

$$\langle \boldsymbol{b}_1, \boldsymbol{b}_2, \ldots, \boldsymbol{b}_j \rangle = \langle \boldsymbol{a}_1, \boldsymbol{a}_2, \ldots, \boldsymbol{a}_j \rangle$$

が成立するように構成できる．

シュミット[4]の直交化法による証明　最初に $\boldsymbol{c}_1 = \boldsymbol{a}_1$ とおく．互いに直交するベクトル $\boldsymbol{c}_1, \boldsymbol{c}_2, \ldots, \boldsymbol{c}_k$ が条件

$$\langle \boldsymbol{c}_1, \boldsymbol{c}_2, \ldots, \boldsymbol{c}_j \rangle = \langle \boldsymbol{a}_1, \boldsymbol{a}_2, \ldots, \boldsymbol{a}_j \rangle \quad (1 \leqq j \leqq k)$$

をみたすように定まったとすると，$\boldsymbol{c}_{k+1}$ を

$$\boldsymbol{c}_{k+1} = \boldsymbol{a}_{k+1} - \frac{(\boldsymbol{a}_{k+1}, \boldsymbol{c}_1)}{(\boldsymbol{c}_1, \boldsymbol{c}_1)}\boldsymbol{c}_1 - \frac{(\boldsymbol{a}_{k+1}, \boldsymbol{c}_2)}{(\boldsymbol{c}_2, \boldsymbol{c}_2)}\boldsymbol{c}_2 - \cdots - \frac{(\boldsymbol{a}_{k+1}, \boldsymbol{c}_k)}{(\boldsymbol{c}_k, \boldsymbol{c}_k)}\boldsymbol{c}_k$$

と定める．このようにして得られた $\boldsymbol{c}_1, \boldsymbol{c}_2, \ldots, \boldsymbol{c}_r$ について，$\boldsymbol{b}_1, \boldsymbol{b}_2, \ldots, \boldsymbol{b}_r$ を

$$\boldsymbol{b}_1 = \frac{\boldsymbol{c}_1}{\|\boldsymbol{c}_1\|}, \quad \boldsymbol{b}_2 = \frac{\boldsymbol{c}_2}{\|\boldsymbol{c}_2\|}, \quad \cdots, \quad \boldsymbol{b}_r = \frac{\boldsymbol{c}_r}{\|\boldsymbol{c}_r\|}$$

と定めれば，これらが求める正規直交系である．

✎　シュミットの直交化法において，$\boldsymbol{c}_j$ が現れる項は $\dfrac{(\boldsymbol{a}_{k+1}, \boldsymbol{c}_j)}{(\boldsymbol{c}_j, \boldsymbol{c}_j)}\boldsymbol{c}_j$ の形であるので，求めた $\boldsymbol{c}_j$ の替わりにその定数倍 $c\boldsymbol{c}_j$ を用いてもよい．これにより，計算が簡単になる場合が多い (次の例題を参照).

例題 6.11　シュミットの直交化法により，$\boldsymbol{R}^3$ のベクトル

$$\boldsymbol{a}_1 = \begin{pmatrix} -1 \\ 1 \\ 1 \end{pmatrix}, \quad \boldsymbol{a}_2 = \begin{pmatrix} 1 \\ -1 \\ 1 \end{pmatrix}, \quad \boldsymbol{a}_3 = \begin{pmatrix} 1 \\ 1 \\ -1 \end{pmatrix}$$

から正規直交基底を構成せよ．

解答　$\boldsymbol{c}_1 = \boldsymbol{a}_1$ とおき, $\boldsymbol{c}_2 = \boldsymbol{a}_2 - \dfrac{(\boldsymbol{a}_2, \boldsymbol{c}_1)}{(\boldsymbol{c}_1, \boldsymbol{c}_1)}\boldsymbol{c}_1$ を計算する．$(\boldsymbol{c}_1, \boldsymbol{c}_1) = 3$, $(\boldsymbol{a}_2, \boldsymbol{c}_1) = -1$ より

$$\boldsymbol{c}_2 = \begin{pmatrix} 1 \\ -1 \\ 1 \end{pmatrix} - \left(-\frac{1}{3}\right)\begin{pmatrix} -1 \\ 1 \\ 1 \end{pmatrix} = \frac{2}{3}\begin{pmatrix} 1 \\ -1 \\ 2 \end{pmatrix}$$

上の注意により $\boldsymbol{c}_2 = \begin{pmatrix} 1 \\ -1 \\ 2 \end{pmatrix}$ としてよい．次に $\boldsymbol{c}_3 = \boldsymbol{a}_3 - \dfrac{(\boldsymbol{a}_3, \boldsymbol{c}_1)}{(\boldsymbol{c}_1, \boldsymbol{c}_1)}\boldsymbol{c}_1 - \dfrac{(\boldsymbol{a}_3, \boldsymbol{c}_2)}{(\boldsymbol{c}_2, \boldsymbol{c}_2)}\boldsymbol{c}_2$ を計算する：　$(\boldsymbol{a}_3, \boldsymbol{c}_1) = -1$, $(\boldsymbol{c}_2, \boldsymbol{c}_2) = 6$, $(\boldsymbol{a}_3, \boldsymbol{c}_2) = -2$ より

[4] Schmidt:人名

$$\boldsymbol{c}_3 = \begin{pmatrix} 1 \\ 1 \\ -1 \end{pmatrix} - \left(-\frac{1}{3}\right)\begin{pmatrix} -1 \\ 1 \\ 1 \end{pmatrix} - \left(-\frac{2}{6}\right)\begin{pmatrix} 1 \\ -1 \\ 2 \end{pmatrix} = \begin{pmatrix} 1 \\ 1 \\ 0 \end{pmatrix}$$

あとは $\boldsymbol{b}_1, \boldsymbol{b}_2, \boldsymbol{b}_3$ を

$$\boldsymbol{b}_1 = \frac{\boldsymbol{c}_1}{\|\boldsymbol{c}_1\|} = \frac{1}{\sqrt{3}}\begin{pmatrix} -1 \\ 1 \\ 1 \end{pmatrix}, \quad \boldsymbol{b}_2 = \frac{\boldsymbol{c}_2}{\|\boldsymbol{c}_2\|} = \frac{1}{\sqrt{6}}\begin{pmatrix} 1 \\ -1 \\ 2 \end{pmatrix},$$

$$\boldsymbol{b}_3 = \frac{\boldsymbol{c}_3}{\|\boldsymbol{c}_3\|} = \frac{1}{\sqrt{2}}\begin{pmatrix} 1 \\ 1 \\ 0 \end{pmatrix}$$

とすれば求める正規直交系が得られる. ■

問 6.12　$\boldsymbol{R}^3$ のベクトル $\boldsymbol{a}_1 = \begin{pmatrix} 1 \\ 0 \\ 1 \end{pmatrix}$, $\boldsymbol{a}_2 = \begin{pmatrix} -2 \\ 2 \\ 1 \end{pmatrix}$, $\boldsymbol{a}_3 = \begin{pmatrix} 1 \\ 5 \\ 0 \end{pmatrix}$ から正規直交基底を構成せよ.

§ 6.5　正射影

原点を通る平面と空間内の 1 点 P を考える. この平面に真上から (垂直に) 平行光線を当てると (図 6.2), 矢線 $\overrightarrow{\mathrm{OP}}$ の影 $\overrightarrow{\mathrm{OP'}}$ が平面に写る. これは, 平

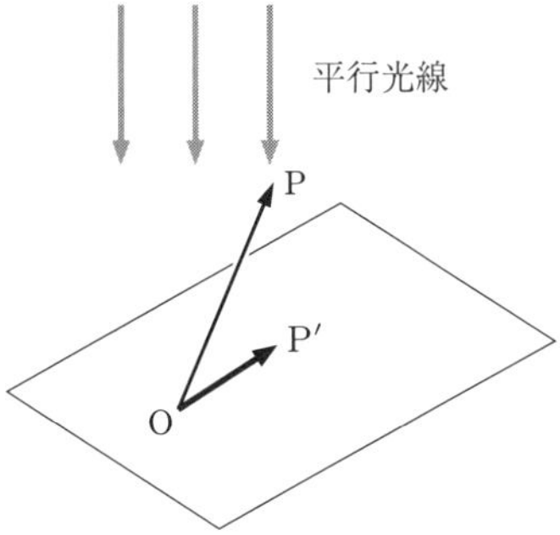

図 6.2　正射影

行光線により空間のベクトルから平面上のベクトルへの対応

$$\overrightarrow{\mathrm{OP}} \longrightarrow \overrightarrow{\mathrm{OP'}}$$

が得られることを意味する．この $\overrightarrow{\mathrm{OP'}}$ を $\overrightarrow{\mathrm{OP}}$ の正射影という．

以上のことを数学的に扱ってみよう．まず，1次元部分空間 $W = \langle \boldsymbol{a} \rangle$ を考える．任意のベクトル $\boldsymbol{x}$ の W への正射影を $\boldsymbol{x}' = k\boldsymbol{a}$ とおく．正射影の意味から，$\boldsymbol{a} \perp (\boldsymbol{x} - \boldsymbol{x}')$ となるので

$$(\boldsymbol{a}, \boldsymbol{x} - k\boldsymbol{a}) = (\boldsymbol{a}, \boldsymbol{x}) - k(\boldsymbol{a}, \boldsymbol{a}) = 0.$$

よって，$k = \dfrac{(\boldsymbol{a}, \boldsymbol{x})}{\|\boldsymbol{a}\|^2}$ である．ゆえに

$$\boldsymbol{x}' = \frac{(\boldsymbol{a}, \boldsymbol{x})}{\|\boldsymbol{a}\|^2}\boldsymbol{a}.$$

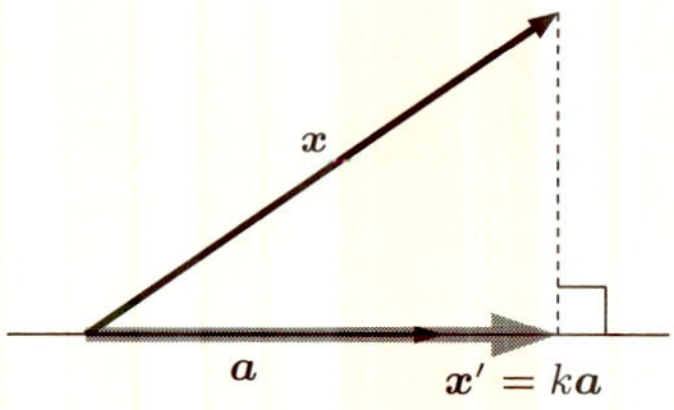

図 6.3

次に，W を $\boldsymbol{R}^n$ の任意の部分空間とする．定理 6.8，6.12 より，W は正規直交基底 $\boldsymbol{b}_1, \boldsymbol{b}_2, \ldots, \boldsymbol{b}_r$ $(r = \dim W)$ をもつ．ここで，$\boldsymbol{R}^n$ の任意のベクトル $\boldsymbol{x}$ に対して，W のベクトル $\boldsymbol{x}'$ を

$$\boldsymbol{x}' = (\boldsymbol{x}, \boldsymbol{b}_1)\boldsymbol{b}_1 + (\boldsymbol{x}, \boldsymbol{b}_2)\boldsymbol{b}_2 + \cdots + (\boldsymbol{x}, \boldsymbol{b}_r)\boldsymbol{b}_r$$

と定義する．$\boldsymbol{x}'$ は，次のような性質をもつ．任意の $\boldsymbol{b}_j$ について

$$\begin{aligned}(\boldsymbol{x} - \boldsymbol{x}', \boldsymbol{b}_j) &= (\boldsymbol{x}, \boldsymbol{b}_j) - \sum_{i=1}^{r}(\boldsymbol{x}, \boldsymbol{b}_i)(\boldsymbol{b}_i, \boldsymbol{b}_j) \\ &= (\boldsymbol{x}, \boldsymbol{b}_j) - (\boldsymbol{x}, \boldsymbol{b}_j) = 0.\end{aligned}$$

さらに，W の任意のベクトル $\boldsymbol{y}$ を $\boldsymbol{y} = y_1\boldsymbol{b}_1 + y_2\boldsymbol{b}_2 + \cdots + y_r\boldsymbol{b}_r$ と表すと

$$\begin{aligned}(\boldsymbol{x} - \boldsymbol{x}', \boldsymbol{y}) &= y_1(\boldsymbol{x} - \boldsymbol{x}', \boldsymbol{b}_1) + y_2(\boldsymbol{x} - \boldsymbol{x}', \boldsymbol{b}_2) + \cdots + y_r(\boldsymbol{x} - \boldsymbol{x}', \boldsymbol{b}_r) \\ &= 0.\end{aligned}$$

すなわち，$\boldsymbol{x} - \boldsymbol{x}'$ は W のすべてのベクトルと直交していることがわかる．この $\boldsymbol{x}'$ を $\boldsymbol{x}$ の W 上への**正射影** (orthogonal projection) という．この正射影は次のように特徴づけられる．

定理 6.13　W を $\boldsymbol{R}^n$ の部分空間とするとき，任意のベクトル $\boldsymbol{x} \in \boldsymbol{R}^n$ に対して，$\|\boldsymbol{x}-\boldsymbol{z}\|$ を最も小さくする $\boldsymbol{z} \in W$ が $\boldsymbol{x}$ の W 上への正射影である．

証明　W のベクトル $\boldsymbol{z}$ を正規直交基底を用いて，$\boldsymbol{z} = z_1\boldsymbol{b}_1 + z_2\boldsymbol{b}_2 + \cdots + z_r\boldsymbol{b}_r$ と表しておく．このとき

$$\begin{aligned}\|\boldsymbol{x}-\boldsymbol{z}\|^2 &= (\boldsymbol{x}-\boldsymbol{z}, \boldsymbol{x}-\boldsymbol{z}) \\ &= \|\boldsymbol{x}\|^2 - 2(\boldsymbol{x}, \boldsymbol{z}) + \|\boldsymbol{z}\|^2 \\ &= \|\boldsymbol{x}\|^2 - 2\sum_{j=1}^{r}(\boldsymbol{x}, \boldsymbol{b}_j)z_j + \sum_{j=1}^{r} z_j^2 \\ &= \|\boldsymbol{x}\|^2 - \sum_{j=1}^{r}(\boldsymbol{x}, \boldsymbol{b}_j)^2 + \sum_{j=1}^{r}\{z_j - (\boldsymbol{x}, \boldsymbol{b}_j)\}^2 .\end{aligned}$$

したがって，上の式が最小となるのは $z_j = (\boldsymbol{x}, \boldsymbol{b}_j)$ が成立するときである．■

例題 6.12　W を $\boldsymbol{a}_1 = \begin{pmatrix}1\\0\\1\end{pmatrix}$ と $\boldsymbol{a}_2 = \begin{pmatrix}1\\-1\\0\end{pmatrix}$ により生成される $\boldsymbol{R}^3$ の部分空間とするとき，$\boldsymbol{a} = \begin{pmatrix}2\\1\\-1\end{pmatrix}$ の W 上への正射影を求めよ．

解答　シュミットの直交化法を用いて $\boldsymbol{a}_1, \boldsymbol{a}_2$ より正規直交基底 $\boldsymbol{b}_1, \boldsymbol{b}_2$ をつくると，$\boldsymbol{b}_1 = \dfrac{1}{\sqrt{2}}\begin{pmatrix}1\\0\\1\end{pmatrix}$, $\boldsymbol{b}_2 = \dfrac{1}{\sqrt{6}}\begin{pmatrix}1\\-2\\-1\end{pmatrix}$ となる．$\boldsymbol{a}$ の W 上への正射影を $\boldsymbol{a}'$ と表すと

$$\boldsymbol{a}' = (\boldsymbol{a}, \boldsymbol{b}_1)\boldsymbol{b}_1 + (\boldsymbol{a}, \boldsymbol{b}_2)\boldsymbol{b}_2 = \frac{1}{2}\begin{pmatrix}1\\0\\1\end{pmatrix} + \frac{1}{6}\begin{pmatrix}1\\-2\\-1\end{pmatrix} = \frac{1}{3}\begin{pmatrix}2\\-1\\1\end{pmatrix}.$$ ■

問 6.13　W を $\boldsymbol{a}_1 = \begin{pmatrix}1\\1\\1\end{pmatrix}$ と $\boldsymbol{a}_2 = \begin{pmatrix}1\\-1\\1\end{pmatrix}$ により生成される $\boldsymbol{R}^3$ の部分空間とするとき，$\boldsymbol{a} = \begin{pmatrix}1\\2\\-1\end{pmatrix}$ の W 上への正射影を求めよ．

原点を通る平面 V は法線ベクトル $\boldsymbol{n}$ を用いて，次のように表すことができる．

$$V = \{\boldsymbol{x} \in \boldsymbol{R}^3\,;\ (\boldsymbol{x}, \boldsymbol{n}) = 0\}, \quad \boldsymbol{n} = \begin{pmatrix} a \\ b \\ c \end{pmatrix}$$

このように，$\boldsymbol{R}^n$ の部分空間 W に対して，W のすべてのベクトルと直交するベクトル全体からなる部分空間を W の**直交補空間** (orthogonal complement) といい $W^\perp$ と表す．すなわち

$$W^\perp = \{\boldsymbol{x} :\ \text{すべての}\ \boldsymbol{y} \in W\ \text{について}\ (\boldsymbol{x}, \boldsymbol{y}) = 0\ \text{が成立する}\}.$$

したがって，この用語と記号を用いると V は $\langle \boldsymbol{n} \rangle$ の直交補空間で，$V = \langle \boldsymbol{n} \rangle^\perp$ となる．さらに，$\langle \boldsymbol{n} \rangle = V^\perp$ であることも注意しておく．

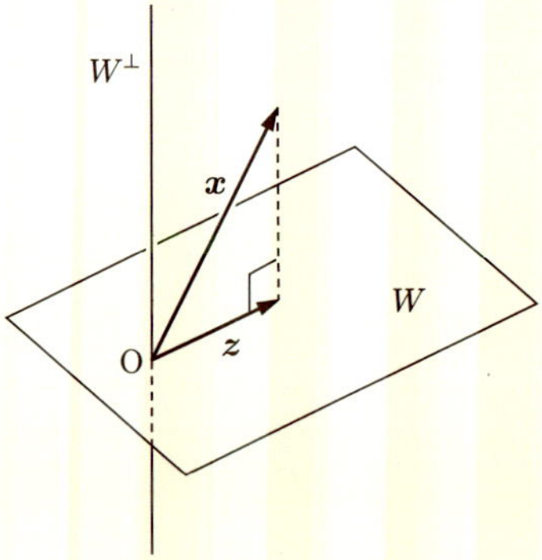

図 **6.4**　直交補空間

問 6.14　直交補空間 $W^\perp$ が実際に部分空間であることを確かめよ．

直交補空間の生成系を求めよう．定理 6.8 の証明を見ると，W の基底 $\boldsymbol{b}_1, \boldsymbol{b}_2, \ldots, \boldsymbol{b}_r$ に $n - r$ 個の 1 次独立なベクトルを加えて $\boldsymbol{R}^n$ の基底にすることができる．この基底をシュミットの直交化を行い，正規直交基底 $\boldsymbol{b}_1, \boldsymbol{b}_2, \ldots, \boldsymbol{b}_r, \boldsymbol{b}_{r+1}, \ldots, \boldsymbol{b}_n$ をつくると，はじめの r 個はもとのままである．したがって，残りの $n - r$ 個の基底 $\boldsymbol{b}_{r+1}, \ldots, \boldsymbol{b}_n$ が生成する部分空間が，W

に直交するベクトル全体になる．すなわち

$$W^{\perp} = \langle \boldsymbol{b}_{r+1}, \ldots, \boldsymbol{b}_n \rangle$$

が成立する．以上により，次のことがわかった

定理 6.14　部分空間 W $(\dim W = r)$ の直交補空間 $W^{\perp}$ について
(1)　$(W^{\perp})^{\perp} = W$,
(2)　$\dim W^{\perp} = n - r$
が成立する．

例題 6.13　W を $\boldsymbol{a} = \begin{pmatrix} 1 \\ -2 \\ -1 \end{pmatrix}$ と $\boldsymbol{b} = \begin{pmatrix} -1 \\ 3 \\ 2 \end{pmatrix}$ により生成される $\boldsymbol{R}^3$ の部分空間とするとき，W の直交補空間 $W^{\perp}$ を求めよ．

解答　ベクトル $\boldsymbol{x} = \begin{pmatrix} x \\ y \\ z \end{pmatrix}$ が $W^{\perp}$ に属するための条件は，$(\boldsymbol{x}, \boldsymbol{a}) = 0$, $(\boldsymbol{x}, \boldsymbol{b}) = 0$ であるので (確かめてみよ)，x, y, z は連立 1 次方程式

$$x - 2y - z = 0, \quad -x + 3y + 2z = 0$$

の解である．これを解くと，$\boldsymbol{x} = c\begin{pmatrix} -1 \\ -1 \\ 1 \end{pmatrix}$ (c：任意定数) となるので，$W^{\perp}$ は $c\begin{pmatrix} 1 \\ 1 \\ -1 \end{pmatrix}$ で生成される 1 次元部分空間である．　■

問 6.15　$\boldsymbol{R}^3$ の部分空間 $W = \left\{ \begin{pmatrix} x \\ y \\ z \end{pmatrix} \in \boldsymbol{R}^3 ;\ x + y + z = 0 \right\}$ の正規直交基底 (どれでもよい) をひと組求め，それに長さが 1 の法線ベクトルを加えれば $\boldsymbol{R}^3$ の正規直交基底になることを確かめよ．

§ 6.6　補足

次元の不変性　次元の不変性を示すために，次の補題を準備する．

補題 6.4　$\boldsymbol{R}^n$ の部分空間 W がベクトル $\boldsymbol{a}_1, \boldsymbol{a}_2, \ldots, \boldsymbol{a}_r$ により生成されるとき，もし W のベクトル $\boldsymbol{b}_1, \boldsymbol{b}_2, \ldots, \boldsymbol{b}_s$ が 1 次独立ならば，不等式

$$s \leqq r$$

が成立する．

証明　ベクトル $\boldsymbol{a}_1, \boldsymbol{a}_2, \ldots, \boldsymbol{a}_r$ が W を生成することより，$\boldsymbol{b}_1$ はこれらの 1 次結合で表される．すなわち

$$\boldsymbol{b}_1 = k_1\boldsymbol{a}_1 + k_2\boldsymbol{a}_2 + \cdots + k_r\boldsymbol{a}_r.$$

ここで $\boldsymbol{b}_1 \neq \boldsymbol{0}$ なので，$k_1, k_2, \ldots, k_r$ のうちのどれかは 0 でない．たとえば，$k_j \neq 0$ とすると

$$\boldsymbol{a}_j = \frac{1}{k_j}\boldsymbol{b}_1 - \frac{k_1}{k_j}\boldsymbol{a}_1 - \frac{k_2}{k_j}\boldsymbol{a}_2 - \cdots - \frac{k_r}{k_j}\boldsymbol{a}_r$$

と表される (ここで，右辺の和には $\boldsymbol{a}_j$ は含まれない)．したがって

$$W = \langle \boldsymbol{a}_1, \boldsymbol{a}_2, \ldots, \widehat{\boldsymbol{a}_j}, \ldots, \boldsymbol{a}_r, \boldsymbol{b}_1 \rangle$$

が成立する ($\widehat{\boldsymbol{a}_j}$ は $\boldsymbol{a}_j$ は含まれないことを意味する)．同様に，$\boldsymbol{b}_2 \in W$ より

$$\boldsymbol{b}_2 = k_1'\boldsymbol{a}_1 + k_2'\boldsymbol{a}_2 + \cdots + \widehat{k_j'\boldsymbol{a}_j} + \cdots + k_r'\boldsymbol{a}_r + l_1\boldsymbol{b}_1$$

と表される．ここで，$\boldsymbol{b}_2 \neq l_1\boldsymbol{b}_1$ であるので，どれかの $k_{j'}'$ が 0 でない．したがって

$$\boldsymbol{a}_{j'} = \frac{1}{k_{j'}'}\boldsymbol{b}_2 - \frac{k_1'}{k_j'}\boldsymbol{a}_1 - \frac{k_2'}{k_{j'}'}\boldsymbol{a}_2 - \cdots - \frac{k_r'}{k_{j'}'}\boldsymbol{a}_r - \frac{l_1}{k_{j'}'}\boldsymbol{b}_1$$

と表され (ここで，右辺の和には $\boldsymbol{a}_j$ と $\boldsymbol{a}_{j'}$ は含まれない)

$$W = \langle \boldsymbol{a}_1, \boldsymbol{a}_2, \ldots, \widehat{\boldsymbol{a}_j}, \ldots, \widehat{\boldsymbol{a}_{j'}}, \ldots, \boldsymbol{a}_r, \boldsymbol{b}_1, \boldsymbol{b}_2 \rangle$$

となる．このように $\boldsymbol{b}_1$, $\boldsymbol{b}_2$, ..., $\boldsymbol{b}_s$ をひとつひとつ W を生成するベクトル $\boldsymbol{a}_1$, $\boldsymbol{a}_2$, ..., $\boldsymbol{a}_s$ と置き換えることができるので，もし $s > r$ ならば

$$\boldsymbol{b}_{r+1} \in \langle \boldsymbol{b}_1, \boldsymbol{b}_2, \ldots, \boldsymbol{b}_r \rangle$$

となり，$\boldsymbol{b}_1, \boldsymbol{b}_2, \ldots, \boldsymbol{b}_s$ が 1 次独立であることに反する．以上により補題は証明された．　∎

定理 6.3 の証明　ベクトル $\boldsymbol{a}_1,\boldsymbol{a}_2,\ldots,\boldsymbol{a}_r$ と $\boldsymbol{b}_1,\boldsymbol{b}_2,\ldots,\boldsymbol{b}_s$ をそれぞれ W の基底とする．このとき，$W=\langle\boldsymbol{a}_1,\boldsymbol{a}_2,\ldots,\boldsymbol{a}_r\rangle$ で，$\boldsymbol{b}_1,\boldsymbol{b}_2,\ldots,\boldsymbol{b}_s$ は 1 次独立なので，上の補題より $s\leqq r$. 同様に $\boldsymbol{b}_1,\boldsymbol{b}_2,\ldots,\boldsymbol{b}_s$ は W を生成し，$\boldsymbol{a}_1,\boldsymbol{a}_2,\ldots,\boldsymbol{a}_r$ は 1 次独立なので，$r\leqq s$. したがって $r=s$ でなければならない，■

連立 1 次方程式の可解性 (零空間と像空間)

ここでは，零空間と像空間を用いて，連立 1 次方程式が解ける条件についていままでと異なる方向から検討しよう．A を $n\times m$ 行列，${}^tA$ をその転置行列とする．ベクトル $\boldsymbol{x}$ を $n\times 1$ 行列と考えて，転置した $1\times n$ 行列 (行ベクトル) を ${}^t\boldsymbol{x}$ と表すと，内積は行列の積として

$$(\boldsymbol{x},\boldsymbol{y})={}^t\boldsymbol{x}\boldsymbol{y}={}^t\boldsymbol{y}\boldsymbol{x}$$

と表される．転置行列の意味は，内積を考えるとよくわかる．

補題 6.5　$$(A\boldsymbol{x},\boldsymbol{y})=(\boldsymbol{x},{}^tA\boldsymbol{y})$$

証明　$$(A\boldsymbol{x},\boldsymbol{y})={}^t(A\boldsymbol{x})\boldsymbol{y}={}^t\boldsymbol{x}{}^tA\boldsymbol{y}=(\boldsymbol{x},{}^tA\boldsymbol{y}).$$ ■

$A,{}^tA$ それぞれの零空間，像空間のあいだには，次のような関係がある．

定理 6.15　(1) $R(A)=K({}^tA)^{\perp}$　(2) $K({}^tA)=R(A)^{\perp}$
(3) $R({}^tA)=K(A)^{\perp}$　(4) $K(A)=R({}^tA)^{\perp}$

証明　(2) を示す．$\boldsymbol{x}\in R(A)^{\perp}$ とすると，定義より任意の $\boldsymbol{y}\in\boldsymbol{R}^n$ に対して

$$(A\boldsymbol{y},\boldsymbol{x})=(\boldsymbol{y},{}^tA\boldsymbol{x})=0$$

が成立する．ここで，$\boldsymbol{y}$ は任意であるので，${}^tA\boldsymbol{x}=\boldsymbol{0}$ でなければならない．したがって，$\boldsymbol{x}\in K({}^tA)$ となる．また，これは逆も正しいので，(2) が示された．(1) は，上で示したことに定理 6.14 の (1) を用いると

$$K({}^tA)^{\perp}=(R(A)^{\perp})^{\perp}=R(A)$$

のように証明される．(2), (3) は (1), (2) の A の替わりに ${}^tA$ を代入して，${}^t({}^tA)=A$ を用いれば証明される．■

この定理を用いると，連立 1 次方程式が解をもつ条件は次のように述べられる．

定理 6.16　連立1次方程式 $A\boldsymbol{x} = \boldsymbol{b}$ が解をもつ必要十分条件は，$\boldsymbol{b}$ が $K({}^tA)$ の任意のベクトルと直交していることである．

また，行列 A の階数を r とすると，定理より

$$\dim R({}^tA) = n - \dim K(A) = n - (n - r) = r$$

したがって

定理 6.17　$$\dim R({}^tA) = \dim R(A)$$

これは，行列のことばでいうと「行列の，行ベクトルにより生成される部分空間の次元は，列ベクトルにより生成される部分空間の次元」すなわち階数と等しいことである．

問 6.16　正方行列 A について $\dim K({}^tA) = \dim K(A)$ が成立することを示せ．

連続関数の1次独立 ―一般のベクトル空間―　いままでは，数ベクトルと数ベクトル空間 $\boldsymbol{R}^n$ について学んできたが，実は他にもいろいろなものが「ベクトル」と考えられる．

実数上の閉区間 $[a, b]$ で定義された連続関数 $f(x)$, $g(x)$ と実数 k に対して，関数の和 $(f + g)(x)$，スカラー倍 $(kf)(x)$ をそれぞれ

$$(f + g)(x) = f(x) + g(x)$$

$$(kf)(x) = kf(x)$$

のように定義すると，これらも連続関数で，§6.1 で学んだベクトルの和とスカラー倍の性質 1)～ 8) をみたす．ここでは，閉区間 $[a, b]$ で恒等的に 0 の関数が零ベクトル $\mathbf{0}$ である．このことを，連続関数の空間は**ベクトル空間**[5] (vector space) であるという．さらに，1次独立，1次従属，生成系，基底などの考え方を，そのまま関数に当てはめることができる．

例題 6.14　多項式関数 $1, x, x^2, \ldots, x^n$ は1次独立であることを示せ．

[5] 一般的に，和とスカラー倍が定義された集合で §6.1 の 1) ～ 8) が成立するとき，その集合をベクトル空間という．

解答 簡単のために，$1, x, x^2$ について示す．実数 k_0, k_1, k_2 について，$f(x) = k_0 + k_1x + k_2x^2 = 0$ が恒等的に成立すると仮定すると，導関数 $f'(x)$, $f''(x)$ も恒等的に 0 なので

$$f(0) = k_0 = 0, \quad f'(0) = k_1, \quad f''(0) = 2k_2 = 0$$

が成立する．したがって，$k_0 = k_1 = k_2 = 0$ となり 1 次独立である． ▮

さて，$s-1$ 回微分可能な関数 $f_1(x), f_2(x), \dots, f_s(x)$ について**ロンスキー行列式** (Wronskian) $W[f_1(x), f_2(x), \dots, f_s(x)]$ を次のように定義する．

$$W[f_1(x), f_2(x), \dots, f_s(x)] = \begin{vmatrix} f_1(x) & f_2(x) & \cdots & f_s(x) \\ {f_1}^{(1)}(x) & {f_2}^{(1)}(x) & \cdots & {f_s}^{(1)}(x) \\ \vdots & \ddots & \ddots & \vdots \\ {f_1}^{(s-1)}(x) & {f_2}^{(s-1)}(x) & \cdots & {f_s}^{(s-1)}(x) \end{vmatrix}$$

ここで $f^{(k)}$ は f の k 次導関数である．このとき，

定理 6.18 区間 $[a,b]$ で定義された $s-1$ 回微分可能な関数 $f_1(x), f_2(x), \dots, f_s(x)$ について，$[a,b]$ の 1 点 x_0 において

$$W[f_1(x), f_2(x), \dots, f_s(x)] \neq 0$$

が成立すれば，$f_1(x), f_2(x), \dots, f_s(x)$ は $[a,b]$ において 1 次独立である．

証明 いま，実数 $k_1, k_2, \dots, k_s$ について

$$k_1f_1(x) + k_2f_2(x) + \cdots + k_sf_s(x) = 0$$

が $[a,b]$ で恒常的に成り立つとする．上の式を次々に微分して $x = x_0$ を代入すると，s 個の等式

$$\begin{cases} k_1f_1(x_0) + k_2f_2(x_0) + \cdots + k_sf_s(x_0) = 0 \\ k_1{f_1}^{(1)}(x_0) + k_2{f_2}^{(1)}(x_0) + \cdots + k_s{f_s}^{(1)}(x_0) = 0 \\ \vdots \\ k_1{f_1}^{(s-1)}(x_0) + k_2{f_2}^{(s-1)}(x_0) + \cdots + k_s{f_s}^{(s-1)}(x_0) = 0 \end{cases}$$

が得られる．これらの式を $k_1, k_2, \dots, k_s$ についての連立 1 次方程式とみなせば，行列式 $W[f_1(x), f_2(x), \dots, f_s(x)]$ の値が 0 でないことにより，$k_1 = k_2 = \cdots = k_s = 0$ が成立する (定理 4.10)．ゆえに，これらの関数は 1 次独立である． ▮

例題 6.15 関数 $1, \cos x, \sin x$ は，$\boldsymbol{R}$ において 1 次独立であることを示せ．

解答　ロンスキー行列式を計算すると

$$W[1, \cos x, \sin x] = \begin{vmatrix} 1 & \cos x & \sin x \\ 0 & -\sin x & \cos x \\ 0 & -\cos x & -\sin x \end{vmatrix} = 1.$$

したがって，1次独立である．▮

問 6.17　次の関数の組は1次独立か．
(1) e^x, e^{2x}, e^{3x}　　(2) $1, \sin x, \sin 2x$　　(3) $1, \cos^2 x, \cos 2x$

◆練習問題 6◆

6.1 次のベクトルの中で，$\boldsymbol{a} = \begin{pmatrix} 1 \\ -1 \\ 3 \end{pmatrix}$，$\boldsymbol{b} = \begin{pmatrix} 2 \\ 4 \\ 0 \end{pmatrix}$ の1次結合で表せるものを選べ．

$$(1)\ \begin{pmatrix} 3 \\ 3 \\ 3 \end{pmatrix} \quad (2)\ \begin{pmatrix} 4 \\ 2 \\ 6 \end{pmatrix} \quad (3)\ \begin{pmatrix} 1 \\ 5 \\ 6 \end{pmatrix} \quad (4)\ \begin{pmatrix} 0 \\ 0 \\ 0 \end{pmatrix}$$

6.2 次のベクトルの組において，1次従属なものを選べ．また，その中から1次独立なベクトルを選び出し，残りのベクトルをそれらの1次結合で表せ．

$$(1)\ \begin{pmatrix} 2 \\ -1 \\ 4 \end{pmatrix}, \begin{pmatrix} 3 \\ 6 \\ -6 \end{pmatrix}, \begin{pmatrix} -5 \\ 10 \\ -4 \end{pmatrix} \qquad (2)\ \begin{pmatrix} 1 \\ 3 \\ 2 \end{pmatrix}, \begin{pmatrix} 0 \\ 2 \\ 4 \end{pmatrix}, \begin{pmatrix} 5 \\ 9 \\ -2 \end{pmatrix}$$

$$(3)\ \begin{pmatrix} 1 \\ 2 \\ 1 \\ -2 \end{pmatrix}, \begin{pmatrix} 0 \\ -2 \\ -2 \\ 0 \end{pmatrix}, \begin{pmatrix} 0 \\ 2 \\ 2 \\ 1 \end{pmatrix}, \begin{pmatrix} 3 \\ 0 \\ -3 \\ 6 \end{pmatrix}$$

6.3 次のベクトルの組が生成する ($\boldsymbol{R}^3$ の) 部分空間の基底と次元を求めよ．

$$(1)\ \begin{pmatrix} 2 \\ -1 \\ 3 \end{pmatrix}, \begin{pmatrix} 4 \\ 1 \\ 2 \end{pmatrix}, \begin{pmatrix} 8 \\ -1 \\ 8 \end{pmatrix} \qquad (2)\ \begin{pmatrix} 3 \\ 1 \\ 4 \end{pmatrix}, \begin{pmatrix} 2 \\ -3 \\ 5 \end{pmatrix}, \begin{pmatrix} 5 \\ -2 \\ 9 \end{pmatrix}, \begin{pmatrix} 1 \\ 4 \\ -1 \end{pmatrix}$$

$$(3)\ \begin{pmatrix} 1 \\ 1 \\ 1 \end{pmatrix}, \begin{pmatrix} 2 \\ 2 \\ 0 \end{pmatrix}, \begin{pmatrix} 3 \\ 0 \\ 0 \end{pmatrix} \qquad (4)\ \begin{pmatrix} 1 \\ 3 \\ 3 \end{pmatrix}, \begin{pmatrix} 1 \\ 3 \\ 4 \end{pmatrix}, \begin{pmatrix} 1 \\ 4 \\ 3 \end{pmatrix}, \begin{pmatrix} 6 \\ 2 \\ 1 \end{pmatrix}$$

6.4 次の部分空間の基底と次元を求めよ.

$$(1)\ \left\{\begin{pmatrix} x \\ y \\ z \end{pmatrix} \in \boldsymbol{R}^3;\ z=0\right\} \qquad (2)\ \left\{\begin{pmatrix} x \\ y \\ z \end{pmatrix} \in \boldsymbol{R}^3;\ x=y=z\right\}$$

$$(3)\ \left\{\begin{pmatrix} x \\ y \\ z \\ w \end{pmatrix} \in \boldsymbol{R}^4;\ w=x+z,\ y=x-z\right\}$$

6.5 次の同次連立 1 次方程式の解全体がつくる部分空間の次元と基底を求めよ.

$$(1)\ \begin{cases} 2x+y-3z=0 \\ x+2y=0 \\ y+z=0 \end{cases} \qquad (2)\ \begin{cases} 3x_1+x_2+x_3+x_4=0 \\ 5x_1-x_2+x_3-x_4=0 \end{cases}$$

$$(3)\ \begin{cases} 3x+y+2z=0 \\ 4x+5z=0 \\ x-3y+4z=0 \end{cases}$$

6.6 ベクトルの組 $\begin{pmatrix} \sin\phi\cos\theta \\ \sin\phi\sin\theta \\ \cos\phi \end{pmatrix}$, $\begin{pmatrix} \cos\phi\cos\theta \\ \cos\phi\sin\theta \\ -\sin\phi \end{pmatrix}$, $\begin{pmatrix} -\sin\theta \\ \cos\theta \\ 0 \end{pmatrix}$ は $\boldsymbol{R}^3$ の正規直交基底をつくることを示せ.

6.7 次のベクトルの組は $\boldsymbol{R}^4$ の正規直交基底をつくることを示せ.

$$\boldsymbol{a_1}=\frac{1}{\sqrt{2}}\begin{pmatrix} 1 \\ 0 \\ -1 \\ 0 \end{pmatrix}, \boldsymbol{a_2}=\frac{1}{\sqrt{2}}\begin{pmatrix} 0 \\ -1 \\ 0 \\ 1 \end{pmatrix}, \boldsymbol{a_3}=\frac{1}{2\sqrt{5}}\begin{pmatrix} 3 \\ 1 \\ 3 \\ 1 \end{pmatrix}, \boldsymbol{a_4}=\frac{1}{2\sqrt{5}}\begin{pmatrix} -1 \\ 3 \\ -1 \\ 3 \end{pmatrix}$$

また，ベクトル $\begin{pmatrix} 1 \\ 2 \\ 3 \\ -1 \end{pmatrix}$ を基底 $\{\boldsymbol{a_1}, \boldsymbol{a_2}, \boldsymbol{a_3}, \boldsymbol{a_4}\}$ の 1 次結合で表せ.

6.8 シュミットの直交化法により $\boldsymbol{a_1}=\begin{pmatrix} 1 \\ 1 \\ 1 \end{pmatrix}$, $\boldsymbol{a_2}=\begin{pmatrix} 1 \\ -1 \\ 1 \end{pmatrix}$, $\boldsymbol{a_3}=\begin{pmatrix} -1 \\ -1 \\ 1 \end{pmatrix}$ を $\boldsymbol{R}^3$ の正規直交基底にせよ.

6.9 $\boldsymbol{R}^3$ の基底 $\boldsymbol{a_1} = \begin{pmatrix} 1 \\ 2 \\ -3 \end{pmatrix}$, $\boldsymbol{a_2} = \begin{pmatrix} 2 \\ 1 \\ 3 \end{pmatrix}$, $\boldsymbol{a_3} = \begin{pmatrix} 3 \\ 4 \\ -2 \end{pmatrix}$ に対して，$(\boldsymbol{b_i}, \boldsymbol{a_j}) = \delta_{ij}$ をみたす基底 $\boldsymbol{b_1}, \boldsymbol{b_2}, \boldsymbol{b_3} \in \boldsymbol{R}^3$ を求めよ．(ヒント：行列 $A = (\boldsymbol{a_1} \ \ \boldsymbol{a_2} \ \ \boldsymbol{a_3})$ の逆行列を考える．)

6.10 (1) $\boldsymbol{R}^3$ においてベクトル $\boldsymbol{a_1} = \begin{pmatrix} 1 \\ -1 \\ 1 \end{pmatrix}$ $\boldsymbol{a_2} = \begin{pmatrix} 1 \\ 1 \\ 1 \end{pmatrix}$ で生成される部分空間を W とするとき，$\begin{pmatrix} 1 \\ 3 \\ -2 \end{pmatrix}$ の W 上への正射影を求めよ．

(2) $\boldsymbol{R}^4$ においてベクトル $\boldsymbol{a_1} = \begin{pmatrix} 1 \\ 1 \\ -1 \\ -1 \end{pmatrix}$, $\boldsymbol{a_2} = \begin{pmatrix} 1 \\ 0 \\ 1 \\ -1 \end{pmatrix}$ で生成される部分空間を W とするとき，$\begin{pmatrix} 2 \\ 1 \\ 0 \\ -1 \end{pmatrix}$ の W 上への正射影を求めよ．

6.11 $\boldsymbol{R}^4$ においてベクトル $\boldsymbol{a_1} = \begin{pmatrix} 1 \\ 1 \\ -1 \\ 1 \end{pmatrix}$, $\boldsymbol{a_2} = \begin{pmatrix} 1 \\ -1 \\ 3 \\ 2 \end{pmatrix}$ で生成される部分空間を W とするとき，W の直交補空間 $W^{\perp}$ を求めよ．

7

線形変換と行列

いままでの章では，主に連立1次方程式を解くために行列を用いてきたが，平面または空間における対称移動と回転のような，点 P を (一般的には別の) 点 P' に対応させる規則を行列により表現することができる．これを **線形変換**という．また一方では，もとの座標軸を回転などにより新しい座標軸にしたとき，新旧の座標軸に関する座標の間の関係式も行列により表される．さらに，新しい座標に関する，変換の表現式も得られる．最後に，剛体の運動の表現式で有用なオイラー角について解説する．

§ 7.1　線形写像の表現行列

ベクトル空間 $\boldsymbol{R}^n$ から $\boldsymbol{R}^m$ への写像[1] f が和とスカラー倍という演算を保つとき，すなわち，任意の $\boldsymbol{a}, \boldsymbol{b} \in \boldsymbol{R}^n$ と任意の $\alpha \in \boldsymbol{R}$ に対して

(1)　$f(\boldsymbol{a}+\boldsymbol{b}) = f(\boldsymbol{a}) + f(\boldsymbol{b})$

(2)　$f(\alpha\boldsymbol{a}) = \alpha f(\boldsymbol{a})$

をみたすとき，f を $\boldsymbol{R}^n$ から $\boldsymbol{R}^m$ への**線形写像**といい，$f : \boldsymbol{R}^n \longrightarrow \boldsymbol{R}^m$ で表す．$n = m$ のとき，線形写像 $f : \boldsymbol{R}^n \longrightarrow \boldsymbol{R}^n$ を $\boldsymbol{R}^n$ の**線形変換**という．

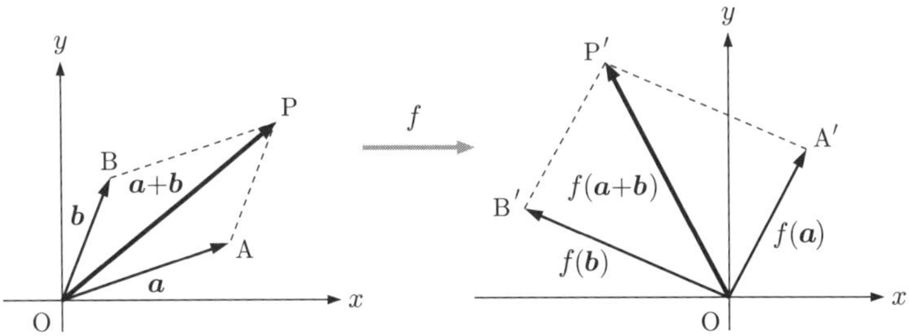

図 **7.1**　線形写像はベクトルの和を保つ．

---

[1] 変化する2つのベクトル $\boldsymbol{x}, \boldsymbol{y}$ の関係のうちで，$\boldsymbol{x}$ に対して1つの $\boldsymbol{y}$ が関係するものを写像といい，$\boldsymbol{y} = f(\boldsymbol{x})$ などと表す．

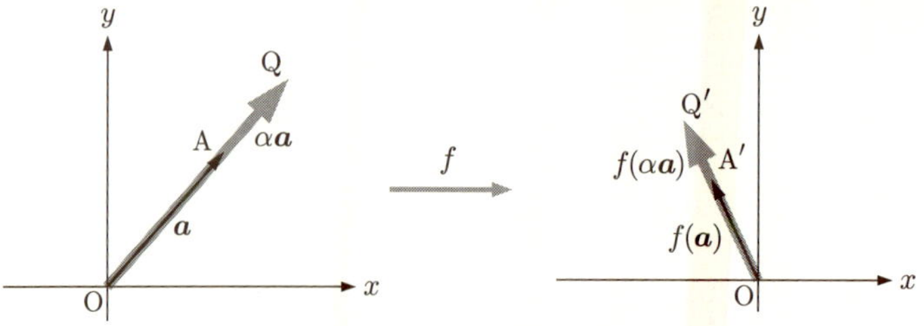

図 7.2　線形写像はスカラー倍を保つ.

$f : \boldsymbol{R}^n \longrightarrow \boldsymbol{R}^m$ を線形写像とする. $\boldsymbol{a} = \overrightarrow{\mathrm{OA}}$, $\boldsymbol{b} = \overrightarrow{\mathrm{OB}}$, $f(\boldsymbol{a}) = \overrightarrow{\mathrm{OA'}}$, $f(\boldsymbol{b}) = \overrightarrow{\mathrm{OB'}}$ と表し, 平行四辺形 OAPB と OA′P′B′ を描くとき, 定義の (1) 式より $f(\overrightarrow{\mathrm{OP}}) = \overrightarrow{\mathrm{OP'}}$ である (図 7.1 参照). $\alpha\boldsymbol{a} = \overrightarrow{\mathrm{OQ}}$, $\alpha f(\boldsymbol{a}) = \overrightarrow{\mathrm{OQ'}}$ と表すとき, 定義の (2) 式より $f(\overrightarrow{\mathrm{OQ}}) = \overrightarrow{\mathrm{OQ'}}$ である (図 7.2 参照).

線形変換の例　$\boldsymbol{R}^2$ において, x 軸に関する対称移動 f は $\boldsymbol{R}^2$ の線形変換である (図 7.3 参照).

また, 原点を中心とする回転 f も $\boldsymbol{R}^2$ の線形変換である (図 7.4 参照).

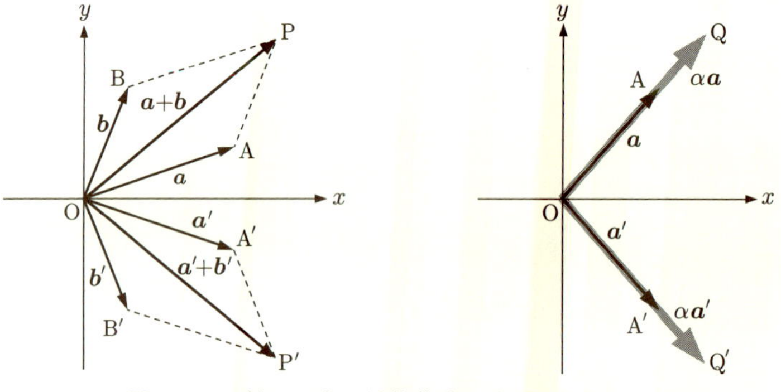

図 7.3　x 軸に関する対称移動は線形変換である.

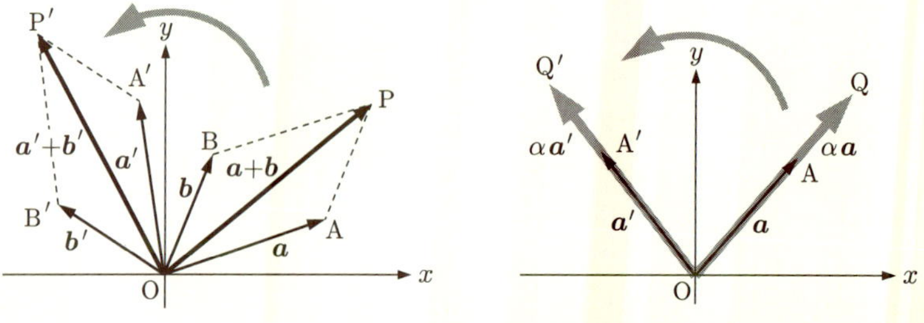

図 7.4　原点を中心とする回転は線形変換である.

行列により定まる線形写像　A を $m \times n$ 行列とする. $\boldsymbol{R}^n$ から $\boldsymbol{R}^m$ への写像 f を, $\boldsymbol{x} \in \boldsymbol{R}^n$ に対して $f(\boldsymbol{x}) = A\boldsymbol{x}$ によって定義するとき, f は線形写像である. このとき, f を**行列 A によって定まる線形写像**という.

定理 7.1　$\boldsymbol{e}_1, \boldsymbol{e}_2, \ldots, \boldsymbol{e}_n$ を $\boldsymbol{R}^n$ の標準基底とする. 線形写像 $f : \boldsymbol{R}^n \longrightarrow \boldsymbol{R}^m$ に対して, $A = (\, f(\boldsymbol{e}_1) \;\; f(\boldsymbol{e}_2) \;\; \cdots \;\; f(\boldsymbol{e}_n)\,)$ とおくとき, 次の表現式が成り立つ.

$$f(\boldsymbol{x}) = A\boldsymbol{x} \tag{7.1}$$

証明　線形写像 $f : \boldsymbol{R}^n \longrightarrow \boldsymbol{R}^m$ と $\boldsymbol{x} = \begin{pmatrix} x_1 \\ x_2 \\ \vdots \\ x_n \end{pmatrix} = x_1\boldsymbol{e}_1 + x_2\boldsymbol{e}_2 + \cdots + x_n\boldsymbol{e}_n$

に対して,

$$\begin{aligned} f(\boldsymbol{x}) &= x_1 f(\boldsymbol{e}_1) + x_2 f(\boldsymbol{e}_2) + \cdots + x_n f(\boldsymbol{e}_n) \\ &= (\, f(\boldsymbol{e}_1) \;\; f(\boldsymbol{e}_2) \;\; \cdots \;\; f(\boldsymbol{e}_n)\,) \begin{pmatrix} x_1 \\ x_2 \\ \vdots \\ x_n \end{pmatrix} \\ &= (\, f(\boldsymbol{e}_1) \;\; f(\boldsymbol{e}_2) \;\; \cdots \;\; f(\boldsymbol{e}_n)\,)\, \boldsymbol{x} \end{aligned}$$

であり, $f(\boldsymbol{x})$ は $f(\boldsymbol{e}_1), f(\boldsymbol{e}_2), \ldots, f(\boldsymbol{e}_n)$ によって定まる.

$$A = (\, f(\boldsymbol{e}_1) \;\; f(\boldsymbol{e}_2) \;\; \cdots \;\; f(\boldsymbol{e}_n)\,)$$

とおくとき, $f(\boldsymbol{x}) = A\boldsymbol{x}$ と表せる. ∎

(7.1) 式の $m \times n$ 行列 A を f の**表現行列**という.

例題 7.1　$\boldsymbol{R}^2$ において, x 軸に関する対称移動 f の表現行列 A を求めよ.

解答　$\boldsymbol{e}_1 = \begin{pmatrix} 1 \\ 0 \end{pmatrix}$, $\boldsymbol{e}_2 = \begin{pmatrix} 0 \\ 1 \end{pmatrix}$ に対して, $f(\boldsymbol{e}_1) = \boldsymbol{e}_1$, $f(\boldsymbol{e}_2) = -\boldsymbol{e}_2$ である (図 7.5 参照). ゆえに, (7.1) 式より $A = (\, \boldsymbol{e}_1 \;\; -\boldsymbol{e}_2\,) = \begin{pmatrix} 1 & 0 \\ 0 & -1 \end{pmatrix}$ である. ∎

例題 7.2　$\boldsymbol{R}^2$ において, 原点を中心とする角度 θ の回転 f の表現行列 A を求めよ.

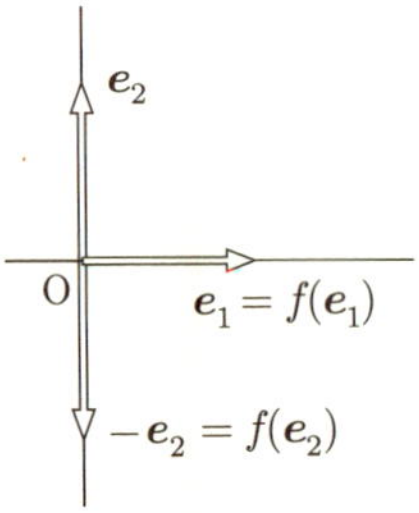

図 7.5　$\boldsymbol{e}_1$, $\boldsymbol{e}_2$ の x 軸に関する対称移動

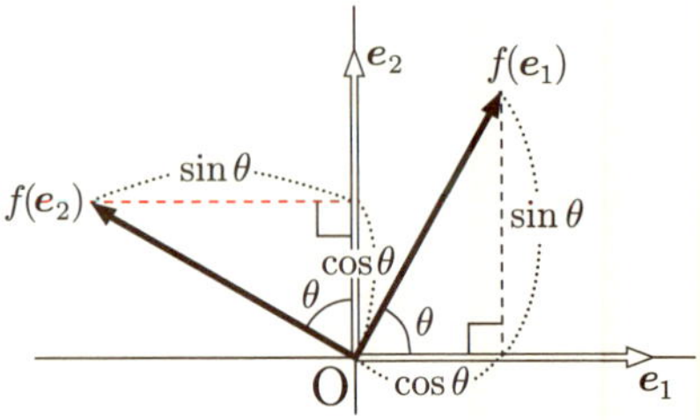

図 7.6　$\boldsymbol{e}_1$, $\boldsymbol{e}_2$ の 原点を中心とする回転

解答　$\boldsymbol{e}_1 = \begin{pmatrix} 1 \\ 0 \end{pmatrix}, \boldsymbol{e}_2 = \begin{pmatrix} 0 \\ 1 \end{pmatrix}$ に対して, $f(\boldsymbol{e}_1) = \begin{pmatrix} \cos\theta \\ \sin\theta \end{pmatrix}$, $f(\boldsymbol{e}_2) = \begin{pmatrix} -\sin\theta \\ \cos\theta \end{pmatrix}$ である (図 7.6 参照). ゆえに, (7.1) 式より

$$A = \begin{pmatrix} \cos\theta & -\sin\theta \\ \sin\theta & \cos\theta \end{pmatrix}. \tag{7.2}$$

■

問 7.1　点 $\mathrm{P}(-2, 4)$ を原点を中心として -30° 回転した点を求めよ.

問 7.2　点 $\mathrm{P}(1, 3)$ を点 $\mathrm{P}'(3, 1)$ に移す原点を中心とする回転の表現行列を求めよ.

問 7.3　原点を中心とする 60° の回転の表現行列を求めよ.

問 7.4　次の対称移動を行列を用いて表せ.

(1)　y 軸についての対称移動

(2)　直線 $y = x$ についての対称移動

(3)　直線 $y = -x$ についての対称移動

問 7.5　ベクトル $\begin{pmatrix} 2 \\ -1 \end{pmatrix}$ の像が $\begin{pmatrix} 0 \\ 7 \end{pmatrix}$ で, $\begin{pmatrix} 1 \\ 3 \end{pmatrix}$ の像が $\begin{pmatrix} 7 \\ 0 \end{pmatrix}$ であるような線形変換を求めよ.

§ 7.2　線形写像の合成

定理 7.2　線形写像 $f : \boldsymbol{R}^n \longrightarrow \boldsymbol{R}^m$ と $g : \boldsymbol{R}^m \longrightarrow \boldsymbol{R}^\ell$ の表現行列を, それぞれ A, B とするとき, f と g の合成写像 $g \circ f$ の表現行列は, A と B の積 BA である.

証明　(7.1) 式より，任意の $\boldsymbol{x} \in \boldsymbol{R}^n$ に対して，$g \circ f(\boldsymbol{x}) = g(f(\boldsymbol{x})) = g(A\boldsymbol{x}) = B(A\boldsymbol{x}) = BA\boldsymbol{x}$. よって，$g \circ f$ の表現行列は BA である．■

回転の合成と三角関数の加法定理　$\boldsymbol{R}^2$ において，原点を中心とする角度 θ, φ の回転を f, g とする．f, g の表現行列を A, B とするとき，(7.2) 式より $A = \begin{pmatrix} \cos\theta & -\sin\theta \\ \sin\theta & \cos\theta \end{pmatrix}$, $B = \begin{pmatrix} \cos\varphi & -\sin\varphi \\ \sin\varphi & \cos\varphi \end{pmatrix}$ である．このとき，

$$BA = \begin{pmatrix} \cos\varphi & -\sin\varphi \\ \sin\varphi & \cos\varphi \end{pmatrix} \begin{pmatrix} \cos\theta & -\sin\theta \\ \sin\theta & \cos\theta \end{pmatrix}$$

$$= \begin{pmatrix} \cos\varphi\cos\theta - \sin\varphi\sin\theta & -\cos\varphi\sin\theta - \sin\varphi\cos\theta \\ \sin\varphi\cos\theta + \cos\varphi\sin\theta & -\sin\varphi\sin\theta + \cos\varphi\cos\theta \end{pmatrix} \tag{7.3}$$

である．一方，合成変換 $g \circ f$ は原点を中心とする角度 $\theta + \varphi$ の回転であるので，(7.2) 式より $g \circ f$ の表現行列は

$$\begin{pmatrix} \cos(\theta+\varphi) & -\sin(\theta+\varphi) \\ \sin(\theta+\varphi) & \cos(\theta+\varphi) \end{pmatrix} \tag{7.4}$$

に等しい．したがって，定理 7.2 より (7.3),(7.4) の行列は等しい．2 つの行列の成分を比較すると，三角関数の加法定理

$$\cos(\theta+\varphi) = \cos\theta\cos\varphi - \sin\theta\sin\varphi \tag{7.5}$$

$$\sin(\theta+\varphi) = \sin\theta\cos\varphi + \cos\theta\sin\varphi \tag{7.6}$$

が得られる．

問 7.6　原点を中心として 30° だけ回転する線形変換を f とし，y 軸について対称移動する線形変換を g とするとき，合成変換 $g \circ f$ と $f \circ g$ の表現行列を求めよ．

問 7.7　線形変換 f, g の表現行列をそれぞれ $A = \begin{pmatrix} 1 & 2 \\ 3 & -1 \end{pmatrix}$, $B = \begin{pmatrix} 2 & -4 \\ -1 & 5 \end{pmatrix}$ とする．このとき合成変換 $f \circ g$, $g \circ f$, $f \circ f$ の表現行列を求めよ．

§ 7.3　逆変換

任意の $\boldsymbol{x} \in \boldsymbol{R}^n$ に対して，$f(\boldsymbol{x}) = \boldsymbol{x}$ である $\boldsymbol{R}^n$ の線形変換を**恒等変換**といって，$I_{\boldsymbol{R}^n}$ で表す．$I_{\boldsymbol{R}^n}$ の表現行列は単位行列 I_n である．$\boldsymbol{R}^n$ の線形変換 f

に対して，$g \circ f = f \circ g = I_{\boldsymbol{R}^n}$ である $\boldsymbol{R}^n$ の線形変換 g を f の**逆変換**といって，f^{-1} で表す．

逆変換の例　$\boldsymbol{R}^2$ において，原点を中心とする角度 θ の回転を f とするとき，原点を中心とする角度 $-\theta$ の回転は，f の逆変換である．したがって，f^{-1} の表現行列は次のとおりである．

$$\begin{pmatrix} \cos(-\theta) & -\sin(-\theta) \\ \sin(-\theta) & \cos(-\theta) \end{pmatrix} = \begin{pmatrix} \cos\theta & -\sin\theta \\ \sin\theta & \cos\theta \end{pmatrix}^{-1}$$

また，x 軸に関する対称移動を f とするとき，f は f 自身の逆変換である．したがって，f^{-1} の表現行列は $\begin{pmatrix} 1 & 0 \\ 0 & -1 \end{pmatrix} = \begin{pmatrix} 1 & 0 \\ 0 & -1 \end{pmatrix}^{-1}$ である．

一般に次のことが成り立つ．

定理 7.3　$\boldsymbol{R}^n$ の線形変換 f の表現行列を A とするとき，逆変換 f^{-1} の表現行列は A の逆行列 A^{-1} である．

証明　f^{-1} の表現行列を B とする．$f^{-1} \circ f = f \circ f^{-1} = I_{\boldsymbol{R}^n}$ に定理 7.2 を適用すると，$BA = AB = I_n$ が成り立つ．すなわち，$B = A^{-1}$ である．■

問 7.8　平面の線形変換 f, g の表現行列をそれぞれ $A = \begin{pmatrix} 2 & -1 \\ -1 & 1 \end{pmatrix}$，$B = \begin{pmatrix} 2 & 1 \\ 3 & 2 \end{pmatrix}$ とする．このとき f，g，$g \circ f$，$f \circ g \circ f^{-1}$ の逆変換の表現行列を求めよ．

問 7.9　f, g を平面の線形変換とする．f，$f \circ g$ の表現行列をそれぞれ $\begin{pmatrix} 2 & -1 \\ 1 & 3 \end{pmatrix}$，$\begin{pmatrix} 1 & 2 \\ 3 & 4 \end{pmatrix}$ とするとき，g の表現行列を求めよ．

例題 7.3　直線 $y = mx$ に関する対称移動 f の表現行列を求めよ．

解答　$m = \tan\theta \left(-\dfrac{\pi}{2} < \theta < \dfrac{\pi}{2} \right)$ とする．g を原点を中心とする角度 θ の回転，h を x 軸に関する対称移動とするとき

$$f = g \circ h \circ g^{-1} \tag{7.7}$$

である (図 7.7 参照)．g と h の表現行列は，それぞれ $A = \begin{pmatrix} \cos\theta & -\sin\theta \\ \sin\theta & \cos\theta \end{pmatrix}$，$B =$

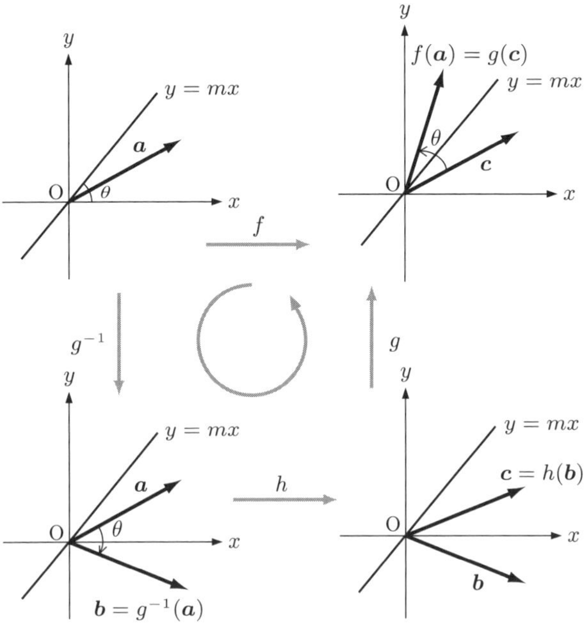

図 7.7　$y = mx$ に関する対称移動

$\begin{pmatrix} 1 & 0 \\ 0 & -1 \end{pmatrix}$ であるので, 定理 7.2 より, f の表現行列は

$$ABA^{-1} = \begin{pmatrix} \cos\theta & -\sin\theta \\ \sin\theta & \cos\theta \end{pmatrix} \begin{pmatrix} 1 & 0 \\ 0 & -1 \end{pmatrix} \begin{pmatrix} \cos\theta & \sin\theta \\ -\sin\theta & \cos\theta \end{pmatrix}$$

$$= \begin{pmatrix} \cos^2\theta - \sin^2\theta & 2\cos\theta\sin\theta \\ 2\cos\theta\sin\theta & \sin^2\theta - \cos^2\theta \end{pmatrix}. \tag{7.8}$$

$\cos\theta = \dfrac{1}{\sqrt{1+m^2}}$, $\sin\theta = \dfrac{m}{\sqrt{1+m^2}}$
を (7.8) 式に代入すると (図 7.8 参照),

$$ABA^{-1} = \begin{pmatrix} \dfrac{1-m^2}{1+m^2} & \dfrac{2m}{1+m^2} \\ \dfrac{2m}{1+m^2} & -\dfrac{1-m^2}{1+m^2} \end{pmatrix}$$

が求める f の表現行列である.

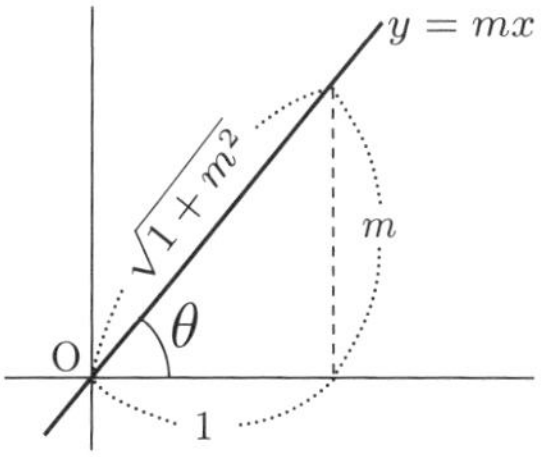

図 7.8　$m = \tan\theta$

∎

問 7.10　点 $\mathrm{P}(x,y)$ の直線 $y=2x$ について対称な点を $\mathrm{P}'(x',y')$ とするとき，x' と y' を x と y で表せ．また，点 $\mathrm{P}(0,3)$ のこの直線についての対称点を求めよ．

問 7.11　ベクトル $\begin{pmatrix}4\\3\end{pmatrix}$ の像が $\begin{pmatrix}3\\4\end{pmatrix}$ であるような線形変換のうちで，原点を通る直線についての対称移動となるものを求めよ．

§ 7.4　基底の変換

$\boldsymbol{p}_1,\boldsymbol{p}_2,\ldots,\boldsymbol{p}_n$ を $\boldsymbol{R}^n$ の基底とするとき，$\boldsymbol{R}^n$ の任意のベクトル $\boldsymbol{x}$ は $\boldsymbol{p}_1,\boldsymbol{p}_2,\ldots,\boldsymbol{p}_n$ の 1 次結合として $\boldsymbol{x}=u_1\boldsymbol{p}_1+u_2\boldsymbol{p}_2+\cdots+u_n\boldsymbol{p}_n$ のように表せる．$(u_1,u_2,\ldots,u_n)$ を**基底** $\{\boldsymbol{p}_1,\boldsymbol{p}_2,\ldots,\boldsymbol{p}_n\}$ **に関する** $\boldsymbol{x}$ **の座標** という．

定理 7.4　f を $\boldsymbol{R}^n$ の線形変換, A を f の表現行列とする. $\boldsymbol{p}_1,\boldsymbol{p}_2,\ldots,\boldsymbol{p}_n$ を $\boldsymbol{R}^n$ の基底とし, $P=(\boldsymbol{p}_1\ \ \boldsymbol{p}_2\ \ \cdots\ \ \boldsymbol{p}_n)$ を列ベクトルが基底からなる n 次の正則行列とする. このとき, 次の等式が成り立つ.

(1)　$$(f(\boldsymbol{p}_1)\ \ f(\boldsymbol{p}_2)\ \ \cdots\ \ f(\boldsymbol{p}_n))=(\boldsymbol{p}_1\ \ \boldsymbol{p}_2\ \ \cdots\ \ \boldsymbol{p}_n)P^{-1}AP \tag{7.9}$$

(2)　$\boldsymbol{x},\ f(\boldsymbol{x})\in\boldsymbol{R}^n$ の基底 $\boldsymbol{p}_1,\boldsymbol{p}_2,\ldots,\boldsymbol{p}_n$ に関する座標をそれぞれ $(u_1,u_2,\ldots,u_n)$, $(v_1,v_2,\ldots,v_n)$ とし, $\boldsymbol{u}=\begin{pmatrix}u_1\\u_2\\\vdots\\u_n\end{pmatrix}$, $\boldsymbol{v}=\begin{pmatrix}v_1\\v_2\\\vdots\\v_n\end{pmatrix}$ とおくとき,

$$\boldsymbol{v}=P^{-1}AP\boldsymbol{u} \tag{7.10}$$

証明　(1) $(f(\boldsymbol{p}_1)\ \ f(\boldsymbol{p}_2)\ \ \cdots\ \ f(\boldsymbol{p}_n))=(A\boldsymbol{p}_1\ \ A\boldsymbol{p}_2\ \ \cdots\ \ A\boldsymbol{p}_n)$ なので

$$\begin{aligned}(f(\boldsymbol{p}_1)\ \ f(\boldsymbol{p}_2)\ \ \cdots\ \ f(\boldsymbol{p}_n))&=A(\boldsymbol{p}_1\ \ \boldsymbol{p}_2\ \ \cdots\ \ \boldsymbol{p}_n)\\&=AP\\&=(\boldsymbol{p}_1\ \ \boldsymbol{p}_2\ \ \cdots\ \ \boldsymbol{p}_n)P^{-1}AP.\end{aligned}$$

(2) f が線形変換であることより

$$\begin{aligned}f(\boldsymbol{x})&=f(u_1\boldsymbol{p}_1+u_2\boldsymbol{p}_2+\cdots+u_n\boldsymbol{p}_n)\\&=u_1f(\boldsymbol{p}_1)+u_2f(\boldsymbol{p}_2)+\cdots+u_nf(\boldsymbol{p}_n)\end{aligned}$$

$$= (\, f(\boldsymbol{p}_1) \;\; f(\boldsymbol{p}_2) \;\; \cdots \;\; f(\boldsymbol{p}_n)\,)\boldsymbol{u}$$

$$= (\, \boldsymbol{p}_1 \;\; \boldsymbol{p}_2 \;\; \cdots \;\; \boldsymbol{p}_n\,)P^{-1}AP\boldsymbol{u}.$$

一方, $f(\boldsymbol{x}) = v_1\boldsymbol{p}_1 + v_2\boldsymbol{p}_2 + \cdots + v_n\boldsymbol{p}_n = (\, \boldsymbol{p}_1 \;\; \boldsymbol{p}_2 \;\; \cdots \;\; \boldsymbol{p}_n\,)\boldsymbol{v}$. ゆえに $\boldsymbol{v} = P^{-1}AP\boldsymbol{u}$. ∎

定理 7.4 の (7.9) 式における $P^{-1}AP$ を**基底** $\{\boldsymbol{p}_1, \boldsymbol{p}_2, \ldots, \boldsymbol{p}_n\}$ **に関する** $\boldsymbol{f}$ **の表現行列** という. (7.10) 式は, 基底 $\{\boldsymbol{p}_1, \boldsymbol{p}_2, \ldots, \boldsymbol{p}_n\}$ に関する f によるベクトルの座標変換を表す (図 7.9 参照).

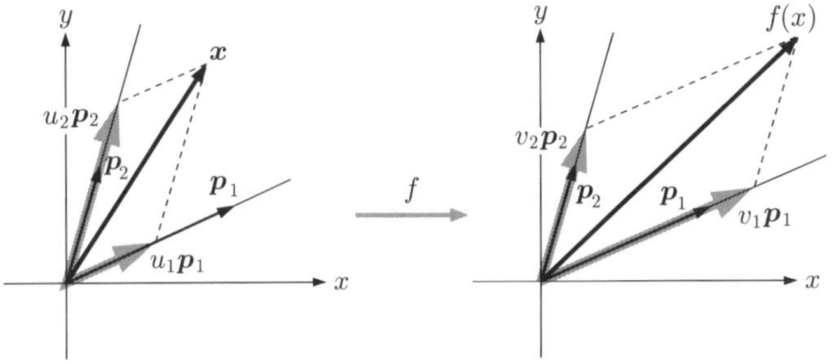

図 7.9　基底 $\{\boldsymbol{p}_1, \boldsymbol{p}_2, \ldots, \boldsymbol{p}_n\}$ に関する f によるベクトルの座標変換

例題 7.4　f を $\boldsymbol{R}^2$ の線形変換, $A = \begin{pmatrix} \frac{8}{3} & -\frac{2}{3} \\ -\frac{1}{3} & \frac{7}{3} \end{pmatrix}$ を f の表現行列とする. $\boldsymbol{p}_1 = \begin{pmatrix} 2 \\ -1 \end{pmatrix}$, $\boldsymbol{p}_2 = \begin{pmatrix} 1 \\ 1 \end{pmatrix}$ を $\boldsymbol{R}^2$ の基底とするとき, 基底 $\{\boldsymbol{p}_1, \boldsymbol{p}_2\}$ に関する f の表現行列 B と座標変換の式を求めよ.

解答　$P = (\, \boldsymbol{p}_1 \;\; \boldsymbol{p}_2\,) = \begin{pmatrix} 2 & 1 \\ -1 & 1 \end{pmatrix}$ とおくとき,

$$B = P^{-1}AP$$

$$= \frac{1}{3}\begin{pmatrix} 1 & -1 \\ 1 & 2 \end{pmatrix}\begin{pmatrix} \frac{8}{3} & -\frac{2}{3} \\ -\frac{1}{3} & \frac{7}{3} \end{pmatrix}\begin{pmatrix} 2 & 1 \\ -1 & 1 \end{pmatrix}$$

$$= \begin{pmatrix} 3 & 0 \\ 0 & 2 \end{pmatrix}.$$

$\boldsymbol{x} = u_1\boldsymbol{p}_1 + u_2\boldsymbol{p}_2$, $f(\boldsymbol{x}) = v_1\boldsymbol{p}_1 + v_2\boldsymbol{p}_2$ とするとき,

$$\begin{pmatrix} v_1 \\ v_2 \end{pmatrix} = \begin{pmatrix} 3 & 0 \\ 0 & 2 \end{pmatrix}\begin{pmatrix} u_1 \\ u_2 \end{pmatrix} \text{ より, } v_1 = 3u_1,\ v_2 = 2u_2.$$ ∎

例題 7.5　f を $\boldsymbol{R}^2$ の線形変換, $A = \begin{pmatrix} \sqrt{2} & -\sqrt{2} \\ \dfrac{\sqrt{2}}{2} & 0 \end{pmatrix}$ を f の表現行列とする. $\boldsymbol{p}_1 = \begin{pmatrix} 3 \\ 1 \end{pmatrix}$, $\boldsymbol{p}_2 = \begin{pmatrix} 1 \\ 2 \end{pmatrix}$ を $\boldsymbol{R}^2$ の基底とするとき, 基底 $\{\boldsymbol{p}_1, \boldsymbol{p}_2\}$ に関する f の表現行列 B と座標変換の式を求めよ.

解答　$P = (\boldsymbol{p}_1\ \ \boldsymbol{p}_2) = \begin{pmatrix} 3 & 1 \\ 1 & 2 \end{pmatrix}$ とおくとき,

$$\begin{aligned} B &= P^{-1}AP \\ &= \frac{1}{5}\begin{pmatrix} 2 & -1 \\ -1 & 3 \end{pmatrix}\begin{pmatrix} \sqrt{2} & -\sqrt{2} \\ \dfrac{\sqrt{2}}{2} & 0 \end{pmatrix}\begin{pmatrix} 3 & 1 \\ 1 & 2 \end{pmatrix} \\ &= \frac{1}{\sqrt{2}}\begin{pmatrix} 1 & -1 \\ 1 & 1 \end{pmatrix} \\ &= \begin{pmatrix} \cos\dfrac{\pi}{4} & -\sin\dfrac{\pi}{4} \\ \sin\dfrac{\pi}{4} & \cos\dfrac{\pi}{4} \end{pmatrix}. \end{aligned}$$

$\boldsymbol{x} = u_1\boldsymbol{p}_1 + u_2\boldsymbol{p}_2$, $f(\boldsymbol{x}) = v_1\boldsymbol{p}_1 + v_2\boldsymbol{p}_2$ とするとき,

$$\begin{pmatrix} v_1 \\ v_2 \end{pmatrix} = \begin{pmatrix} \cos\dfrac{\pi}{4} & -\sin\dfrac{\pi}{4} \\ \sin\dfrac{\pi}{4} & \cos\dfrac{\pi}{4} \end{pmatrix}\begin{pmatrix} u_1 \\ u_2 \end{pmatrix}.$$ ∎

問 7.12　$\boldsymbol{R}^2$ の基底 $\{\boldsymbol{p}_1\ \boldsymbol{p}_2\}$ に関するベクトル $\boldsymbol{x}$ の座標を求めよ.

(1)　$\boldsymbol{x} = \begin{pmatrix} 3 \\ -1 \end{pmatrix}$,　$\boldsymbol{p}_1 = \begin{pmatrix} 2 \\ 1 \end{pmatrix}$,　$\boldsymbol{p}_2 = \begin{pmatrix} 1 \\ 1 \end{pmatrix}$.

(2)　$\boldsymbol{x}=\begin{pmatrix}2\\5\end{pmatrix}$,　$\boldsymbol{p}_1=\begin{pmatrix}3\\4\end{pmatrix}$,　$\boldsymbol{p}_2=\begin{pmatrix}-4\\3\end{pmatrix}$.

問 7.13　行列 A で表される線形変換の基底 $\{\boldsymbol{p}_1\ \boldsymbol{p}_2\}$ に関する表現行列を求めよ.

(1)　$A=\begin{pmatrix}1&-2\\4&3\end{pmatrix}$,　$\boldsymbol{p}_1=\begin{pmatrix}3\\1\end{pmatrix}$,　$\boldsymbol{p}_2=\begin{pmatrix}5\\2\end{pmatrix}$.

(2)　$A=\begin{pmatrix}2&-1\\5&2\end{pmatrix}$,　$\boldsymbol{p}_1=\begin{pmatrix}2\\1\end{pmatrix}$,　$\boldsymbol{p}_2=\begin{pmatrix}3\\1\end{pmatrix}$.

§ 7.5　直交行列

${}^tAA=A\,{}^tA=I$ をみたす n 次の正方行列を n 次の**直交行列** (orthogonal matrix) という.

例題 7.6　次の行列は直交行列であることを示せ.

$$\begin{pmatrix}\cos\theta&-\sin\theta\\\sin\theta&\cos\theta\end{pmatrix},\qquad\begin{pmatrix}1&0\\0&-1\end{pmatrix},\qquad\begin{pmatrix}\pm1&0&0\\0&\cos\theta&-\sin\theta\\0&\sin\theta&\cos\theta\end{pmatrix}$$

解答　省略

定理 7.5　A, B を n 次の直交行列とするとき, 次のことが成り立つ.

(1)　A^{-1} は直交行列である.

(2)　AB は直交行列である.

(3)　$|A|=\pm1$.

証明　(1)　${}^t(A^{-1})A^{-1}={}^t({}^tA){}^tA=A\,{}^tA=I_n$.

(2)　${}^t(AB)AB=({}^tB\,{}^tA)AB={}^tB({}^tAA)B={}^tBI_nB={}^tBB=I_n$.

(3)　$1=|I_n|=|{}^tAA|=|{}^tA||A|=|A|^2$. これより $|A|=\pm1$.

任意の n 次の正方行列 A に対して

$$(A\boldsymbol{a},\boldsymbol{b})=(\boldsymbol{a},{}^tA\boldsymbol{b})$$

が成り立つ．なぜならば

$$(A\boldsymbol{a},\boldsymbol{b}) = {}^t(A\boldsymbol{a})\boldsymbol{b} = ({}^t\boldsymbol{a}\,{}^tA)\boldsymbol{b} = {}^t\boldsymbol{a}({}^tA\boldsymbol{b}) = (\boldsymbol{a},{}^tA\boldsymbol{b}).$$

定理 7.6　n 次の正方行列 A について，次の条件は互いに同値である．

(1)　A は直交行列である．

(2)　$(A\boldsymbol{a}, A\boldsymbol{b}) = (\boldsymbol{a},\boldsymbol{b})$　$(\boldsymbol{a},\boldsymbol{b}\in\boldsymbol{R}^n)$

(3)　$\|A\boldsymbol{a}\| = \|\boldsymbol{a}\|$　$(\boldsymbol{a}\in\boldsymbol{R}^n)$

(4)　A の列ベクトルは $\boldsymbol{R}^n$ の正規直交基底をなす．

証明　(1) $\Longrightarrow$ (2)　$(A\boldsymbol{a}, A\boldsymbol{b}) = (\boldsymbol{a}, {}^tAA\boldsymbol{b}) = (\boldsymbol{a},\boldsymbol{b})$.

(2) $\Longrightarrow$ (1)　$(\boldsymbol{a},\boldsymbol{b}) = (\boldsymbol{a},{}^tAA\boldsymbol{b})$ において，$\boldsymbol{a}=\boldsymbol{e}_i$，$\boldsymbol{b}=\boldsymbol{e}_j$ を代入すると，$\delta_{ij} = (\boldsymbol{e}_i,\boldsymbol{e}_j) = (\boldsymbol{e}_i, {}^tAA\boldsymbol{e}_j) = {}^tAA$ の (i,j) 成分．すなわち ${}^tAA = I_n$.

(2) $\Longrightarrow$ (3)　ベクトルの長さの定義から明らかである．

(3) $\Longrightarrow$ (2)　$\|A(\boldsymbol{a}+\boldsymbol{b})\|^2 = \|A\boldsymbol{a}+A\boldsymbol{b}\|^2 = \|A\boldsymbol{a}\|^2 + 2(A\boldsymbol{a},A\boldsymbol{b}) + \|A\boldsymbol{b}\|^2$
$= \|\boldsymbol{a}\|^2 + 2(A\boldsymbol{a},A\boldsymbol{b}) + \|\boldsymbol{b}\|^2$．また，

$$\|\boldsymbol{a}+\boldsymbol{b}\|^2 = \|\boldsymbol{a}\|^2 + 2(\boldsymbol{a},\boldsymbol{b}) + \|\boldsymbol{b}\|^2.$$

仮定より，$\|A(\boldsymbol{a}+\boldsymbol{b})\|^2 = \|\boldsymbol{a}+\boldsymbol{b}\|^2$．ゆえに $(A\boldsymbol{a},A\boldsymbol{b}) = (\boldsymbol{a},\boldsymbol{b})$.

(1) $\Longleftrightarrow$ (4)　$A = (\boldsymbol{a}_1\ \ \cdots\ \ \boldsymbol{a}_n)$，$\boldsymbol{a}_i\in\boldsymbol{R}^n$ $(1\leqq i\leqq n)$ とおけば，

$$ {}^tAA = \begin{pmatrix} (\boldsymbol{a}_1,\boldsymbol{a}_1) & \cdots & (\boldsymbol{a}_1,\boldsymbol{a}_n) \\ \vdots & \ddots & \vdots \\ (\boldsymbol{a}_n,\boldsymbol{a}_1) & \cdots & (\boldsymbol{a}_n,\boldsymbol{a}_n) \end{pmatrix}.$$

したがって，

$$ {}^tAA = I \Longleftrightarrow (\boldsymbol{a}_i,\boldsymbol{a}_j) = \begin{cases} 1 & (i=j) \\ 0 & (i\neq j). \end{cases}$$

すなわち，$A = (\boldsymbol{a}_1\ \ \cdots\ \ \boldsymbol{a}_n)$ が直交行列であるために，A の列ベクトル $\{\boldsymbol{a}_1, \ldots, \boldsymbol{a}_n\}$ が $\boldsymbol{R}^n$ の正規直交基底であることが必要十分である．■

問 7.14　次の行列は直交行列であることを示せ．

(1) $\dfrac{1}{\sqrt{6}}\begin{pmatrix} \sqrt{2} & -1 & \sqrt{3} \\ \sqrt{2} & 2 & 0 \\ -\sqrt{2} & 1 & \sqrt{3} \end{pmatrix}$　(2) $\begin{pmatrix} \sin\varphi\cos\theta & \cos\varphi\cos\theta & -\sin\theta \\ \sin\varphi\sin\theta & \cos\varphi\sin\theta & \cos\theta \\ \cos\varphi & -\sin\varphi & 0 \end{pmatrix}$

定理 7.7　2 次の直交行列は，適当な θ によって次のいずれかの形で表される．

$$\begin{pmatrix} \cos\theta & -\sin\theta \\ \sin\theta & \cos\theta \end{pmatrix}, \qquad \begin{pmatrix} \cos\theta & -\sin\theta \\ \sin\theta & \cos\theta \end{pmatrix}\begin{pmatrix} 1 & 0 \\ 0 & -1 \end{pmatrix}$$

証明　$A = \begin{pmatrix} a_{11} & a_{12} \\ a_{21} & a_{22} \end{pmatrix}$ を直交行列とする．$\boldsymbol{a}_1 = \begin{pmatrix} a_{11} \\ a_{21} \end{pmatrix}$，$\boldsymbol{a}_2 = \begin{pmatrix} a_{12} \\ a_{22} \end{pmatrix}$ とおけば $A = (\boldsymbol{a}_1 \quad \boldsymbol{a}_2)$．$\boldsymbol{a}_1$ は単位ベクトルより，適当な θ によって $\boldsymbol{a}_1 = \begin{pmatrix} \cos\theta \\ \sin\theta \end{pmatrix}$ と表せる．$\boldsymbol{a}_2$ は $\boldsymbol{a}_1$ と直交する単位ベクトルより，$\boldsymbol{a}_2 = \pm\begin{pmatrix} -\sin\theta \\ \cos\theta \end{pmatrix}$ と表せる．

$\boldsymbol{a}_2 = \begin{pmatrix} -\sin\theta \\ \cos\theta \end{pmatrix}$ の場合は $\begin{pmatrix} \cos\theta & -\sin\theta \\ \sin\theta & \cos\theta \end{pmatrix}$ であり，$\boldsymbol{a}_2 = -\begin{pmatrix} -\sin\theta \\ \cos\theta \end{pmatrix}$ の場合は $\begin{pmatrix} \cos\theta & \sin\theta \\ \sin\theta & -\cos\theta \end{pmatrix} = \begin{pmatrix} \cos\theta & -\sin\theta \\ \sin\theta & \cos\theta \end{pmatrix}\begin{pmatrix} 1 & 0 \\ 0 & -1 \end{pmatrix}$ である．　∎

定理 7.7 から，行列式が 1 の 2 次の直交行列は，適当な θ によって $\begin{pmatrix} \cos\theta & -\sin\theta \\ \sin\theta & \cos\theta \end{pmatrix}$ と表されることがわかる．

定理 7.8　$\boldsymbol{e}_1 = \begin{pmatrix} 1 \\ 0 \\ 0 \end{pmatrix}$，$\boldsymbol{e}_2 = \begin{pmatrix} 0 \\ 1 \\ 0 \end{pmatrix}$，$\boldsymbol{e}_3 = \begin{pmatrix} 0 \\ 0 \\ 1 \end{pmatrix}$ とする．$|A| = 1$ である 3 次の直交行列 A は，適当な θ によって

(1)　$A\boldsymbol{e}_1 = \boldsymbol{e}_1$ ならば $A = \begin{pmatrix} 1 & 0 & 0 \\ 0 & \cos\theta & -\sin\theta \\ 0 & \sin\theta & \cos\theta \end{pmatrix}$，

(2)　$A\boldsymbol{e}_2 = \boldsymbol{e}_2$ ならば $A = \begin{pmatrix} \cos\theta & 0 & \sin\theta \\ 0 & 1 & 0 \\ -\sin\theta & 0 & \cos\theta \end{pmatrix}$，

(3)　$A\boldsymbol{e}_3 = \boldsymbol{e}_3$ ならば $A = \begin{pmatrix} \cos\theta & -\sin\theta & 0 \\ \sin\theta & \cos\theta & 0 \\ 0 & 0 & 1 \end{pmatrix}$

と表される．

証明 (1) を示す． $Ae_1 = e_1$ より $A = \begin{pmatrix} 1 & p & q \\ 0 & a & b \\ 0 & c & d \end{pmatrix}$ と示される． $\begin{pmatrix} 1 \\ 0 \\ 0 \end{pmatrix}$ と $\begin{pmatrix} p \\ a \\ c \end{pmatrix}$ は直交するので，内積が 0 に等しい．ゆえに $p = 0$． 同様に， $\begin{pmatrix} 1 \\ 0 \\ 0 \end{pmatrix}$ と $\begin{pmatrix} q \\ b \\ d \end{pmatrix}$ が直交することより $q = 0$． よって $B = \begin{pmatrix} a & b \\ c & d \end{pmatrix}$ とおくと， $A = \begin{pmatrix} 1 & {}^t\mathbf{0} \\ \mathbf{0} & B \end{pmatrix}$． A は $|A| = 1$ の直交行列であるので，B も $|B| = 1$ の直交行列である．定理 7.7 より，適当な θ によって $B = \begin{pmatrix} \cos\theta & -\sin\theta \\ \sin\theta & \cos\theta \end{pmatrix}$ と表される．よって (1) が示された． ∎

例題 7.8 の (1), (2), (3) における A はそれぞれ，x 軸, y 軸, z 軸を中心とする θ だけの回転を表す．

§ 7.6　補足 – オイラー角 –

力学において剛体の運動を表現するときに，方位に関して 3 つの変数が必要になる．この変数の組として有用でよく用いられるのが，この節で解説する **オイラー角** である．

定理 7.9　$Z_\varphi = \begin{pmatrix} \cos\varphi & -\sin\varphi & 0 \\ \sin\varphi & \cos\varphi & 0 \\ 0 & 0 & 1 \end{pmatrix}$, $Y_\theta = \begin{pmatrix} \cos\theta & 0 & \sin\theta \\ 0 & 1 & 0 \\ -\sin\theta & 0 & \cos\theta \end{pmatrix}$ とおくとき，$|A| = 1$ である 3 次の直交行列 A は，適当な φ, θ, ψ によって

$$A = Z_\varphi Y_\theta Z_\psi$$

と表される．

証明 $\boldsymbol{e}_1, \boldsymbol{e}_2, \boldsymbol{e}_3$ を $\boldsymbol{R}^3$ の標準基底とする． $V = \{a\boldsymbol{e}_1 + b\boldsymbol{e}_2 \mid a, b \in \boldsymbol{R}\}$, $W = \{A\boldsymbol{u} \mid \boldsymbol{u} \in V\}$ とおく．明らかに $\dim V = 2$． また A は正則より，$\dim W = 2$． したがって

$$V = W \quad \text{または} \quad \dim V \cap W = 1$$

である．これより $A\boldsymbol{p} = \boldsymbol{q}$, $\|\boldsymbol{p}\| = \|\boldsymbol{q}\| = 1$ をみたすベクトル $\boldsymbol{p}, \boldsymbol{q} \in V$ を選べ

る． V において， $\boldsymbol{p}$ が原点を中心として $\boldsymbol{e}_2$ を $-\psi$ だけ回転したベクトルとすれば， $\boldsymbol{p} = Z_{-\psi}\boldsymbol{e}_2$. また $\boldsymbol{q}$ が原点を中心として $\boldsymbol{e}_2$ を φ だけ回転したベクトルとすれば， $\boldsymbol{e}_2 = Z_{-\varphi}\boldsymbol{q}$. よって

$$\boldsymbol{e}_2 = Z_{-\varphi}AZ_{-\psi}\boldsymbol{e}_2.$$

ゆえに，定理 7.8 の (2) より，適当な θ によって

$$Z_{-\varphi}AZ_{-\psi} = Y_\theta$$

と表される．これより，求める等式 $A = Z_\varphi Y_\theta Z_\psi$ が得られる． ∎

定理 7.9 の (θ, φ, ψ) を A の**オイラー角**[2]という．

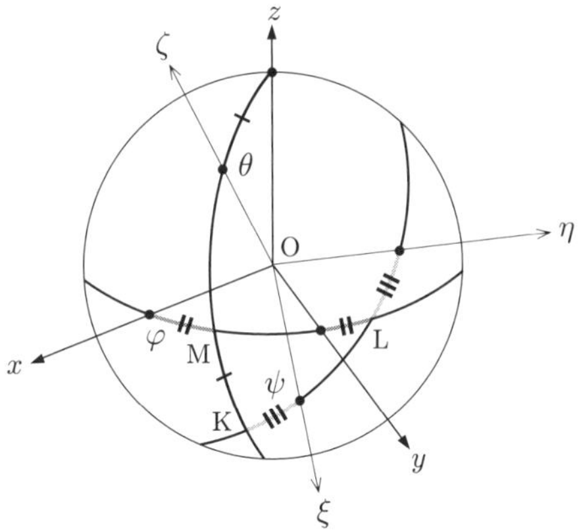

図 7.10 オイラー角

例題 7.7 $A = \begin{pmatrix} -\dfrac{1}{\sqrt{3}} & \dfrac{1}{\sqrt{6}} & \dfrac{1}{\sqrt{2}} \\ \dfrac{1}{\sqrt{3}} & -\dfrac{1}{\sqrt{6}} & \dfrac{1}{\sqrt{2}} \\ \dfrac{1}{\sqrt{3}} & \dfrac{2}{\sqrt{6}} & 0 \end{pmatrix}$ を定理 7.9 のように表すとき， $Z_\varphi, Y_\theta, Z_\psi$ を求めよ．

[2] 図 7.4 において ξ, η, ζ は，それぞれ $A\boldsymbol{e}_1, A\boldsymbol{e}_2, A\boldsymbol{e}_3$ の方向の座標軸である．

解答　$\boldsymbol{a}_1 = \begin{pmatrix} -\frac{1}{\sqrt{3}} \\ \frac{1}{\sqrt{3}} \\ \frac{1}{\sqrt{3}} \end{pmatrix}$, $\boldsymbol{a}_2 = \begin{pmatrix} \frac{1}{\sqrt{6}} \\ -\frac{1}{\sqrt{6}} \\ \frac{2}{\sqrt{6}} \end{pmatrix}$ とおくと, $\sqrt{2}\boldsymbol{a}_1 - \boldsymbol{a}_2 = \begin{pmatrix} -\frac{3}{\sqrt{6}} \\ \frac{3}{\sqrt{6}} \\ 0 \end{pmatrix}$.

この等式の右辺のベクトルを正規化するために両辺を $\sqrt{3}$ で割ると, $\frac{\sqrt{2}}{\sqrt{3}}\boldsymbol{a}_1 - \frac{1}{\sqrt{3}}\boldsymbol{a}_2 = \begin{pmatrix} -\frac{1}{\sqrt{2}} \\ \frac{1}{\sqrt{2}} \\ 0 \end{pmatrix}$. $\boldsymbol{p} = \begin{pmatrix} \frac{\sqrt{2}}{\sqrt{3}} \\ -\frac{1}{\sqrt{3}} \\ 0 \end{pmatrix}$, $\boldsymbol{q} = \begin{pmatrix} -\frac{1}{\sqrt{2}} \\ \frac{1}{\sqrt{2}} \\ 0 \end{pmatrix}$ とおくと, $\boldsymbol{p}, \boldsymbol{q} \in V$ で, $A\boldsymbol{p} = \boldsymbol{q}$, $||\boldsymbol{p}|| = ||\boldsymbol{q}|| = 1$. ここで V は定理 7.9 の証明中で定義された $\boldsymbol{R}^3$ の 2 次元部分空間である. $\boldsymbol{p} = Z_{-\psi}\boldsymbol{e}_2$ より,

$\begin{pmatrix} \frac{\sqrt{2}}{\sqrt{3}} \\ -\frac{1}{\sqrt{3}} \end{pmatrix} = \begin{pmatrix} -\sin(-\psi) \\ \cos(-\psi) \end{pmatrix}$. よって, $\cos\psi = -\frac{1}{\sqrt{3}}$, $\sin\psi = \frac{\sqrt{2}}{\sqrt{3}}$. ゆえに,

$$Z_\psi = \begin{pmatrix} \cos\psi & -\sin\psi & 0 \\ \sin\psi & \cos\psi & 0 \\ 0 & 0 & 1 \end{pmatrix} = \begin{pmatrix} -\frac{1}{\sqrt{3}} & -\frac{\sqrt{2}}{\sqrt{3}} & 0 \\ \frac{\sqrt{2}}{\sqrt{3}} & -\frac{1}{\sqrt{3}} & 0 \\ 0 & 0 & 1 \end{pmatrix}.$$

$\boldsymbol{q} = Z_\varphi\boldsymbol{e}_2$ より, $\begin{pmatrix} -\frac{1}{\sqrt{2}} \\ \frac{1}{\sqrt{2}} \end{pmatrix} = \begin{pmatrix} -\sin\varphi \\ \cos\varphi \end{pmatrix}$. よって, $\cos\varphi = \frac{1}{\sqrt{2}}$, $\sin\varphi = \frac{1}{\sqrt{2}}$.

ゆえに,

$$Z_\varphi = \begin{pmatrix} \cos\varphi & -\sin\varphi & 0 \\ \sin\varphi & \cos\varphi & 0 \\ 0 & 0 & 1 \end{pmatrix} = \begin{pmatrix} \frac{1}{\sqrt{2}} & -\frac{1}{\sqrt{2}} & 0 \\ \frac{1}{\sqrt{2}} & \frac{1}{\sqrt{2}} & 0 \\ 0 & 0 & 1 \end{pmatrix}.$$

したがって,

$Y_\theta = Z_{-\varphi}AZ_{-\psi}$

$$= \begin{pmatrix} \frac{1}{\sqrt{2}} & \frac{1}{\sqrt{2}} & 0 \\ -\frac{1}{\sqrt{2}} & \frac{1}{\sqrt{2}} & 0 \\ 0 & 0 & 1 \end{pmatrix} \begin{pmatrix} -\frac{1}{\sqrt{3}} & \frac{1}{\sqrt{6}} & \frac{1}{\sqrt{2}} \\ \frac{1}{\sqrt{3}} & -\frac{1}{\sqrt{6}} & \frac{1}{\sqrt{2}} \\ \frac{1}{\sqrt{3}} & \frac{2}{\sqrt{6}} & 0 \end{pmatrix} \begin{pmatrix} -\frac{1}{\sqrt{3}} & \frac{\sqrt{2}}{\sqrt{3}} & 0 \\ -\frac{\sqrt{2}}{\sqrt{3}} & -\frac{1}{\sqrt{3}} & 0 \\ 0 & 0 & 1 \end{pmatrix}$$

$$= \begin{pmatrix} 0 & 0 & 1 \\ 0 & 1 & 0 \\ -1 & 0 & 0 \end{pmatrix}.$$

■

◆練習問題 7◆

7.1 行列 $\begin{pmatrix} 2 & 1 \\ 1 & 3 \end{pmatrix}$ で表される線形変換によって，4 点 O(0, 0), A(1, 0), B(1, 1), C(0, 1) を頂点とする正方形の内部はどのような図形に移されるか．また，行列 $\begin{pmatrix} 3 & 0 \\ 1 & 1 \end{pmatrix}$ で表される線形変換ではどうか．

7.2 座標平面上で 2 つのベクトル $\boldsymbol{a}, \boldsymbol{b}$ により張られる平行四辺形の面積を $S(\boldsymbol{a}, \boldsymbol{b})$ と表すとする．ベクトル $\boldsymbol{a}', \boldsymbol{b}'$ が 2 次行列 A により，$\boldsymbol{a}' = A\boldsymbol{a}, \boldsymbol{b}' = A\boldsymbol{b}$ と表されるならば，次式が成立することを示せ．

$$S(\boldsymbol{a}', \boldsymbol{b}') = |A| \text{ の絶対値} \times S(\boldsymbol{a}, \boldsymbol{b})$$

7.3 ベクトル $\boldsymbol{x} = \begin{pmatrix} x_1 \\ x_2 \end{pmatrix}$，$\boldsymbol{y} = \begin{pmatrix} y_1 \\ y_2 \end{pmatrix}$ に対して，$[\boldsymbol{x}, \boldsymbol{y}] = x_1y_1 - x_2y_2$ と定義する．ある 2 次行列 A が，すべての $\boldsymbol{x}$ について $[A\boldsymbol{x}, A\boldsymbol{x}] = [\boldsymbol{x}, \boldsymbol{x}]$ をみたし，さらに $|A| > 0$ ならば，A は次式で表されることを示せ (ローレンツ変換)．

$$A = \pm \begin{pmatrix} \sqrt{1+c^2} & \pm c \\ \pm c & \sqrt{1+c^2} \end{pmatrix} \quad (c：\text{任意の数})$$

7.4 2 次行列 $A = \begin{pmatrix} a & b \\ c & d \end{pmatrix}$ が $\boldsymbol{x} = A\boldsymbol{x}$ $(\boldsymbol{x} \neq \boldsymbol{0})$ をみたすベクトル $\boldsymbol{x}$ をもてば，$|I - A| = 0$ が成立することを示せ (I：単位行列)．また，$|A| = 1$ ならば，この条件は $a + d = 2$ に等しいことを示せ．

7.5 3 次元座標空間において，$\boldsymbol{a} = \begin{pmatrix} a \\ b \\ c \end{pmatrix}$ を法線ベクトルとして，原点を通る平面を π とする．任意の点 P に対して，Q を π に関する P の対称点とするとき，

$\boldsymbol{x} = \overrightarrow{\mathrm{OP}}$, $\boldsymbol{y} = \overrightarrow{\mathrm{OQ}}$ とおけば

$$\boldsymbol{y} = \boldsymbol{x} - 2\frac{(\boldsymbol{a}, \boldsymbol{x})}{(\boldsymbol{a}, \boldsymbol{a})}\boldsymbol{a}$$

であることを示せ．また，$\boldsymbol{y} = A\boldsymbol{x}$ が成立するような 3 次行列 A を求めよ (空間の対称移動).

8

行列の対角化

1 行 1 列の行列，すなわち定数 a は 1 次元数ベクトル空間 (数直線) 上の線形変換である．ここで普通に $y = ax$ と表せば，a は比例定数といわれる．一般の線形変換 ($n \times n$ 行列) についても，ある方向が定まり，線形変換がその方向については比例 (変換) となるような場合がある．この方向ベクトルを固有ベクトル，比例定数を固有値という．とくに，n 個の固有ベクトルからなる基底があれば，その基底について行列を表現すると，それは対角行列となる．このような対角化は微分方程式論，統計学などでもたいへん有用であるが，それらは他書を参照するとして，ここでは，漸化式への応用と 2 次曲線の標準化を解説するにとどめる．

§ 8.1　固有値と固有ベクトル

n 次の正方行列 $A = (a_{ij})$ と数 λ に対して，$A\boldsymbol{u} = \lambda\boldsymbol{u}$ となる $\mathbf{0}$ でない n 次ベクトル $\boldsymbol{u}$ が存在するとき，λ を A の**固有値** (eigenvalue)[1]，$\boldsymbol{u}$ を固有値 λ の**固有ベクトル** (eigenvector) という．変数 x についての n 次多項式

$$|xI - A| = \begin{vmatrix} x - a_{11} & -a_{12} & \cdots & -a_{1n} \\ -a_{21} & x - a_{22} & \cdots & -a_{2n} \\ \vdots & \vdots & & \vdots \\ -a_{n1} & -a_{n2} & \cdots & x - a_{nn} \end{vmatrix}$$

を A の**固有多項式**, n 次方程式 $|xI - A| = 0$ を A の**固有方程式**という．

定理 8.1　λ が A の固有値であるための必要十分条件は，λ が固有方程式の解となることである．

[1] 固有値 λ は 0 でもよい．

証明　λ が A の固有値であることは，$\lambda I - A$ を係数行列とする同次連立 1 次方程式 $(\lambda I - A)\boldsymbol{x} = \boldsymbol{0}$ が自明でない解をもつことである．このことは，定理 4.15 より $|\lambda I - A| = 0$ と同値である．∎

例題 8.1　$A = \begin{pmatrix} 4 & 1 \\ 2 & 3 \end{pmatrix}$ の固有値と固有ベクトルを求めよ．

解答　A の固有多項式は $\begin{vmatrix} x-4 & -1 \\ -2 & x-3 \end{vmatrix} = (x-2)(x-5)$．よって，$A$ の固有値は 2 と 5 である．固有値 2 の固有ベクトルを $\boldsymbol{u}_1 = \begin{pmatrix} u_1 \\ v_1 \end{pmatrix}$ とすれば，$(2I - A)\boldsymbol{u}_1 = \begin{pmatrix} -2 & -1 \\ -2 & -1 \end{pmatrix}\begin{pmatrix} u_1 \\ v_1 \end{pmatrix} = \boldsymbol{0}$ より $2u_1 + v_1 = 0$．ゆえに，$\boldsymbol{u}_1 = c_1\begin{pmatrix} -1 \\ 2 \end{pmatrix}$ （c_1 は 0 でない任意の数）．固有値 5 の固有ベクトルを $\boldsymbol{u}_2 = \begin{pmatrix} u_2 \\ v_2 \end{pmatrix}$ とすれば，$(5I - A)\boldsymbol{u}_2 = \begin{pmatrix} 1 & -1 \\ -2 & 2 \end{pmatrix}\begin{pmatrix} u_2 \\ v_2 \end{pmatrix} = \boldsymbol{0}$ より $u_2 - v_2 = 0$．ゆえに，$\boldsymbol{u}_2 = c_2\begin{pmatrix} 1 \\ 1 \end{pmatrix}$ （c_2 は 0 でない任意の数）．∎

例題 8.2　$A = \begin{pmatrix} -5 & 14 & 2 \\ -1 & 4 & -1 \\ -2 & 4 & 3 \end{pmatrix}$ の固有値と固有ベクトルを求めよ．

解答　A の固有多項式は

$$|xI - A|$$

$$= \begin{vmatrix} x+5 & -14 & -2 \\ 1 & x-4 & 1 \\ 2 & -4 & x-3 \end{vmatrix}$$

$$= \begin{vmatrix} 1 & x-4 & 1 \\ 2 & -4 & x-3 \\ x+5 & -14 & -2 \end{vmatrix} \quad : \ 2 \text{ つの行を入れ換える}$$

$$= \begin{vmatrix} 1 & x-4 & 1 \\ 0 & -4-2(x-4) & x-5 \\ 0 & -14-(x+5)(x-4) & -2-(x+5) \end{vmatrix} \quad : \ \begin{array}{l} \text{第 2 行} - 2 \times \text{第 1 行} \\ \text{第 3 行} - (x+5) \times \text{第 1 行} \end{array}$$

$$= \begin{vmatrix} -2(x-2) & x-5 \\ -(x-2)(x+3) & -(x+7) \end{vmatrix} \quad : \text{例題 4.7}$$

$$= (x+1)(x-1)(x-2) \quad : \text{上式より } x-2 \text{ を因数にもつことがわかる.}$$

よって，A の固有値は $-1, 1, 2$ である．

固有値 -1 の固有ベクトルを $\boldsymbol{u}_1 = \begin{pmatrix} u_1 \\ v_1 \\ w_1 \end{pmatrix}$ とすれば

$$((-1)I - A)\boldsymbol{u}_1 = \begin{pmatrix} 4 & -14 & -2 \\ 1 & -5 & 1 \\ 2 & -4 & -4 \end{pmatrix} \begin{pmatrix} u_1 \\ v_1 \\ w_1 \end{pmatrix} = \mathbf{0}.$$

基本変形により $\begin{pmatrix} 4 & -14 & -2 \\ 1 & -5 & 1 \\ 2 & -4 & -4 \end{pmatrix} \to \begin{pmatrix} 1 & 0 & -4 \\ 0 & 1 & -1 \\ 0 & 0 & 0 \end{pmatrix}$. したがって $\begin{cases} u_1 - 4w_1 = 0 \\ v_1 - w_1 = 0 \end{cases}$

を解けばよい．よって，$w_1 = c_1$ とおけば $u_1 = 4c_1$，$v_1 = c_1$．ゆえに $\boldsymbol{u}_1 = c_1 \begin{pmatrix} 4 \\ 1 \\ 1 \end{pmatrix}$

(c_1 は 0 でない任意の数)．固有値 1 の固有ベクトルを $\boldsymbol{u}_2 = \begin{pmatrix} u_2 \\ v_2 \\ w_2 \end{pmatrix}$ とすれば,

$$(I - A)\boldsymbol{u}_2 = \begin{pmatrix} 6 & -14 & -2 \\ 1 & -3 & 1 \\ 2 & -4 & -2 \end{pmatrix} \begin{pmatrix} u_2 \\ v_2 \\ w_2 \end{pmatrix} = \mathbf{0}.$$

基本変形により $\begin{pmatrix} 6 & -14 & -2 \\ 1 & -3 & 1 \\ 2 & -4 & -2 \end{pmatrix} \to \begin{pmatrix} 1 & 0 & -5 \\ 0 & 1 & -2 \\ 0 & 0 & 0 \end{pmatrix}$. したがって $\begin{cases} u_2 - 5w_2 = 0 \\ v_2 - 2w_2 = 0 \end{cases}$.

よって，$w_2 = c_2$ とおけば $u_2 = 5c_2$，$v_2 = 2c_2$．ゆえに，$\boldsymbol{u}_2 = c_2 \begin{pmatrix} 5 \\ 2 \\ 1 \end{pmatrix}$ (c_2 は 0 でない任意の数)．固有値 2 の固有ベクトルを $\boldsymbol{u}_3 = \begin{pmatrix} u_3 \\ v_3 \\ w_3 \end{pmatrix}$ とすれば,

$$(2I - A)\boldsymbol{u}_3 = \begin{pmatrix} 7 & -14 & -2 \\ 1 & -2 & 1 \\ 2 & -4 & -1 \end{pmatrix} \begin{pmatrix} u_3 \\ v_3 \\ w_3 \end{pmatrix} = \mathbf{0}.$$

基本変形により $\begin{pmatrix} 7 & -14 & -2 \\ 1 & -2 & 1 \\ 2 & -4 & -1 \end{pmatrix} \to \begin{pmatrix} 1 & -2 & 0 \\ 0 & 0 & 1 \\ 0 & 0 & 0 \end{pmatrix}$. したがって $\begin{cases} u_3 - 2v_3 = 0 \\ w_3 = 0 \end{cases}$.

よって，$w_3 = 0$ となり，$v_3 = c_3$ とおけば $u_3 = 2c_3$. ゆえに，$\boldsymbol{u}_3 = c_3 \begin{pmatrix} 2 \\ 1 \\ 0 \end{pmatrix}$ (c_3 は 0 でない任意の数). ∎

例題 8.1 において，2 と 5 に対する固有ベクトル $\begin{pmatrix} -1 \\ 2 \end{pmatrix}$ と $\begin{pmatrix} 1 \\ 1 \end{pmatrix}$ は 1 次独立である．例題 8.2 においても，$-1, 1, 2$ に対する固有ベクトル $\begin{pmatrix} 4 \\ 1 \\ 1 \end{pmatrix}$, $\begin{pmatrix} 5 \\ 2 \\ 1 \end{pmatrix}$, $\begin{pmatrix} 2 \\ 1 \\ 0 \end{pmatrix}$ は 1 次独立である．一般に次のことが成り立つ．

定理 8.2　相異なる固有値の固有ベクトルは 1 次独立である．

証明　固有ベクトルが 3 個の場合について考える．n 次の行列 A の相異なる固有値 $\lambda_1, \lambda_2, \lambda_3$ の固有ベクトル $\boldsymbol{u}_1, \boldsymbol{u}_2, \boldsymbol{u}_3$ に対して

$$k_1\boldsymbol{u}_1 + k_2\boldsymbol{u}_2 + k_3\boldsymbol{u}_3 = \boldsymbol{0} \tag{8.1}$$

とする．(8.1) 式の両辺に左から A を掛けると

$$k_1\lambda_1\boldsymbol{u}_1 + k_2\lambda_2\boldsymbol{u}_2 + k_3\lambda_3\boldsymbol{u}_3 = \boldsymbol{0}. \tag{8.2}$$

(8.1) 式の両辺を λ_1 倍すると

$$k_1\lambda_1\boldsymbol{u}_1 + k_2\lambda_1\boldsymbol{u}_2 + k_3\lambda_1\boldsymbol{u}_3 = \boldsymbol{0}. \tag{8.3}$$

(8.2) 式から (8.3) 式を辺々引くと

$$k_2(\lambda_2 - \lambda_1)\boldsymbol{u}_2 + k_3(\lambda_3 - \lambda_1)\boldsymbol{u}_3 = \boldsymbol{0}. \tag{8.4}$$

(8.4) 式の両辺に左から A を掛けると

$$k_2(\lambda_2 - \lambda_1)\lambda_2\boldsymbol{u}_2 + k_3(\lambda_3 - \lambda_1)\lambda_3\boldsymbol{u}_3 = \boldsymbol{0}. \tag{8.5}$$

(8.4) 式の両辺を λ_2 倍すると

$$k_2(\lambda_2 - \lambda_1)\lambda_2 \boldsymbol{u}_2 + k_3(\lambda_3 - \lambda_1)\lambda_2 \boldsymbol{u}_3 = \boldsymbol{0}. \tag{8.6}$$

(8.5) 式から (8.6) 式を辺々引くと

$$k_3(\lambda_3 - \lambda_1)(\lambda_3 - \lambda_2)\boldsymbol{u}_3 = \boldsymbol{0}. \tag{8.7}$$

$\boldsymbol{u_3}$ は固有ベクトルだから $\boldsymbol{u_3} \neq \boldsymbol{0}$. また $\lambda_1, \lambda_2, \lambda_3$ は相異なる固有値より $(\lambda_3 - \lambda_1)(\lambda_3 - \lambda_2) \neq 0$. したがって，(8.7) 式より $k_3 = 0$. これを (8.4) 式に代入すると，$k_2(\lambda_2 - \lambda_1)\boldsymbol{u}_2 = \boldsymbol{0}$ となる．$\boldsymbol{u}_2 \neq \boldsymbol{0}$ と $\lambda_2 - \lambda_1 \neq 0$ から $k_2 = 0$. (8.1) 式に $k_3 = k_2 = 0$ を代入すると，$k_1 \boldsymbol{u}_1 = 0$. ゆえに，$\boldsymbol{u}_1 \neq \boldsymbol{0}$ より $k_1 = 0$. これで $\boldsymbol{u}_1$，$\boldsymbol{u}_2$，$\boldsymbol{u}_3$ は 1 次独立であることが示された． ▮

次は固有方程式が重複解をもつ場合の計算例である．

例題 8.3　$A = \begin{pmatrix} -1 & 3 & 6 \\ -6 & 8 & 12 \\ 3 & -3 & -4 \end{pmatrix}$ の固有値と固有ベクトルを求めよ．

解答　A の固有多項式は

$$\begin{aligned}
&|xI - A| \\
&= \begin{vmatrix} x+1 & -3 & -6 \\ 6 & x-8 & -12 \\ -3 & 3 & x+4 \end{vmatrix} \\
&= \begin{vmatrix} x-2 & 0 & x-2 \\ 0 & x-2 & 2(x-2) \\ -3 & 3 & x+4 \end{vmatrix} &&: \begin{matrix}\text{第 1 行} + \text{第 3 行} \\ \text{第 2 行} + 2 \times \text{第 3 行}\end{matrix} \\
&= (x-2)^2 \begin{vmatrix} 1 & 0 & 1 \\ 0 & 1 & 2 \\ -3 & 3 & x+4 \end{vmatrix} &&: \text{定理 4.5 を 2 回用いる} \\
&= (x-2)^2 \begin{vmatrix} 1 & 0 & 1 \\ 0 & 1 & 2 \\ 0 & 3 & x+7 \end{vmatrix} &&: \text{第 3 行} + 3 \times \text{第 1 行} \\
&= (x-2)^2(x+1) &&: \text{例題 4.7.}
\end{aligned}$$

よって, A の固有値は $-1, 2$(重複解) である．固有値 -1 の固有ベクトルを $\boldsymbol{u}_1 = \begin{pmatrix} u_1 \\ v_1 \\ w_1 \end{pmatrix}$

とすれば,

$$((-1)I - A)\boldsymbol{u}_1 = \begin{pmatrix} 0 & -3 & -6 \\ 6 & -9 & -12 \\ -3 & 3 & 3 \end{pmatrix}\begin{pmatrix} u_1 \\ v_1 \\ w_1 \end{pmatrix} = \boldsymbol{0}.$$

基本変形により $\begin{pmatrix} 0 & -3 & -6 \\ 6 & -9 & -12 \\ -3 & 3 & 3 \end{pmatrix} \to \begin{pmatrix} 1 & 0 & 1 \\ 0 & 1 & 2 \\ 0 & 0 & 0 \end{pmatrix}$. したがって $\begin{cases} u_1 + w_1 = 0 \\ v_1 + 2w_1 = 0 \end{cases}$.

よって, $w_1 = c_1$ とおけば $u_1 = -c_1, v_1 = -2c_1$. ゆえに, $\boldsymbol{u}_1 = c_1 \begin{pmatrix} -1 \\ -2 \\ 1 \end{pmatrix}$ (c_1 は 0 でない任意の数). 固有値 2 の固有ベクトルを $\boldsymbol{u}_2 = \begin{pmatrix} u_2 \\ v_2 \\ w_2 \end{pmatrix}$ とすれば,

$$(2I - A)\boldsymbol{u}_2 = \begin{pmatrix} 3 & -3 & -6 \\ 6 & -6 & -12 \\ -3 & 3 & 6 \end{pmatrix}\begin{pmatrix} u_2 \\ v_2 \\ w_2 \end{pmatrix} = \boldsymbol{0}.$$

基本変形により $\begin{pmatrix} 3 & -3 & -6 \\ 6 & -6 & -12 \\ -3 & 3 & 6 \end{pmatrix} \to \begin{pmatrix} 1 & -1 & -2 \\ 0 & 0 & 0 \\ 0 & 0 & 0 \end{pmatrix}$. したがって, $u_2 - v_2 - 2w_2 = 0$. よって, $v_2 = c_2$, $w_2 = c_3$ とおけば $u_2 = c_2 + 2c_3$. ゆえに, $\boldsymbol{u}_2 = c_2 \begin{pmatrix} 1 \\ 1 \\ 0 \end{pmatrix} + c_3 \begin{pmatrix} 2 \\ 0 \\ 1 \end{pmatrix}$ (c_2, c_3 は任意の数でどちらかは 0 でない). ■

問 8.1　次の行列の固有値と固有ベクトルを求めよ.

(1)　$A = \begin{pmatrix} -2 & 1 \\ 4 & -2 \end{pmatrix}$　(2)　$A = \begin{pmatrix} -1 & 4 & -2 \\ 1 & -1 & 1 \\ 2 & -4 & 3 \end{pmatrix}$

§ 8.2　行列の対角化

次の 1 次連立漸化式について考えてみよう.

例題 8.4 漸化式

$$\begin{pmatrix} x_{n+1} \\ y_{n+1} \end{pmatrix} = \begin{pmatrix} 4 & 1 \\ 2 & 3 \end{pmatrix} \begin{pmatrix} x_n \\ y_n \end{pmatrix} \tag{8.8}$$

で定まる数列 $\{x_n\}$, $\{y_n\}$ の一般項は，$x_n = -2^{n-1}x_1{}' + 5^{n-1}y_1{}'$，$y_n = 2^{n-1}x_1{}' + 5^{n-1}y_1{}'$ であることを示せ．ただし，$x_1{}', y_1{}'$ は (8.9) 式で定まる数列 $x_n{}', y_n{}'$ の初項である．

解答 $A = \begin{pmatrix} 4 & 1 \\ 2 & 3 \end{pmatrix}$ とおくと，例題 8.1 で得られた A の固有値 $2, 5$ の固有ベクトルを第 1 列, 第 2 列に並べた行列 $P = \begin{pmatrix} -1 & 1 \\ 2 & 1 \end{pmatrix}$ は正則行列である．

$$AP = \left(A\begin{pmatrix} -1 \\ 2 \end{pmatrix} \quad A\begin{pmatrix} 1 \\ 1 \end{pmatrix} \right) = \left(2\begin{pmatrix} -1 \\ 2 \end{pmatrix} \quad 5\begin{pmatrix} 1 \\ 1 \end{pmatrix} \right)$$

$$= \begin{pmatrix} -1 & 1 \\ 2 & 1 \end{pmatrix} \begin{pmatrix} 2 & 0 \\ 0 & 5 \end{pmatrix} = P\begin{pmatrix} 2 & 0 \\ 0 & 5 \end{pmatrix}.$$

したがって，$P^{-1}AP = \begin{pmatrix} 2 & 0 \\ 0 & 5 \end{pmatrix}$．次に

$$\begin{pmatrix} x_n \\ y_n \end{pmatrix} = P\begin{pmatrix} x_n{}' \\ y_n{}' \end{pmatrix} \tag{8.9}$$

によって $x_n{}', y_n{}'$ を定義する．(8.9) 式を (8.8) 式に代入すると，$P\begin{pmatrix} x_{n+1}{}' \\ y_{n+1}{}' \end{pmatrix} = AP\begin{pmatrix} x_n{}' \\ y_n{}' \end{pmatrix}$．ゆえに，

$$\begin{pmatrix} x_{n+1}{}' \\ y_{n+1}{}' \end{pmatrix} = P^{-1}AP\begin{pmatrix} x_n{}' \\ y_n{}' \end{pmatrix} = \begin{pmatrix} 2 & 0 \\ 0 & 5 \end{pmatrix}\begin{pmatrix} x_n{}' \\ y_n{}' \end{pmatrix}.$$

よって，

$$x_{n+1}{}' = 2x_n{}', \qquad y_{n+1}{}' = 5y_n{}'. \tag{8.10}$$

したがって，$x_n{}' = x_1{}'2^{n-1}$，$y_n{}' = y_1{}'5^{n-1}$．これを (8.9) 式に代入して

$$\begin{pmatrix} x_n \\ y_n \end{pmatrix} = \begin{pmatrix} -1 & 1 \\ 2 & 1 \end{pmatrix}\begin{pmatrix} x_1{}'2^{n-1} \\ y_1{}'5^{n-1} \end{pmatrix} = \begin{pmatrix} -2^{n-1}x_1{}' + 5^{n-1}y_1{}' \\ 2\cdot 2^{n-1}x_1{}' + 5^{n-1}y_1{}' \end{pmatrix}.$$

ゆえに，一般項は，$x_n = -2^{n-1}x_1{}' + 5^{n-1}y_1{}'$，$y_n = 2\cdot 2^{n-1}x_1{}' + 5^{n-1}y_1{}'$ である． ∎

一般に，n 次の正方行列 A に対して $P^{-1}AP$ が対角行列となる n 次の正方行列 P が存在するとき，A は**対角化可能** (diagonalizable) であるといい，P を**対角化行列** (diagonalzer) という．§7.4 基底の変換の項で見たとおり，$P=(\boldsymbol{p}_1 \ \cdots \ \boldsymbol{p}_n)$ とすれば，行列 $P^{-1}AP$ は，基底 $\boldsymbol{p}_1,\ldots,\boldsymbol{p}_n$ についての A の表現行列である．例題 8.4 においては, A を対角化する行列 P による変数変換 (8.9) によって，漸化式 (8.8) をより簡単な漸化式 (8.10) に変換している．

定理 8.3　n 次の正方行列 A が n 個の 1 次独立な固有ベクトルをもつことは，A が対角化可能であるための必要十分条件である．

証明　A が対角化可能であるとき，適当な n 次正則行列 P によって

$$P^{-1}AP=\begin{pmatrix}\lambda_1 & & 0\\ & \ddots & \\ 0 & & \lambda_n\end{pmatrix}.$$

すなわち，$AP=P\begin{pmatrix}\lambda_1 & & 0\\ & \ddots & \\ 0 & & \lambda_n\end{pmatrix}$．$P$ の列ベクトルを $\boldsymbol{u}_1,\ldots,\boldsymbol{u}_n$ とするとき，P は正則行列なので $\boldsymbol{u}_1,\ldots,\boldsymbol{u}_n$ は 1 次独立であり，

$$A(\boldsymbol{u}_1 \ \cdots \ \boldsymbol{u}_n)=(\boldsymbol{u}_1 \ \cdots \ \boldsymbol{u}_n)\begin{pmatrix}\lambda_1 & & 0\\ & \ddots & \\ 0 & & \lambda_n\end{pmatrix}.$$

ゆえに，$(A\boldsymbol{u}_1 \ \cdots \ A\boldsymbol{u}_n)=(\lambda_1\boldsymbol{u}_1 \ \cdots \ \lambda_n\boldsymbol{u}_n)$．よって $A\boldsymbol{u}_i=\lambda_i\boldsymbol{u}_i \ (1 \leqq i \leqq n)$．したがって，$A$ は n 個の 1 次独立な固有ベクトルをもつ．

逆に, A が n 個の 1 次独立な固有ベクトル $\boldsymbol{u}_1,\ldots,\boldsymbol{u}_n$ をもてば, $P=(\boldsymbol{u}_1 \ \cdots \ \boldsymbol{u}_n)$ によって $P^{-1}AP$ は対角行列になる．∎

定理 8.3 の証明からわかるように，n 次の行列 A が対角化可能のとき，A の n 個の 1 次独立な固有ベクトルを列ベクトルとして並べてできる行列 P によって A は対角化され, 対角行列 $P^{-1}AP$ の対角成分に対応する固有値が並ぶ．

例題 8.5　$A=\begin{pmatrix}-5 & 14 & 2\\ -1 & 4 & -1\\ -2 & 4 & 3\end{pmatrix}$ を対角化せよ．

解答　例題 8.2 より，固有値 $-1, 1, 2$ の固有ベクトルを列ベクトルとして並べた行列は $P = \begin{pmatrix} 4 & 5 & 2 \\ 1 & 2 & 1 \\ 1 & 1 & 0 \end{pmatrix}$ となる．定理 8.2 から，P の 3 個の列ベクトルは 1 次独立である．ゆえに，P は正則であり，$P^{-1}AP = \begin{pmatrix} -1 & 0 & 0 \\ 0 & 1 & 0 \\ 0 & 0 & 2 \end{pmatrix}$. ∎

例題 8.6　$A = \begin{pmatrix} -1 & 3 & 6 \\ -6 & 8 & 12 \\ 3 & -3 & -4 \end{pmatrix}$ を対角化せよ．

解答　例題 8.3 より，固有値 -1 の固有ベクトル $\begin{pmatrix} -1 \\ -2 \\ 1 \end{pmatrix}$ と固有値 2 の固有ベクトル $\begin{pmatrix} 1 \\ 1 \\ 0 \end{pmatrix}$, $\begin{pmatrix} 2 \\ 0 \\ 1 \end{pmatrix}$ を列ベクトルとして並べた行列は $P = \begin{pmatrix} -1 & 1 & 2 \\ -2 & 1 & 0 \\ 1 & 0 & 1 \end{pmatrix}$ となる．

$c_1 \begin{pmatrix} -1 \\ -2 \\ 1 \end{pmatrix} + c_2 \begin{pmatrix} 1 \\ 1 \\ 0 \end{pmatrix} + c_3 \begin{pmatrix} 2 \\ 0 \\ 1 \end{pmatrix} = \mathbf{0}$ とするとき，定理 8.2 から，$c_1 \begin{pmatrix} -1 \\ -2 \\ 1 \end{pmatrix} = \mathbf{0}$ かつ $c_2 \begin{pmatrix} 1 \\ 1 \\ 0 \end{pmatrix} + c_3 \begin{pmatrix} 2 \\ 0 \\ 1 \end{pmatrix} = \mathbf{0}$. これより $c_1 = c_2 = c_3 = 0$ が導かれる．よって，P の 3 個の列ベクトルは 1 次独立である．ゆえに，$P^{-1}AP = \begin{pmatrix} -1 & 0 & 0 \\ 0 & 2 & 0 \\ 0 & 0 & 2 \end{pmatrix}$. ∎

問 8.2　次の行列を対角化せよ．

(1) $A = \begin{pmatrix} 1 & 1 \\ 4 & 1 \end{pmatrix}$　(2) $A = \begin{pmatrix} 2 & 5 \\ 1 & -2 \end{pmatrix}$　(3) $A = \begin{pmatrix} -2 & -4 & -2 \\ 1 & 3 & 2 \\ 1 & 0 & -1 \end{pmatrix}$

次に対角化可能でない例をあげよう．

例題 8.7　$A = \begin{pmatrix} 4 & 9 \\ -1 & -2 \end{pmatrix}$ が対角化可能かどうかを調べよ．

解答　A の固有多項式は $\begin{vmatrix} x-4 & -9 \\ 1 & x+2 \end{vmatrix} = (x-1)^2$．よって，$A$ の固有値は 1 (重複解) である．したがって，A が対角化可能とすれば，適当な正則行列 P によって $P^{-1}AP = I$ となる．ゆえに，A は単位行列でなければならない．これは仮定に反するので，A は対角化可能でない． ∎

例題 8.8　$A = \begin{pmatrix} 1 & 0 & 2 \\ 0 & 2 & 0 \\ 0 & 0 & 1 \end{pmatrix}$ が対角化可能かどうかを調べよ．

解答　A の固有多項式は $|xI - A| = \begin{vmatrix} x-1 & 0 & -2 \\ 0 & x-2 & 0 \\ 0 & 0 & x-1 \end{vmatrix} = (x-1)^2(x-2)$．

よって A の固有値は 1 (重複解) と 2 である．

固有値 1 の固有ベクトルを $\boldsymbol{u}_1 = \begin{pmatrix} u_1 \\ v_1 \\ w_1 \end{pmatrix}$ とすれば，$(I - A)\boldsymbol{u}_1 = \boldsymbol{0}$ より

$\begin{pmatrix} 0 & 0 & -2 \\ 0 & -1 & 0 \\ 0 & 0 & 0 \end{pmatrix} \begin{pmatrix} u_1 \\ v_1 \\ w_1 \end{pmatrix} = \boldsymbol{0}$．ゆえに，$v_1 = w_1 = 0$．$u_1 = c_1$ とおけば $\boldsymbol{u}_1 = c_1 \begin{pmatrix} 1 \\ 0 \\ 0 \end{pmatrix}$ (c_1 は 0 でない任意の数)．次に，固有値 2 の固有ベクトルを $\boldsymbol{u}_2 = \begin{pmatrix} u_2 \\ v_2 \\ w_2 \end{pmatrix}$ とすれば，$(2I - A)\boldsymbol{u}_2 = \boldsymbol{0}$ より $\begin{pmatrix} 1 & 0 & -2 \\ 0 & 0 & 0 \\ 0 & 0 & 1 \end{pmatrix} \begin{pmatrix} u_2 \\ v_2 \\ w_2 \end{pmatrix} = \boldsymbol{0}$．ゆえに，$u_2 = w_2 = 0$．

$v_2 = c_2$ とおけば $\boldsymbol{u}_2 = c_2 \begin{pmatrix} 0 \\ 1 \\ 0 \end{pmatrix}$ (c_2 は 0 でない任意の数)．

したがって，A の 1 次独立な固有ベクトルは 2 個しかない．よって，定理 8.3 から A は対角化可能でない． ∎

問 8.3　次の行列は対角化可能かどうかを調べよ．

(1) $A = \begin{pmatrix} 1 & 1 \\ 0 & 1 \end{pmatrix}$　(2) $A = \begin{pmatrix} -1 & 6 & -2 \\ 0 & 2 & -1 \\ 4 & -7 & 0 \end{pmatrix}$　(3) $A = \begin{pmatrix} 1 & 0 & 2 \\ 0 & 1 & 0 \\ 2 & 0 & 1 \end{pmatrix}$

§ 8.3　対称行列

n 次正方行列 $A = (a_{ij})$ が，${}^tA = A$ であるとき，すなわち $a_{ij} = a_{ji}$ $(1 \leqq i,\ j \leqq n)$ をみたすとき，A を**対称行列**という．この節では，対称行列は直交行列により対角化できることを学ぶ．最初に，2 次対称行列について 3 つの例題を考えよう．これらは § 8.4 で用いられる．

例題 8.9　$A = \begin{pmatrix} 3 & -1 \\ -1 & 3 \end{pmatrix}$ を直交行列によって対角化せよ．

解答　A の固有多項式は $\begin{vmatrix} x-3 & 1 \\ 1 & x-3 \end{vmatrix} = (x-2)(x-4)$．よって，$A$ の固有値は 2 と 4 である．

固有値 2 の固有ベクトルを $\boldsymbol{u}_1 = \begin{pmatrix} u_1 \\ v_1 \end{pmatrix}$ とすれば，$(2I - A)\boldsymbol{u}_1 = \boldsymbol{0}$ より

$\begin{pmatrix} -1 & 1 \\ 1 & -1 \end{pmatrix}\begin{pmatrix} u_1 \\ v_1 \end{pmatrix} = \boldsymbol{0}$．これより $-u_1 + v_1 = 0$．ゆえに，$\boldsymbol{u}_1 = c_1\begin{pmatrix} 1 \\ 1 \end{pmatrix}$ (c_1 は 0 でない任意の数)．固有値 4 の固有ベクトルを $\boldsymbol{u}_2 = \begin{pmatrix} u_2 \\ v_2 \end{pmatrix}$ とすれば，$(4I - A)\boldsymbol{u}_2 = \boldsymbol{0}$ より $\begin{pmatrix} 1 & 1 \\ 1 & 1 \end{pmatrix}\begin{pmatrix} u_2 \\ v_2 \end{pmatrix} = \boldsymbol{0}$．これより $u_2 + v_2 = 0$．ゆえに，$\boldsymbol{u}_2 = c_2\begin{pmatrix} -1 \\ 1 \end{pmatrix}$ (c_2 は 0 でない任意の数)．これらの固有ベクトル $\boldsymbol{u}_1 = \begin{pmatrix} 1 \\ 1 \end{pmatrix}$ と $\boldsymbol{u}_2 = \begin{pmatrix} -1 \\ 1 \end{pmatrix}$ は直交することに注意する．$\boldsymbol{u}_1, \boldsymbol{u}_2$ を正規化したベクトル $\boldsymbol{p}_1 = \frac{1}{\sqrt{2}}\begin{pmatrix} 1 \\ 1 \end{pmatrix}$，$\boldsymbol{p}_2 = \frac{1}{\sqrt{2}}\begin{pmatrix} -1 \\ 1 \end{pmatrix}$ を列ベクトルとする 2 次行列 $P = (\boldsymbol{p}_1\ \boldsymbol{p}_2)$ は直交行列であり，$P^{-1}AP = \begin{pmatrix} 2 & 0 \\ 0 & 4 \end{pmatrix}$．

∎

例題 8.10　$A = \begin{pmatrix} 1 & -3 \\ -3 & 1 \end{pmatrix}$ を直交行列によって対角化せよ．

解答　A の固有多項式は $\begin{vmatrix} x-1 & 3 \\ 3 & x-1 \end{vmatrix} = (x+2)(x-4)$．よって，$A$ の固有値は -2 と 4 である．

固有値 -2 の固有ベクトルを $\boldsymbol{u}_1 = \begin{pmatrix} u_1 \\ v_1 \end{pmatrix}$ とすれば，$(-2I - A)\boldsymbol{u}_1 = \boldsymbol{0}$ より $\begin{pmatrix} -3 & 3 \\ 3 & -3 \end{pmatrix}\begin{pmatrix} u_1 \\ v_1 \end{pmatrix} = \boldsymbol{0}$．これより $-u_1 + v_1 = 0$．ゆえに，$\boldsymbol{u}_1 = c_1 \begin{pmatrix} 1 \\ 1 \end{pmatrix}$ (c_1 は 0 でない任意の数)．固有値 4 の固有ベクトルを $\boldsymbol{u}_2 = \begin{pmatrix} u_2 \\ v_2 \end{pmatrix}$ とすれば，$(4I - A)\boldsymbol{u}_2 = \boldsymbol{0}$ より $\begin{pmatrix} 3 & 3 \\ 3 & 3 \end{pmatrix}\begin{pmatrix} u_2 \\ v_2 \end{pmatrix} = \boldsymbol{0}$．これより $u_2 + v_2 = 0$．ゆえに，$\boldsymbol{u}_2 = c_2 \begin{pmatrix} -1 \\ 1 \end{pmatrix}$ (c_2 は 0 でない任意の数)．

固有値 -2 と 4 の固有ベクトル $\begin{pmatrix} 1 \\ 1 \end{pmatrix}$ と $\begin{pmatrix} -1 \\ 1 \end{pmatrix}$ は直交する．これらのベクトルを正規化したベクトル $\boldsymbol{p}_1 = \dfrac{1}{\sqrt{2}}\begin{pmatrix} 1 \\ 1 \end{pmatrix}$，$\boldsymbol{p}_2 = \dfrac{1}{\sqrt{2}}\begin{pmatrix} -1 \\ 1 \end{pmatrix}$ を列ベクトルとする 2 次行列 $P = (\boldsymbol{p}_1 \ \ \boldsymbol{p}_2)$ は直交行列であり，$P^{-1}AP = \begin{pmatrix} -2 & 0 \\ 0 & 4 \end{pmatrix}$．　■

例題 8.11　$A = \begin{pmatrix} 4 & -2 \\ -2 & 1 \end{pmatrix}$ を直交行列によって対角化せよ．

解答　A の固有多項式は $\begin{vmatrix} x-4 & 2 \\ 2 & x-1 \end{vmatrix} = x(x-5)$．よって A の固有値は 0 と 5 である．

固有値 0 の固有ベクトルを $\boldsymbol{u}_1 = \begin{pmatrix} u_1 \\ v_1 \end{pmatrix}$ とすれば，$-A\boldsymbol{u}_1 = \boldsymbol{0}$ より $\begin{pmatrix} -4 & 2 \\ 2 & -1 \end{pmatrix}\begin{pmatrix} u_1 \\ v_1 \end{pmatrix} = \boldsymbol{0}$．これより $2u_1 - v_1 = 0$．ゆえに，$\boldsymbol{u}_1 = c_1 \begin{pmatrix} 1 \\ 2 \end{pmatrix}$ (c_1 は 0 でない任意の数)．固有値 5 の固有ベクトルを $\boldsymbol{u}_2 = \begin{pmatrix} u_2 \\ v_2 \end{pmatrix}$ とすれば，$(5I - A)\boldsymbol{u}_2 = \boldsymbol{0}$

より $\begin{pmatrix} 1 & 2 \\ 2 & 4 \end{pmatrix}\begin{pmatrix} u_2 \\ v_2 \end{pmatrix} = \mathbf{0}$. これより $u_2 + 2v_2 = 0$. ゆえに，$\boldsymbol{u}_2 = c_2\begin{pmatrix} -2 \\ 1 \end{pmatrix}$ (c_2 は 0 でない任意の数).

固有値 0 と 5 の固有ベクトル $\boldsymbol{u}_1 = \begin{pmatrix} 1 \\ 2 \end{pmatrix}$ と $\boldsymbol{u}_2 = \begin{pmatrix} -2 \\ 1 \end{pmatrix}$ は直交する．これらのベクトルを正規化したベクトル $\boldsymbol{p}_1 = \dfrac{1}{\sqrt{5}}\begin{pmatrix} 1 \\ 2 \end{pmatrix}$, $\boldsymbol{p}_2 = \dfrac{1}{\sqrt{5}}\begin{pmatrix} -2 \\ 1 \end{pmatrix}$ を列ベクトルとする 2 次行列 $P = (\boldsymbol{p}_1 \ \ \boldsymbol{p}_2)$ は直交行列であり，$P^{-1}AP = \begin{pmatrix} 0 & 0 \\ 0 & 5 \end{pmatrix}$. ∎

補題 8.1 A を n 次の対称行列とするとき，任意の $\boldsymbol{x}, \boldsymbol{y} \in \boldsymbol{R}^n$ に対して，$(A\boldsymbol{x}, \boldsymbol{y}) = (\boldsymbol{x}, A\boldsymbol{y})$ が成り立つ．

証明 A は対称行列より ${}^tA = A$. ゆえに，$(A\boldsymbol{x}, \boldsymbol{y}) = {}^t(A\boldsymbol{x})\boldsymbol{y} = {}^t\boldsymbol{x}\,{}^tA\boldsymbol{y} = {}^t\boldsymbol{x}A\boldsymbol{y} = (\boldsymbol{x}, A\boldsymbol{y})$. ∎

一般に，行列の固有値は実数とは限らない．たとえば $\begin{pmatrix} 0 & 1 \\ -1 & 0 \end{pmatrix}$ の固有値は虚数 $\pm i$ である．しかし，対称行列については次の定理が成り立つ．

定理 8.4 対称行列の固有値はすべて実数である．

固有値が実際に存在することは，証明をしないでこれを認めることとする (代数学の基本定理)．もし固有値 λ が複素数の範囲で求められれば，固有ベクトルも (一般には) 成分が複素数のベクトル $\boldsymbol{z}$ である．$\overline{\boldsymbol{z}}$ を成分が共役複素数であるベクトルとすれば，$\boldsymbol{z}$ は ${}^t\overline{\boldsymbol{z}}A\boldsymbol{z} = \lambda{}^t\overline{\boldsymbol{z}}\boldsymbol{z}$ をみたす．ここで，$\boldsymbol{z}$ の第 i 成分を z_i と表すと

$${}^t\overline{\boldsymbol{z}}\boldsymbol{z} = |z_1|^2 + |z_2|^2 + \cdots + |z_n|^2 > 0.$$

また，$\overline{{}^t\overline{\boldsymbol{z}}A\boldsymbol{z}} = {}^t\boldsymbol{z}A\overline{\boldsymbol{z}} = {}^t\overline{\boldsymbol{z}}A\boldsymbol{z}$ より，${}^t\overline{\boldsymbol{z}}A\boldsymbol{z}$ は実数である．したがって，λ も実数である．

定理 8.5 対称行列の相異なる固有値の固有ベクトルは直交する．

証明 $\boldsymbol{u}_1, \boldsymbol{u}_2$ をそれぞれ対称行列 A の相異なる固有値 λ_1, λ_2 の固有ベクトルとする．このとき $\lambda_1(\boldsymbol{u}_1, \boldsymbol{u}_2) = (A\boldsymbol{u}_1, \boldsymbol{u}_2) = (\boldsymbol{u}_1, A\boldsymbol{u}_2) = \lambda_2(\boldsymbol{u}_1, \boldsymbol{u}_2)$. よって，

$\lambda_1 \neq \lambda_2$ より $(\boldsymbol{u}_1, \boldsymbol{u}_2) = 0$. すなわち, $\boldsymbol{u}_1$ と $\boldsymbol{u}_2$ は直交する. ∎

定理 8.6　対称行列は直交行列によって対角化可能である.

証明　A を n 次の対称行列とする. $n = 2, 3$ の場合について証明する. まず $n = 2$ とする. A の 1 つの固有値を λ_1 とする. $\boldsymbol{p}_1$ を固有値 λ_1 の長さが 1 の固有ベクトル, $\boldsymbol{p}_2$ を $\boldsymbol{p}_1$ に直交する長さが 1 のベクトルとすれば, $(\boldsymbol{p}_1, A\boldsymbol{p}_2) = (A\boldsymbol{p}_1, \boldsymbol{p}_2) = \lambda_1(\boldsymbol{p}_1, \boldsymbol{p}_2) = 0$. ゆえに, $A\boldsymbol{p}_2$ は $\boldsymbol{p}_1$ に直交する. よって, $A\boldsymbol{p}_2 = \lambda_2\boldsymbol{p}_2$ と書ける. すなわち, $\boldsymbol{p}_2$ は固有値 λ_2 の固有ベクトルである. $P = (\boldsymbol{p}_1\ \boldsymbol{p}_2)$ は直交行列であり, $P^{-1}AP = \begin{pmatrix} \lambda_1 & 0 \\ 0 & \lambda_2 \end{pmatrix}$. 次に $n = 3$ とする. A の 1 つの固有値を λ_1 とし, $\boldsymbol{p}_1$ を固有値 λ_1 の長さが 1 の固有ベクトルとする. $W = \{\boldsymbol{u}\,;\,(\boldsymbol{u}, \boldsymbol{p}_1) = 0\}$ とおけば, W は $\boldsymbol{R}^3$ の 2 次元部分空間である. 任意の $\boldsymbol{u} \in W$ に対して, $(A\boldsymbol{u}, \boldsymbol{p}_1) = (\boldsymbol{u}, A\boldsymbol{p}_1) = \lambda_1(\boldsymbol{u}, \boldsymbol{p}_1) = 0$. ゆえに, $A(W) \subset W$. $\{\boldsymbol{p}_2, \boldsymbol{p}_3\}$ を W の正規直交基底とし $P = (\boldsymbol{p}_1\ \boldsymbol{p}_2\ \boldsymbol{p}_3)$ とおけば, P は直交行列で $P^{-1}AP = \begin{pmatrix} \lambda_1 & {}^t\boldsymbol{0} \\ \boldsymbol{0} & B \end{pmatrix}$. B は 2 次対称行列であるので, $Q^{-1}BQ = \begin{pmatrix} \lambda_2 & \boldsymbol{0} \\ \boldsymbol{0} & \lambda_3 \end{pmatrix}$ となる 2 次直交行列 Q が存在する. $R = \begin{pmatrix} \lambda_1 & {}^t\boldsymbol{0} \\ \boldsymbol{0} & Q \end{pmatrix}$ とおけば, R は直交行列であり, $R^{-1}AR = \begin{pmatrix} \lambda_1 & 0 & 0 \\ 0 & \lambda_2 & 0 \\ 0 & 0 & \lambda_3 \end{pmatrix}$. ∎

例題 8.12　対称行列 $A = \begin{pmatrix} 0 & 1 & -1 \\ 1 & 0 & 1 \\ -1 & 1 & 0 \end{pmatrix}$ を直交行列によって対角化せよ.

解答　A の固有多項式は

$$
\begin{aligned}
&|xI - A| \\
&= \begin{vmatrix} x & -1 & 1 \\ -1 & x & -1 \\ 1 & -1 & x \end{vmatrix} \\
&= \begin{vmatrix} 1 & -1 & x \\ x & -1 & 1 \\ -1 & x & -1 \end{vmatrix}
\end{aligned}
$$

$$= \begin{vmatrix} 1 & -1 & x \\ 0 & x-1 & -(x+1)(x-1) \\ 0 & x-1 & x-1 \end{vmatrix} \quad : \quad \begin{matrix} \text{第 2 行} - x \times \text{第 1 行} \\ \text{第 3 行} + \text{第 1 行} \end{matrix}$$

$$= \begin{vmatrix} 1 & -1 & x \\ 0 & x-1 & -(x+1)(x-1) \\ 0 & 0 & (x+2)(x-1) \end{vmatrix} \quad : \ \text{第 3 行} - \text{第 2 行}$$

$$= (x+2)(x-1)^2.$$

よって，A の固有値は $-2, 1$(重複解) である．

固有値 -2 の固有ベクトルを $\boldsymbol{u}_1 = \begin{pmatrix} u_1 \\ v_1 \\ w_1 \end{pmatrix}$ とすれば

$$((-2)I - A)\boldsymbol{u}_1 = \begin{pmatrix} -2 & -1 & 1 \\ -1 & -2 & -1 \\ 1 & -1 & -2 \end{pmatrix} \begin{pmatrix} u_1 \\ v_1 \\ w_1 \end{pmatrix} = \mathbf{0}.$$

基本変形により $\begin{pmatrix} -2 & -1 & 1 \\ -1 & -2 & -1 \\ 1 & -1 & -2 \end{pmatrix} \to \begin{pmatrix} 1 & 0 & -1 \\ 0 & 1 & 1 \\ 0 & 0 & 0 \end{pmatrix}$. したがって $\begin{cases} u_1 - w_1 = 0 \\ v_1 + w_1 = 0 \end{cases}$.

よって，$w_1 = c_1$ とおけば $u_1 = c_1$，$v_1 = -c_1$. ゆえに，$\boldsymbol{u}_1 = c_1 \begin{pmatrix} 1 \\ -1 \\ 1 \end{pmatrix}$ (c_1 は 0 でない任意の数)．$\boldsymbol{u}_1 = \begin{pmatrix} 1 \\ -1 \\ 1 \end{pmatrix}$ を正規化して，$\boldsymbol{p}_1 = \dfrac{1}{\sqrt{3}} \begin{pmatrix} 1 \\ -1 \\ 1 \end{pmatrix}$ とおく．次に固有値 1 の固有ベクトルを $\boldsymbol{u}_2 = \begin{pmatrix} u_2 \\ v_2 \\ w_2 \end{pmatrix}$ とすれば

$$(I - A)\boldsymbol{u}_2 = \begin{pmatrix} 1 & -1 & 1 \\ -1 & 1 & -1 \\ 1 & -1 & 1 \end{pmatrix} \begin{pmatrix} u_2 \\ v_2 \\ w_2 \end{pmatrix} = \mathbf{0}.$$

基本変形で $\begin{pmatrix} 1 & -1 & 1 \\ -1 & 1 & -1 \\ 1 & -1 & 1 \end{pmatrix} \to \begin{pmatrix} 1 & -1 & 1 \\ 0 & 0 & 0 \\ 0 & 0 & 0 \end{pmatrix}$. したがって，$u_2 - v_2 + w_2 = 0$.

よって, $v_2 = c_2$，$w_2 = c_3$ とおけば $u_2 = c_2 - c_3$. ゆえに, $\boldsymbol{u}_2 = c_2 \begin{pmatrix} 1 \\ 1 \\ 0 \end{pmatrix} + c_3 \begin{pmatrix} -1 \\ 0 \\ 1 \end{pmatrix}$

$(c_1, c_2$ は 0 でない任意の数). $\left\{\begin{pmatrix}1\\1\\0\end{pmatrix}, \begin{pmatrix}-1\\0\\1\end{pmatrix}\right\}$ をシュミットの直交化法によって正規直交化したベクトルを $\boldsymbol{p}_2, \boldsymbol{p}_3$ とすれば，$\boldsymbol{p}_2 = \dfrac{1}{\sqrt{2}}\begin{pmatrix}1\\1\\0\end{pmatrix}$，$\boldsymbol{p}_3 = \dfrac{1}{\sqrt{6}}\begin{pmatrix}-1\\1\\2\end{pmatrix}$.

$\{\boldsymbol{p}_1, \boldsymbol{p}_2, \boldsymbol{p}_3\}$ は $\boldsymbol{R}^3$ の正規直交基をなす．したがって，

$$P = \begin{pmatrix} \dfrac{1}{\sqrt{3}} & \dfrac{1}{\sqrt{2}} & -\dfrac{1}{\sqrt{6}} \\ -\dfrac{1}{\sqrt{3}} & \dfrac{1}{\sqrt{2}} & \dfrac{1}{\sqrt{6}} \\ \dfrac{1}{\sqrt{3}} & 0 & \dfrac{2}{\sqrt{6}} \end{pmatrix}$$

とおけば，P は直交行列であり，$P^{-1}AP = \begin{pmatrix}-2 & 0 & 0\\0 & 1 & 0\\0 & 0 & 1\end{pmatrix}$. ∎

問 8.4　次の対称行列を直交行列によって対角化せよ．

(1)　$A = \begin{pmatrix}0 & 1\\1 & 0\end{pmatrix}$　　(2)　$A = \begin{pmatrix}1 & -1 & 0\\-1 & 2 & -1\\0 & -1 & 1\end{pmatrix}$

§ 8.4　2次曲線

座標平面において x と y についての 2 次方程式

$$ax^2 + 2hxy + by^2 + gx + fy + c = 0 \quad (a, b, c, f, g, h : \text{定数})$$

で表される曲線を **2 次曲線** (conic) という．たとえば円 $x^2 + y^2 = 1$，放物線 $y = x^2$ などがそうである．この節では，対称行列の直交行列による対角化を利用して，与えられた 2 次曲線の方程式をできるだけ簡単な形に変形する方法について説明する．

例題 8.13　2 次曲線 $3x^2 - 2xy + 3y^2 = 2$ を適当な座標軸の回転によって，$aX^2 + bY^2 = 1$ の形で表せ．

解答　$A = \begin{pmatrix} 3 & -1 \\ -1 & 3 \end{pmatrix}$ とおけば,

$$3x^2 - 2xy + 3y^2 = \begin{pmatrix} x & y \end{pmatrix} A \begin{pmatrix} x \\ y \end{pmatrix}. \tag{8.11}$$

例題 8.9 より $P = \begin{pmatrix} \dfrac{1}{\sqrt{2}} & -\dfrac{1}{\sqrt{2}} \\ \dfrac{1}{\sqrt{2}} & \dfrac{1}{\sqrt{2}} \end{pmatrix} = \begin{pmatrix} \cos\dfrac{\pi}{4} & -\sin\dfrac{\pi}{4} \\ \sin\dfrac{\pi}{4} & \cos\dfrac{\pi}{4} \end{pmatrix}$ とおけば, $P^{-1}AP = \begin{pmatrix} 2 & 0 \\ 0 & 4 \end{pmatrix}$. 原点を中心として座標軸を $\dfrac{\pi}{4}$ だけ回転したとき，座標変換の式は

$$\begin{pmatrix} x \\ y \end{pmatrix} = P \begin{pmatrix} X \\ Y \end{pmatrix} \tag{8.12}$$

で表される (§ 7.4 を参照). ${}^tP = P^{-1}$ であるので,

$$\begin{pmatrix} x & y \end{pmatrix} = \begin{pmatrix} X & Y \end{pmatrix} {}^tP = \begin{pmatrix} X & Y \end{pmatrix} P^{-1}. \tag{8.13}$$

(8.12) 式と (8.13) 式を (8.11) 式に代入すると

$$\begin{aligned} 3x^2 - 2xy + 3y^2 &= \begin{pmatrix} X & Y \end{pmatrix} P^{-1}AP \begin{pmatrix} X \\ Y \end{pmatrix} = \begin{pmatrix} X & Y \end{pmatrix} \begin{pmatrix} 2 & 0 \\ 0 & 4 \end{pmatrix} \begin{pmatrix} X \\ Y \end{pmatrix} \\ &= 2X^2 + 4Y^2. \end{aligned}$$

したがって，与えられた 2 次曲線の新座標による方程式は $2X^2 + 4Y^2 = 2$. すなわち，$X^2 + 2Y^2 = 1$ である. ∎

例題 8.13 より，2 次曲線 $3x^2 - 2xy + 3y^2 = 2$ は楕円である.

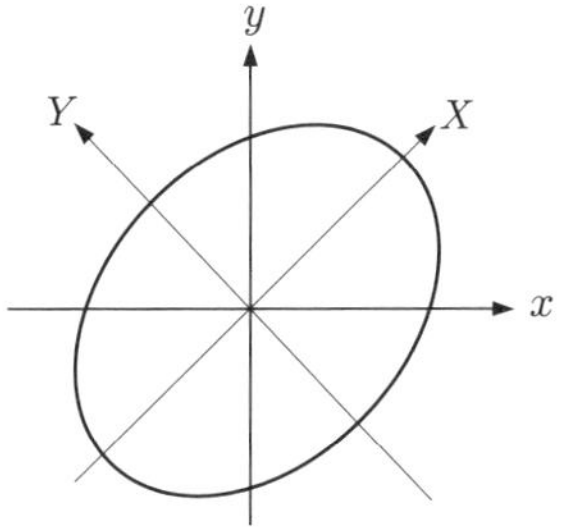

図 8.1　楕円

例題 8.14　2 次曲線 $x^2 - 6xy + y^2 = -2$ を適当な座標軸の回転によって, $aX^2 + bY^2 = 1$ の形で表せ.

解答　$A = \begin{pmatrix} 1 & -3 \\ -3 & 1 \end{pmatrix}$ とおけば，

$$x^2 - 6xy + y^2 = \begin{pmatrix} x & y \end{pmatrix} A \begin{pmatrix} x \\ y \end{pmatrix}. \tag{8.14}$$

例題8.10 より $P = \begin{pmatrix} \frac{1}{\sqrt{2}} & -\frac{1}{\sqrt{2}} \\ \frac{1}{\sqrt{2}} & \frac{1}{\sqrt{2}} \end{pmatrix} = \begin{pmatrix} \cos\frac{\pi}{4} & -\sin\frac{\pi}{4} \\ \sin\frac{\pi}{4} & \cos\frac{\pi}{4} \end{pmatrix}$ とおけば，$P^{-1}AP =$ $\begin{pmatrix} -2 & 0 \\ 0 & 4 \end{pmatrix}$. 原点を中心として座標軸を $\frac{\pi}{4}$ だけ回転したとき，座標変換の式は

$$\begin{pmatrix} x \\ y \end{pmatrix} = P \begin{pmatrix} X \\ Y \end{pmatrix} \tag{8.15}$$

で表される．${}^tP = P^{-1}$ であるので，

$$\begin{pmatrix} x & y \end{pmatrix} = \begin{pmatrix} X & Y \end{pmatrix} {}^tP = \begin{pmatrix} X & Y \end{pmatrix} P^{-1}. \tag{8.16}$$

(8.15) 式と (8.16) 式を (8.14) 式に代入すると

$$\begin{aligned} x^2 - 6xy + y^2 &= \begin{pmatrix} X & Y \end{pmatrix} P^{-1}AP \begin{pmatrix} X \\ Y \end{pmatrix} = \begin{pmatrix} X & Y \end{pmatrix} \begin{pmatrix} -2 & 0 \\ 0 & 4 \end{pmatrix} \begin{pmatrix} X \\ Y \end{pmatrix} \\ &= -2X^2 + 4Y^2. \end{aligned}$$

したがって，与えられた 2 次曲線の新座標による方程式は $-2X^2 + 4Y^2 = -2$. すなわち $X^2 - 2Y^2 = 1$ である． ∎

例題 8.14 より，2 次曲線 $x^2 - 6xy + y^2 = -2$ は双曲線である．

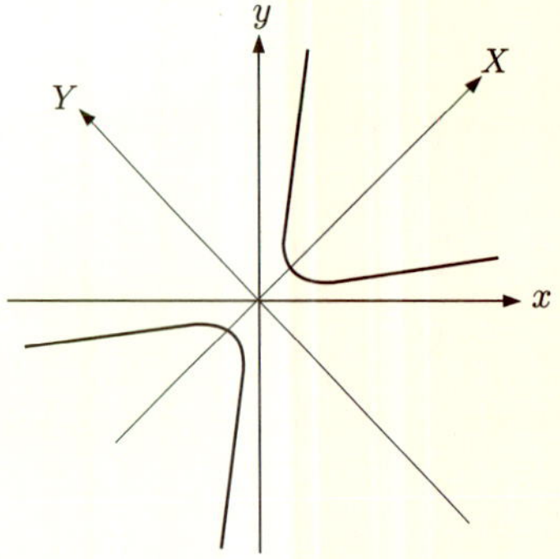

図 **8.2**　双曲線

例題 8.15　2 次曲線 $4x^2-4xy+y^2+x+2y=0$ を適当な座標軸の回転によって，$Y^2=cX$ の形で表せ．

解答　$A=\begin{pmatrix}4 & -2\\ -2 & 1\end{pmatrix}$ とおけば，

$$4x^2-4xy+y^2=\begin{pmatrix}x & y\end{pmatrix}A\begin{pmatrix}x\\ y\end{pmatrix}. \tag{8.17}$$

例題 8.11 より $P=\begin{pmatrix}\frac{1}{\sqrt{5}} & -\frac{2}{\sqrt{5}}\\ \frac{2}{\sqrt{5}} & \frac{1}{\sqrt{5}}\end{pmatrix}=\begin{pmatrix}\cos\theta & -\sin\theta\\ \sin\theta & \cos\theta\end{pmatrix}$ とおけば，$P^{-1}AP=\begin{pmatrix}0 & 0\\ 0 & 5\end{pmatrix}$．原点を中心として座標軸を θ だけ回転したとき，座標変換の式は

$$\begin{pmatrix}x\\ y\end{pmatrix}=P\begin{pmatrix}X\\ Y\end{pmatrix} \tag{8.18}$$

で表される．${}^tP=P^{-1}$ であるので，

$$\begin{pmatrix}x & y\end{pmatrix}=\begin{pmatrix}X & Y\end{pmatrix}{}^tP=\begin{pmatrix}X & Y\end{pmatrix}P^{-1}. \tag{8.19}$$

(8.18) 式と (8.19) 式を (8.17) 式に代入すると

$$\begin{aligned}4x^2-4xy+y^2&=\begin{pmatrix}X & Y\end{pmatrix}P^{-1}AP\begin{pmatrix}X\\ Y\end{pmatrix}=\begin{pmatrix}X & Y\end{pmatrix}\begin{pmatrix}0 & 0\\ 0 & 5\end{pmatrix}\begin{pmatrix}X\\ Y\end{pmatrix}\\ &=5Y^2.\end{aligned}$$

(8.18) 式より $x=\dfrac{1}{\sqrt{5}}X-\dfrac{2}{\sqrt{5}}Y$, $y=\dfrac{2}{\sqrt{5}}X+\dfrac{1}{\sqrt{5}}Y$．ゆえに，$x+2y=\sqrt{5}X$．したがって，与えられた 2 次曲線の新座標による方程式は $5Y^2+\sqrt{5}X=0$．すなわち，$Y^2=-\dfrac{1}{\sqrt{5}}X$ である (図 8.3)．

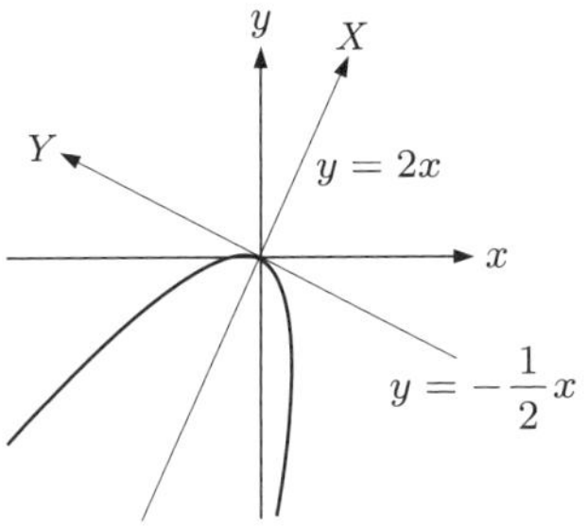

図 8.3

例題 8.15 より，2 次曲線 $4x^2-4xy+y^2+x+2y=0$ は放物線である．例題 8.13，8.14，8.15 で求めた形の方程式を **2 次曲線の標準形** という．一般に次の定理が成り立つ．

定理 8.7　2 次曲線の方程式 $ax^2+2hxy+by^2+gx+fy+c=0$ $(a,b,c,f,g,h:$ 定数$)$ は適当な座標軸の回転により，

$$\alpha X^2+\beta Y^2+GX+FY+c=0 \quad (\alpha,\beta,F,G:\text{定数})$$

の形で表せる．ここで α,β は対称行列 $A=\begin{pmatrix} a & h \\ h & b \end{pmatrix}$ の固有値に等しい．

証明　定理 8.6 より，A は適当な直交行列 P によって $P^{-1}AP=\begin{pmatrix} \alpha & 0 \\ 0 & \beta \end{pmatrix}$ と書ける．ここで α,β は A の固有値に等しく，P の列ベクトルはそれぞれ α,β の固有ベクトルである（定理 8.3 の証明参照）．必要ならば P の列ベクトルの順序を入れ替えて，$|P|=1$ としておく．すると適当な θ を用いて，$P=\begin{pmatrix} \cos\theta & -\sin\theta \\ \sin\theta & \cos\theta \end{pmatrix}$ の形に書ける．座標軸を θ だけ回転すると，座標変換の式は $\begin{pmatrix} x \\ y \end{pmatrix}=P\begin{pmatrix} X \\ Y \end{pmatrix}$．ゆえに，

$$\begin{aligned}
&ax^2+2hxy+by^2\\
&=\begin{pmatrix} x & y \end{pmatrix}\begin{pmatrix} a & h \\ h & b \end{pmatrix}\begin{pmatrix} x \\ y \end{pmatrix}=\begin{pmatrix} x & y \end{pmatrix}A\begin{pmatrix} x \\ y \end{pmatrix}\\
&=\begin{pmatrix} X & Y \end{pmatrix}{}^t\!PAP\begin{pmatrix} X \\ Y \end{pmatrix}=\begin{pmatrix} X & Y \end{pmatrix}P^{-1}AP\begin{pmatrix} X \\ Y \end{pmatrix}\\
&=\begin{pmatrix} X & Y \end{pmatrix}\begin{pmatrix} \alpha & 0 \\ 0 & \beta \end{pmatrix}\begin{pmatrix} X \\ Y \end{pmatrix}\\
&=\alpha X^2+\beta Y^2.
\end{aligned}$$

したがって

$$\begin{aligned}
&ax^2+2hxy+by^2+gx+fy+c\\
&=\alpha X^2+\beta Y^2+g(X\cos\theta-Y\sin\theta)+f(X\sin\theta+Y\cos\theta)+c\\
&=\alpha X^2+\beta Y^2+X(g\cos\theta+f\sin\theta)+Y(-g\sin\theta+f\cos\theta)+c
\end{aligned}$$
∎

問 8.5　次の 2 次曲線の標準形を求めよ．

(1) $x^2 - xy + y^2 = 4$　　(2) $xy = \dfrac{1}{2}$

(3) $3x^2 + 2\sqrt{3}xy + y^2 - 8x + 8\sqrt{3}y = 0$

◆練習問題 8◆

8.1 次の行列の固有値と固有ベクトルを求め，対角化可能かどうか調べよ．

$$(1)\ \begin{pmatrix} 2 & 3 & 1 \\ -1 & -2 & -1 \\ 3 & 9 & 4 \end{pmatrix} \quad (2)\ \begin{pmatrix} 1 & 1 & 0 \\ 0 & 1 & 1 \\ 0 & 0 & 1 \end{pmatrix} \quad (3)\ \begin{pmatrix} 1 & -3 & 3 \\ 3 & -5 & 3 \\ 6 & -6 & 4 \end{pmatrix}$$

8.2 $A = \begin{pmatrix} 1 & 4 & 2 \\ 0 & -3 & -2 \\ 0 & 4 & 3 \end{pmatrix}$ とするとき A^n を求めよ．

8.3 次の対称行列を直交行列により対角化せよ．

$$(1)\ \begin{pmatrix} 1 & 1 & -1 \\ 1 & 1 & 1 \\ -1 & 1 & 1 \end{pmatrix} \quad (2)\ \begin{pmatrix} 2 & 1 & -2 \\ 1 & 2 & 2 \\ -2 & 2 & -1 \end{pmatrix} \quad (3)\ \begin{pmatrix} 2 & 1 & 1 \\ 1 & 2 & 1 \\ 1 & 1 & 2 \end{pmatrix}$$

8.4 n 次正方行列 A は対角化可能で，正則行列 P により対角化されるものとする ($P^{-1}AP$ が対角行列)．このとき $1 \leqq j \leqq n$ について

$$E_j = \begin{pmatrix} 0 & & & & \\ & \ddots & & & \\ & & 1 & & \\ & & & \ddots & \\ & & & & 0 \end{pmatrix} \quad (j \text{ 番目の対角成分が 1 で他の成分は 0})$$

とおき，$Q_j = PE_jP^{-1}$ と定義するとき，次が成立することを示せ．

(1) $Q_1 + Q_2 + \cdots + Q_n = I_n$

(2) $Q_j^2 = Q_j,\quad Q_jQ_k = O\ (j \neq k)$

(3) $A = \lambda_1 Q_1 + \lambda_2 Q_2 + \cdots + \lambda_n Q_n$ ($\lambda_1, \lambda_2, \cdots, \lambda_n$ は A の固有値)

8.5 3 次正方行列 $A = \begin{pmatrix} 1 & 4 & -2 \\ 1 & 1 & 1 \\ 2 & -4 & 5 \end{pmatrix}$ について次の問に答えよ．

(1) 行列 A の固有値は 1 と 3 であることを確かめよ．

(2) $A^2 - 4A + 3I = 0$ が成立することを示せ，ただし I は3次の単位行列である．

(3) 恒等式 $a(x-1) + b(x-3) = 1$ が成り立つような定数 a, b に対して，$P = a(A-I)$, $Q = b(A-3I)$ とおくと次式が成立することを示せ．

(a) $P + Q = I$　　(b) $P^2 = P,\ Q^2 = Q$　　(c) $PQ = QP = O$

(4) 行列 A とその逆行列 A^{-1} がそれぞれ

$$A = 3P + Q, \quad A^{-1} = \frac{1}{3}P + Q$$

と表されることを示せ．

8.6 行列 $A = \begin{pmatrix} 1 & 0 & 1 \\ -1 & 2 & 1 \\ 1 & -1 & 1 \end{pmatrix}$ について次の問いに答えよ．

(1) A の固有多項式が $f_A(x) = (x-1)^2(x-2)$ であることを確かめよ．

(2) $(ax+b)(x-2) + c(x-1)^2 = 1$ をみたす数 a, b, c を求めて

$$P = (aA + bI)(A - 2I), \quad Q = c(A - I)^2$$

を計算せよ．

(3) $P + Q = I$, $PQ = O$, $(A-I)^2 P = O$, $(A-2I)Q = O$ が成立することを示せ．

8.7 n 次正方行列 A が対角化可能のとき，n 個の固有値のうちで相異なるものを $\lambda_1, \lambda_2, \cdots, \lambda_m$ $(m \leqq n)$ とすれば，次式が成立することを示せ．

$$(A - \lambda_1 I)(A - \lambda_2 I) \cdots (A - \lambda_m I) = O$$

8.8 正方行列 A が 0 を固有値としてもたないことは，A が正則であるための必要十分条件であることを示せ．

問と練習問題の解答

第 1 章

問 1.1 (1) $\begin{pmatrix} 4 & 5 \\ 3 & 4 \end{pmatrix}\begin{pmatrix} x \\ y \end{pmatrix} = \begin{pmatrix} 6 \\ 5 \end{pmatrix}$ (2) $\begin{pmatrix} 3 & -1 \\ 4 & 2 \end{pmatrix}\begin{pmatrix} x \\ y \end{pmatrix} = \begin{pmatrix} 1 \\ 18 \end{pmatrix}$

(3) $\begin{pmatrix} 3 & -7 \\ -1 & 2 \end{pmatrix}\begin{pmatrix} x \\ y \end{pmatrix} = \begin{pmatrix} 1 \\ 0 \end{pmatrix}$ (4) $\begin{pmatrix} 1 & 2 \\ 2 & 3 \end{pmatrix}\begin{pmatrix} x \\ y \end{pmatrix} = \begin{pmatrix} 1 \\ 3 \end{pmatrix}$

問 1.2 (1) $\begin{pmatrix} 4 & 1 \\ 10 & -1 \end{pmatrix}$ (2) $\begin{pmatrix} 8 & 5 \\ 16 & 13 \end{pmatrix}$

問 1.3 (1) $A^2 = \begin{pmatrix} 4 & 0 \\ 0 & 9 \end{pmatrix}$, $A^3 = \begin{pmatrix} 8 & 0 \\ 0 & -27 \end{pmatrix}$, $A^4 = \begin{pmatrix} 16 & 0 \\ 0 & 81 \end{pmatrix}$

(2) $A^2 = A^3 = A^4 = \begin{pmatrix} 0 & 0 \\ 0 & 0 \end{pmatrix}$

(3) $A^2 = \begin{pmatrix} 4 & 0 \\ 5 & 9 \end{pmatrix}$, $A^3 = \begin{pmatrix} 8 & 0 \\ 19 & 27 \end{pmatrix}$, $A^4 = \begin{pmatrix} 16 & 0 \\ 65 & 81 \end{pmatrix}$

(4) $A^2 = A^3 = A^4 = \begin{pmatrix} 0 & 0 \\ 0 & 0 \end{pmatrix}$

問 1.4 (1) $\begin{pmatrix} 3 & -2 \\ -4 & 3 \end{pmatrix}$ (2) $\dfrac{1}{4}\begin{pmatrix} 1 & 1 \\ -2 & 2 \end{pmatrix}$

(3) $\dfrac{1}{2}\begin{pmatrix} 0 & 1 \\ 2 & -3 \end{pmatrix}$ (4) もたない

問 1.5 (1) $a = 1$ または 2 (2) $a = 6$ (3) $a = -1$ または 3

問 1.6 (1) $x = -1,\ y = 2$ (2) $x = 2,\ y = 5$

(3) $x = -2,\ y = -1$ (4) $x = 3,\ y = -1$

練習問題

1.1 (1) $\begin{pmatrix} \lambda^n & n\lambda^{n-1} \\ 0 & \lambda^n \end{pmatrix}$

(2) $A^{4m} = \begin{pmatrix} 1 & 0 \\ 0 & 1 \end{pmatrix}$, $A^{4m+1} = \begin{pmatrix} 0 & -1 \\ 1 & 0 \end{pmatrix}$, $A^{4m+2} = \begin{pmatrix} -1 & 0 \\ 0 & -1 \end{pmatrix}$,

$A^{4m+3} = \begin{pmatrix} 0 & 1 \\ -1 & 0 \end{pmatrix}$

(3) $\begin{pmatrix} \cos n\theta & -\sin n\theta \\ \sin n\theta & \cos n\theta \end{pmatrix}$

1.2 $A^2 - 2I = O$, $A^{2m} = \begin{pmatrix} 2^m & 0 \\ 0 & 2^m \end{pmatrix}$, $A^{2m-1} = \begin{pmatrix} -2^m & -2^{m-1} \\ 2^m & 2^m \end{pmatrix}$

1.3 O

1.4 (1) $\begin{pmatrix} a & b \\ 0 & a \end{pmatrix}$ (a, b : 任意)　(2) $\begin{pmatrix} a & b \\ b & a \end{pmatrix}$ (a, b : 任意)

(3) $\begin{pmatrix} a & -b \\ b & a \end{pmatrix}$ (a, b : 任意)

1.5 省略

第 2 章

問 2.1 (1) $x = -2,\ y = 5,\ z = 3$　(2) $x = 3,\ y = -1,\ z = 4$

問 2.2 (3) のみ階段行列

(1) $\begin{pmatrix} 1 & 0 & 3 & 1 \\ 0 & 1 & 1 & -2 \\ 0 & 0 & 0 & 0 \end{pmatrix}$　(2) $\begin{pmatrix} 1 & 0 & -5 & 0 \\ 0 & 1 & 1 & 0 \\ 0 & 0 & 0 & 1 \end{pmatrix}$

(4) $\begin{pmatrix} 1 & 0 & 2 & 3 \\ 0 & 1 & 1 & -2 \\ 0 & 0 & 0 & 0 \end{pmatrix}$　(5) $\begin{pmatrix} 1 & 0 & 0 & 0 \\ 0 & 1 & 1 & 0 \\ 0 & 0 & 0 & 1 \end{pmatrix}$

問 2.3 (1) $\begin{pmatrix} 1 & 0 & 9 & -9 \\ 0 & 1 & -5 & 6 \\ 0 & 0 & 0 & 0 \end{pmatrix}$ (2) $\begin{pmatrix} 1 & 0 & 0 \\ 0 & 1 & 0 \\ 0 & 0 & 1 \end{pmatrix}$

(3) $\begin{pmatrix} 1 & 0 & 0 & 1 & 0 \\ 0 & 1 & 0 & -1 & 0 \\ 0 & 0 & 1 & 1 & 0 \\ 0 & 0 & 0 & 0 & 1 \end{pmatrix}$

問 2.4 (1) $x = 0,\ y = 2,\ z = 1$

(2) $x = 14 - 3c,\ y = c,\ z = -4$ (c：任意の数)

練 習 問 題

2.1 (1) $\begin{pmatrix} 1 & 0 & 1 \\ 0 & 1 & -3 \\ 0 & 0 & 0 \end{pmatrix}$ (2) $\begin{pmatrix} 1 & 0 & 0 & 1 \\ 0 & 1 & 0 & 0 \\ 0 & 0 & 1 & 0 \end{pmatrix}$

(3) $\begin{pmatrix} 1 & 0 & 2 \\ 0 & 1 & 1 \\ 0 & 0 & 0 \\ 0 & 0 & 0 \end{pmatrix}$ (4) $\begin{pmatrix} 1 & 0 & 0 & \frac{2}{5} \\ 0 & 1 & 0 & 1 \\ 0 & 0 & 1 & \frac{7}{5} \\ 0 & 0 & 0 & 0 \end{pmatrix}$

2.2 (1) $a = 1$ のとき $r = 1$，$a = -2$ のとき $r = 2$，$a \neq 1$ かつ $a \neq -2$ のとき $r = 3$

(2) $a = b = 0$ のとき $r = 0$，$a = b \neq 0$ のとき $r = 1$，$a = -2b \neq 0$ のとき $r = 2$，$a \neq b$ かつ $a \neq -2b$ のとき $r = 3$

(3) $a = b = c$ のとき $r = 1$，a, b, c のうち 2 つのみが等しいとき $r = 2$，a, b, c が相異なるとき $r = 3$

(4) $a = 1$ のとき $r = 1$，$a = -\dfrac{1}{3}$ のとき $r = 3$，$a \neq 1$ かつ $a \neq -\dfrac{1}{3}$ のとき $r = 4$

2.3 (1) $x = 3 + 2c,\ y = c$ (c：任意定数)

(2) $x = -5,\ y = 3,\ z = -1$

(3) $x = -4,\ y = 2,\ z = 7$

(4) $x_1 = -2 - c,\ x_2 = 5 - c,\ x_3 = 0,\ x_4 = c$ (c: 任意定数)

(5) $\alpha : \beta : \gamma = 1 : 3 : -2$ のとき $x = \alpha + c_1 + 3c_2,\ y = c_1,\ z = c_2$ (c_1, c_2: 任意定数), $\alpha : \beta : \gamma \neq 1 : 3 : -2$ のとき解なし

(6) $k = 6$ のとき $x = -\dfrac{7}{3},\ y = \dfrac{2}{3}$, $k \neq 6$ のとき解なし

(7) $x = -c,\ y = z = c$ (c: 任意定数)

(8) $x_1 = -6c,\ x_2 = -2c,\ x_3 = c,\ x_4 = 3c$ (c: 任意定数)

2.4 (1) $k = -1$ (2) $k = -2, -3$

2.5 最初に行基本変形により階段行列にする.

第 3 章

問 3.1 (1) 定義できない (2) $\begin{pmatrix} -2 & 2 & -3 \\ 0 & 1 & -2 \\ -4 & 0 & 2 \end{pmatrix}$ (3) 4

(4) $\begin{pmatrix} -3 & 1 & 2 \\ -9 & 3 & 6 \\ -6 & 2 & 4 \end{pmatrix}$

問 3.2 省略

問 3.3 (1) $\begin{pmatrix} 1 & 0 & 0 \\ 0 & 2^n & 0 \\ 0 & 0 & 3^n \end{pmatrix}$ (2) $\begin{pmatrix} 1 & n & \dfrac{n(n-1)}{2} \\ 0 & 1 & n \\ 0 & 0 & 1 \end{pmatrix}$

問 3.4 $x_1y_1 + x_2y_2 + x_3y_3$

問 3.5 $a_{ii} = -a_{ii}$ より

問 3.6 省略

問 3.7 (1) $\begin{pmatrix} 1 & -1 & -1 \\ 0 & 1 & -1 \\ 0 & 0 & 1 \end{pmatrix}$ (2) 省略

問 3.8　$a_i = 0$ ならば $A\boldsymbol{e}_i = \boldsymbol{0}$ となるので正則でない．逆行列は

$$\begin{pmatrix} \dfrac{1}{a_1} & & & O \\ & \dfrac{1}{a_2} & & \\ & & \ddots & \\ O & & & \dfrac{1}{a_n} \end{pmatrix}$$

問 3.9　(1) $\begin{pmatrix} 4 & 6 & -2 \\ 1 & 7 & -1 \\ 1 & -3 & 2 \end{pmatrix}$　(2) $\begin{pmatrix} 0 & 9 & -5 \\ -3 & 1 & 1 \\ -\dfrac{1}{2} & \dfrac{3}{2} & -1 \end{pmatrix}$

(3) $\begin{pmatrix} 1 & -3 & 2 \\ 0 & -8 & 7 \\ 0 & 9 & -5 \end{pmatrix}$

問 3.10　(1) $\begin{pmatrix} 2 & 3 & 0 \\ 1 & 0 & 1 \\ 0 & 3 & 2 \end{pmatrix}$　(2) $\begin{pmatrix} 2 & 1 & -6 \\ 1 & 0 & -2 \\ 0 & 1 & 2 \end{pmatrix}$　(3) $\begin{pmatrix} 0 & 1 & 2 \\ 1 & 0 & 1 \\ 2 & 1 & 0 \end{pmatrix}$

問 3.11　(1) $\begin{pmatrix} -1 & 1 & -1 \\ 4 & -2 & 3 \\ -2 & 1 & -1 \end{pmatrix}$　(2) $\dfrac{1}{2}\begin{pmatrix} -53 & 14 & 9 \\ 17 & -4 & -3 \\ 7 & -2 & -1 \end{pmatrix}$

(3) $\begin{pmatrix} -33 & -39 & 53 \\ 5 & 6 & -8 \\ 2 & 2 & -3 \end{pmatrix}$

問 3.12　(1)　$x = 531,\ y = -81,\ z = -28$

(2)　$x = 195,\ y = -29,\ z = -13$

(3)　$x = -120,\ y = 19,\ z = 8$

(4)　$x = 1402,\ y = -214,\ z = -76$

練 習 問 題

3.1　$a = 5,\ b = -3,\ c = 4,\ d = 1$

3.2 $A = \begin{pmatrix} 1 & -2 & 3 \\ -4 & 0 & -1 \end{pmatrix}$, $B = \begin{pmatrix} -3 & 2 & -1 \\ 0 & -4 & 3 \end{pmatrix}$

3.3 順に $\begin{pmatrix} 1 & 15 & 3 \\ 6 & 2 & 10 \end{pmatrix}$, $\begin{pmatrix} -15 & 6 \\ 13 & 3 \end{pmatrix}$, $\begin{pmatrix} 3 & 9 & 6 \\ 13 & -4 & 13 \\ -1 & 4 & 2 \end{pmatrix}$.

3.4 (1),(2) とも $AB = BA$ でなければならない.

3.5 $\begin{pmatrix} a^n & na^{n-1} & \dfrac{n(n-1)}{2}a^{n-2} \\ 0 & a^n & na^{n-1} \\ 0 & 0 & a^n \end{pmatrix}$

3.6 (1)　$a = 1,\ b = 3,\ c = 2$　　(2)　$a = 3,\ b = 3,\ c = 1$

(3)　$a = 7,\ b = 5,\ c = 3$

3.7 $I + A$ の逆行列は $I - A + A^2$ である.

3.8 $E_1 = \begin{pmatrix} 1 & 0 \\ -3 & 1 \end{pmatrix}$, $E_2 = \begin{pmatrix} 1 & 0 \\ 0 & -\dfrac{1}{2} \end{pmatrix}$, $E_3 = \begin{pmatrix} 1 & -2 \\ 0 & 1 \end{pmatrix}$ とおくと

(1)　$A^{-1} = E_3E_2E_1 = \begin{pmatrix} 1 & -2 \\ 0 & 1 \end{pmatrix}\begin{pmatrix} 1 & 0 \\ 0 & -\dfrac{1}{2} \end{pmatrix}\begin{pmatrix} 1 & 0 \\ -3 & 1 \end{pmatrix}$

(2)　$A = E_1{}^{-1}E_2{}^{-1}E_3{}^{-1} = \begin{pmatrix} 1 & 0 \\ 3 & 1 \end{pmatrix}\begin{pmatrix} 1 & 0 \\ 0 & -2 \end{pmatrix}\begin{pmatrix} 1 & 2 \\ 0 & 1 \end{pmatrix}$

3.9 (1)　$\begin{pmatrix} 5 & -3 \\ -3 & 2 \end{pmatrix}$　　(2)　$\dfrac{1}{3}\begin{pmatrix} -4 & 5 & -1 \\ -3 & -3 & 3 \\ 4 & 1 & -2 \end{pmatrix}$

(3)　$\dfrac{1}{8}\begin{pmatrix} 8 & 0 & 0 & 0 \\ -4 & 4 & 0 & 0 \\ 0 & -2 & 2 & 0 \\ 0 & 0 & -1 & 1 \end{pmatrix}$　　(4)　$\begin{pmatrix} 5 & -2 & 0 & 0 \\ -2 & 1 & 0 & 0 \\ -131 & 39 & -5 & 8 \\ 48 & -14 & 2 & -3 \end{pmatrix}$

(5) $\begin{pmatrix} 1 & & & & -x_1 \\ & 1 & & O & -x_2 \\ & & \ddots & & \vdots \\ & O & & 1 & -x_{n-1} \\ & & & & 1 \end{pmatrix}$　(6) $\begin{pmatrix} 1 & 1 & 1 & \cdots & 1 \\ & 1 & 1 & \cdots & 1 \\ & & 1 & \cdots & 1 \\ & O & & \ddots & \vdots \\ & & & & 1 \end{pmatrix}$

第 4 章

問 4.1　(1)　5　(2)　$\frac{1}{2}n(n-1)$

問 4.2　σ の転位数は 7，τ の転位数は 2

問 4.3　$(1\ 2\ 3\ 4\ 5) \to (1\ 5\ 3\ 4\ 2) \to (4\ 5\ 3\ 1\ 2)$
$\to (4\ 3\ 5\ 1\ 2) \to (3\ 4\ 5\ 1\ 2)$

問 4.4　$(2\ 5\ 1\ 4\ 3)$

問 4.5　σ の転位数は 3，$\sigma^{-1} = (2\ 4\ 1\ 3)$ の転位数は 3

問 4.6　(1)　10　(2)　19　(3)　-2

問 4.7　$a_1b_2c_3d_4 - a_2b_1c_3d_4 - a_1b_2c_4d_3 + a_2b_1c_4d_3$
$= (a_1b_2 - a_2b_1)(c_3d_4 - c_4d_3)$

問 4.8　省略

問 4.9　(1)　$-(a-b)(b-c)(c-a)$
(2)　$(a-b)(b-c)(c-a)(a+b+c)$

問 4.10　(1)　0　(2)　324　(3)　0

問 4.11　$(2,2)$ 余因子 -35，$(3,2)$ 余因子 15

問 4.12　(1)　12　(2)　5　(3)　$d(a-b)(b-c)(c-d)$
(4)　-6

問 4.13　省略

問 4.14　$\frac{1}{4}\begin{pmatrix} 3 & 2 & 1 \\ 2 & 4 & 2 \\ 1 & 2 & 3 \end{pmatrix}$

問 4.15　$x = 1,\ y = -3,\ z = 3$

練習問題

4.1 (1) 8800　(2) 132　(3) -109

(4) 125　(5) 1　(6) $8abcd$

4.2 定理 4.6，定理 4.7 と定理の系 4.1 を用いる．

4.3 $\cos\alpha = -\cos(\beta+\gamma)$

$= -\cos\beta\cos\gamma + \sin\beta\sin\gamma$ を用いて，

$$\begin{vmatrix} -1 & \cos\gamma & \cos\beta \\ \cos\gamma & -1 & \cos\alpha \\ \cos\beta & \cos\alpha & -1 \end{vmatrix} = \begin{vmatrix} -1 & \cos\gamma & \cos\beta \\ 0 & -1+\cos^2\gamma & \cos\alpha+\cos\beta\cos\gamma \\ 0 & \cos\alpha+\cos\beta\cos\gamma & -1+\cos^2\beta \end{vmatrix}$$

4.4 (1) $(a^2+b^2+c^2+d^2)I_4$　(2) $|A| = (a^2+b^2+c^2+d^2)^2$

4.5 $x=1$ または $x = -\dfrac{1}{2}$

4.6 $\lambda = 2$ または $\lambda = -1 \pm \sqrt{6}$

4.7 省略

4.8 (1) 余因子行列は $\begin{pmatrix} 3 & -9 & 6 \\ -8 & 0 & -4 \\ 23 & -9 & -2 \end{pmatrix}$，逆行列は $-\dfrac{1}{36}\begin{pmatrix} 3 & -9 & 6 \\ -8 & 0 & -4 \\ 23 & -9 & -2 \end{pmatrix}$

(2) 余因子行列は $\begin{pmatrix} 5 & 3 & 4 \\ 3 & 5 & -4 \\ 1 & 7 & 4 \end{pmatrix}$，逆行列は $\dfrac{1}{16}\begin{pmatrix} 5 & 3 & 4 \\ 3 & 5 & -4 \\ 1 & 7 & 4 \end{pmatrix}$

4.9 定理の系 4.2 を用いる．

4.10 $x = -\dfrac{1}{5}$，$y=0$，$z = \dfrac{2}{5}$

4.11 ${}^tA = -A$ より，$|A| = |{}^tA| = |-A|$．あとは例題 4.8 を用いる．

4.12 定理 4.14 を用いて，$|\widetilde{A}A| = |\widetilde{A}||A|$ を計算せよ．

第 5 章

問 5.1 $\overrightarrow{\mathrm{AC}} = 2\boldsymbol{a}+\boldsymbol{b}$，$\overrightarrow{\mathrm{AD}} = 2(\boldsymbol{a}+\boldsymbol{b})$，$\overrightarrow{\mathrm{BD}} = \boldsymbol{a}+2\boldsymbol{b}$，$\overrightarrow{\mathrm{CE}} = \boldsymbol{b}-\boldsymbol{a}$

問 5.2 (1) $-7\boldsymbol{a}-11\boldsymbol{b}$　(2) $5\boldsymbol{a}+6\boldsymbol{b}$

また　$\boldsymbol{x} = 8\boldsymbol{a}-5\boldsymbol{b} = \begin{pmatrix} -21 \\ 34 \end{pmatrix}$，$\boldsymbol{y} = -3\boldsymbol{a}+2\boldsymbol{b} = \begin{pmatrix} 8 \\ -13 \end{pmatrix}$

問 5.3 (1) $\begin{pmatrix} -3 \\ -2 \\ -2 \end{pmatrix}$ (2) $\begin{pmatrix} 3 \\ 14 \\ 27 \end{pmatrix}$ (3) $\begin{pmatrix} -12 \\ 16 \\ -22 \end{pmatrix}$

(4) $\begin{pmatrix} 4 \\ 12 \\ -1 \end{pmatrix}$ また $\boldsymbol{x} = \begin{pmatrix} 21 \\ -2 \\ 2 \end{pmatrix}$, $\boldsymbol{y} = \begin{pmatrix} 15 \\ -2 \\ 1 \end{pmatrix}$,

問 5.4 (1) -4 (2) -20

問 5.5 (1) $\theta = 90°$ (2) $\cos\theta = \dfrac{4}{21}$

問 5.6 $\|\boldsymbol{a} \pm \boldsymbol{b}\|^2 = (\boldsymbol{a} \pm \boldsymbol{b}, \boldsymbol{a} \pm \boldsymbol{b})$ などを用いる.

問 5.7 $\dfrac{\sqrt{3}}{2}$

問 5.8 省略

問 5.9 (1) $\begin{pmatrix} 17 \\ 7 \\ -9 \end{pmatrix}$ (2) $26\begin{pmatrix} 3 \\ -2 \\ 1 \end{pmatrix}$ (3) $56\begin{pmatrix} -2 \\ 1 \\ -3 \end{pmatrix}$

(4) $\begin{pmatrix} -29 \\ 21 \\ -11 \end{pmatrix}$

問 5.10 $x = 11,\ y = 8$

問 5.11 $\boldsymbol{p} = -\dfrac{n}{m-n}\boldsymbol{a} + \dfrac{m}{m-n}\boldsymbol{b}$

問 5.12 $y - a_2 = \dfrac{b_2 - a_2}{b_1 - a_1}(x - a_1)$ を変形する.

問 5.13 (1) $x + 4y + 2z - 28 = 0$ (2) $4x + 2y - 5z + 25 = 0$

問 5.14 たとえば $\mathrm{A}(-6, 0, 0)$, $\mathrm{B}(0, 4, 0)$, $\mathrm{C}(0, 0, -3)$. $\overrightarrow{\mathrm{AP}} = s\overrightarrow{\mathrm{AB}} + t\overrightarrow{\mathrm{AC}}$ を考えると

$$\begin{cases} x + 6 = 6(s + t) \\ y = 4s \\ z = -3t \end{cases}$$

問 5.15　$5x-8y-2z-3=0$，$\overrightarrow{\mathrm{AP}}=s\overrightarrow{\mathrm{AB}}+t\overrightarrow{\mathrm{AC}}$ より

$$\begin{cases} x-1=-2s+2t \\ y-1=-s \\ z+3=-s+5t \end{cases}$$

練習問題

5.1　(1)　$\left(-\dfrac{1}{2},1,-\dfrac{1}{2}\right)$　(2)　$\left(-\dfrac{6}{5},1,0\right)$　(3)　$(-18,1,12)$

5.2　(1)　$\pm\dfrac{1}{\sqrt{17}}\begin{pmatrix}4\\1\end{pmatrix}$　(2)　$\pm\dfrac{1}{\sqrt{30}}\begin{pmatrix}1\\-5\\-2\end{pmatrix}$

5.3　$\cos A=\dfrac{1}{\sqrt{10}}$，$\cos B=0$，$\cos C=\dfrac{3}{\sqrt{10}}$

5.4　$\begin{pmatrix}1\\-2\\0\end{pmatrix}+c\begin{pmatrix}-1\\3\\1\end{pmatrix}$ (c：任意定数)

5.5　(1)　$\dfrac{x+1}{5}=\dfrac{y-2}{-1}=\dfrac{z-1}{-9}$　(2)　$x+3y-z=0$
(3)　$x+9y-5z-16=0$

5.6　交点は $(5,-1,-3)$．求める平面の方程式は $5x-2y+9z=0$

5.7　(1)　$\boldsymbol{b}\times\boldsymbol{b}=\boldsymbol{o}$ である　(2)　スカラー 3 重積は行列式であることを用いる．(3)　成分を計算する．

5.8　△OAB を底面とする三角錐と考えると，体積は OA,OB,OC で張られる平行六面体の $\dfrac{1}{2}\times\dfrac{1}{3}$.

第 6 章

問 6.1　たとえば，$\boldsymbol{a}_1,\boldsymbol{a}_2,\boldsymbol{a}_3$ を 1 次独立なベクトルの組とすると

$$\boldsymbol{a}_4=2\boldsymbol{a}_1-\boldsymbol{a}_2-\boldsymbol{a}_3,\quad \boldsymbol{a}_5=-3\boldsymbol{a}_1+4\boldsymbol{a}_2+3\boldsymbol{a}_3$$

問 6.2　$\boldsymbol{e}_1, \boldsymbol{e}_2, \ldots, \boldsymbol{e}_n$ は 1 次独立で，任意のベクトル $\boldsymbol{a}$ が $\boldsymbol{a} = \begin{pmatrix} a_1 \\ a_2 \\ \vdots \\ a_n \end{pmatrix} =$ $a_1\boldsymbol{e}_1 + a_2\boldsymbol{e}_2 + \cdots + a_n\boldsymbol{e}_n$ と表される．

問 6.3　たとえば，$\boldsymbol{a}_1, \boldsymbol{a}_2, \boldsymbol{a}_3$ が基底で，$\dim W = 3$

問 6.4　行列 $(\boldsymbol{a}_1\ \boldsymbol{a}_2\ \boldsymbol{b}_1\ \boldsymbol{b}_2)$ を基本変形することにより

$$\boldsymbol{b}_1 = \frac{17}{5}\boldsymbol{a}_1 - \frac{3}{5}\boldsymbol{a}_2, \quad \boldsymbol{b}_2 = -\frac{1}{5}\boldsymbol{a}_1 + \frac{4}{5}\boldsymbol{a}_2$$

これは，次のように表されるので，定理 6.5 が使える．

$$(\boldsymbol{b}_1\ \boldsymbol{b}_2) = (\boldsymbol{a}_1\ \boldsymbol{a}_2)\begin{pmatrix} \frac{17}{5} & -\frac{1}{5} \\ -\frac{3}{5} & \frac{4}{5} \end{pmatrix}$$

問 6.5　省略

問 6.6　$A\boldsymbol{0} = \boldsymbol{0}$ より，$\boldsymbol{0} \in K(A)$. $\boldsymbol{a}, \boldsymbol{b} \in K(A)$ ならば，$A(\boldsymbol{a}+\boldsymbol{b}) = A\boldsymbol{a}+A\boldsymbol{b} = \boldsymbol{0}+\boldsymbol{0} = \boldsymbol{0}$. ゆえに $\boldsymbol{a}+\boldsymbol{b} \in K(A)$. 同様に，$\boldsymbol{a} \in K(A)$ ならば $k\boldsymbol{a} \in K(A)$.

問 6.7　たとえば $\boldsymbol{a}_1 = \begin{pmatrix} -2 \\ 1 \\ 0 \end{pmatrix}$，$\boldsymbol{a}_2 = \begin{pmatrix} -3 \\ 0 \\ 1 \end{pmatrix}$ が基底で，$\dim W = 2$.

問 6.8　$(\boldsymbol{a}, \boldsymbol{b}) = 0$，$\|\boldsymbol{a}\| = \sqrt{21}$，$\|\boldsymbol{b}\| = \sqrt{15}$

問 6.9　最大値 4，最小値 -4．シュヴァルツの不等式より

$$|3x_1 - x_2 - 2x_3 + \sqrt{2}x_4| \leqq \sqrt{9+1+4+2}\sqrt{{x_1}^2 + {x_2}^2 + {x_3}^2 + {x_4}^2} \leqq 4$$

等号が成立するのは $\begin{pmatrix} x_1 \\ x_2 \\ x_3 \\ x_4 \end{pmatrix} = c\begin{pmatrix} 3 \\ -1 \\ -2 \\ \sqrt{2} \end{pmatrix}$ のときで，$c = \dfrac{1}{4}$ のとき

最大値 4，$c = -\dfrac{1}{4}$ のとき最小値 -4

問 6.10　(1)　省略

(2) $\begin{pmatrix} 1 \\ 2 \\ -4 \end{pmatrix} = \dfrac{7}{\sqrt{3}}\boldsymbol{a}_1 - \dfrac{1}{\sqrt{6}}\boldsymbol{a}_2 - \dfrac{3}{\sqrt{2}}\boldsymbol{a}_3$ (定理 6.9 を用いる)

問 6.11 $\|\boldsymbol{x}\|^2 = \left(\sum_{i=1}^{n}(\boldsymbol{x},\boldsymbol{a}_i)\boldsymbol{a}_i, \sum_{j=1}^{n}(\boldsymbol{x},\boldsymbol{a}_j)\boldsymbol{a}_j\right)$

$= \sum_{i=1}^{n}(\boldsymbol{x},\boldsymbol{a}_i)^2(\boldsymbol{a}_i,\boldsymbol{a}_i) + 2\sum_{i<j}(\boldsymbol{x},\boldsymbol{a}_i)(\boldsymbol{x},\boldsymbol{a}_j)(\boldsymbol{a}_i,\boldsymbol{a}_j)$

となることを用いる.

問 6.12 $\boldsymbol{b}_1 = \dfrac{1}{\sqrt{2}}\begin{pmatrix} 1 \\ 0 \\ 1 \end{pmatrix}$, $\boldsymbol{b}_2 = \dfrac{1}{\sqrt{34}}\begin{pmatrix} -3 \\ 4 \\ 3 \end{pmatrix}$, $\boldsymbol{b}_3 = \dfrac{1}{\sqrt{17}}\begin{pmatrix} 2 \\ 3 \\ -2 \end{pmatrix}$

問 6.13 $\boldsymbol{a}' = \begin{pmatrix} 0 \\ 2 \\ 0 \end{pmatrix}$ $\left(\text{直交基底としては}\dfrac{1}{\sqrt{3}}\begin{pmatrix} 1 \\ 1 \\ 1 \end{pmatrix}, \dfrac{1}{\sqrt{6}}\begin{pmatrix} 1 \\ -2 \\ 1 \end{pmatrix}\text{をとれる}\right)$

問 6.14 省略

問 6.15 W の基底として $\boldsymbol{a}_1 = \begin{pmatrix} 1 \\ -1 \\ 0 \end{pmatrix}$, $\boldsymbol{a}_2 = \begin{pmatrix} 1 \\ 0 \\ -1 \end{pmatrix}$ をとると,

$\boldsymbol{b}_1 = \dfrac{1}{\sqrt{2}}\begin{pmatrix} 1 \\ -1 \\ 0 \end{pmatrix}$, $\boldsymbol{b}_2 = \dfrac{1}{\sqrt{6}}\begin{pmatrix} 1 \\ 1 \\ -2 \end{pmatrix}$, $\boldsymbol{b}_3 = \dfrac{1}{\sqrt{3}}\begin{pmatrix} 1 \\ 1 \\ 1 \end{pmatrix}$ が $\boldsymbol{R}^3$

の正規直交基底

問 6.16 A を n 次正方行列とすると $\dim K({}^tA) = n - \dim R({}^tA)$

$= n - \dim R(A) = \dim K(A)$

問 6.17 (1) 1 次独立　(2) 1 次独立

(3) $\cos 2x = 2\cos^2 x - 1$ より 1 次従属

練習問題

6.1 (1) $\boldsymbol{a}+\boldsymbol{b}$　(2) $2\boldsymbol{a}+\boldsymbol{b}$　(3) 不可能　(4) $0\boldsymbol{a}+0\boldsymbol{b}$

6.2 (1) 1次独立　(2) $\begin{pmatrix} 5 \\ 9 \\ -2 \end{pmatrix} = 5\begin{pmatrix} 1 \\ 3 \\ 2 \end{pmatrix} - 3\begin{pmatrix} 0 \\ 2 \\ 4 \end{pmatrix}$

(3) $\begin{pmatrix} 3 \\ 0 \\ -3 \\ 6 \end{pmatrix} = 3\begin{pmatrix} 1 \\ 2 \\ 1 \\ -2 \end{pmatrix} + 15\begin{pmatrix} 0 \\ -2 \\ -2 \\ 0 \end{pmatrix} + 12\begin{pmatrix} 0 \\ 2 \\ 2 \\ 1 \end{pmatrix}$

6.3 (1) 基底：$\begin{pmatrix} 2 \\ -1 \\ 3 \end{pmatrix}, \begin{pmatrix} 4 \\ 1 \\ 2 \end{pmatrix}$，次元：2

(2) 基底：$\begin{pmatrix} 3 \\ 1 \\ 4 \end{pmatrix}, \begin{pmatrix} 2 \\ -3 \\ 5 \end{pmatrix}$，次元：2

(1)，(2) においては他の基底も可

(3)，(4) は $\boldsymbol{R}^3$ 全体で，$\boldsymbol{R}^3$ の任意の基底が可，次元：3

6.4 (1) 基底：$\begin{pmatrix} 1 \\ 0 \\ 0 \end{pmatrix}, \begin{pmatrix} 0 \\ 1 \\ 0 \end{pmatrix}$，次元：2　(2) 基底：$\begin{pmatrix} 1 \\ 1 \\ 1 \end{pmatrix}$，次元：1

(3) 基底：$\begin{pmatrix} 1 \\ 2 \\ -1 \\ 0 \end{pmatrix}, \begin{pmatrix} 1 \\ 1 \\ 0 \\ 1 \end{pmatrix}$，次元：2，以上，他の基底も可

6.5 (1) 基底：$\begin{pmatrix} 2 \\ -1 \\ 1 \end{pmatrix}$，次元：1

(2) 基底：$\begin{pmatrix} 1 \\ 1 \\ -4 \\ 0 \end{pmatrix}, \begin{pmatrix} 0 \\ 1 \\ 0 \\ -1 \end{pmatrix}$, 次元：2　　(3)　次元：0

6.6 省略

6.7 前半は省略, $\begin{pmatrix} 1 \\ 2 \\ 3 \\ -1 \end{pmatrix} = -\sqrt{2}\boldsymbol{a}_1 - \frac{3}{\sqrt{2}}\boldsymbol{a}_2 + \frac{13}{2\sqrt{5}}\boldsymbol{a}_3 - \frac{1}{2\sqrt{5}}\boldsymbol{a}_4$

6.8 $\boldsymbol{b}_1 = \frac{1}{\sqrt{3}}\begin{pmatrix} 1 \\ 1 \\ 1 \end{pmatrix}, \ \boldsymbol{b}_2 = \frac{1}{\sqrt{6}}\begin{pmatrix} 1 \\ -2 \\ 1 \end{pmatrix}, \ \boldsymbol{b}_3 = \frac{1}{\sqrt{2}}\begin{pmatrix} -1 \\ 0 \\ 1 \end{pmatrix}$

6.9 $\boldsymbol{b}_1 = \frac{1}{3}\begin{pmatrix} 14 \\ -13 \\ -5 \end{pmatrix}, \ \boldsymbol{b}_2 = \frac{1}{3}\begin{pmatrix} 8 \\ -7 \\ -2 \end{pmatrix}, \ \boldsymbol{b}_3 = \begin{pmatrix} -3 \\ 3 \\ 1 \end{pmatrix}$

$A^{-1} = \begin{pmatrix} \frac{14}{3} & -\frac{13}{3} & -\frac{5}{3} \\ \frac{8}{3} & -\frac{7}{3} & -\frac{2}{3} \\ -3 & 3 & 1 \end{pmatrix} = \begin{pmatrix} {}^t\boldsymbol{b}_1 \\ {}^t\boldsymbol{b}_2 \\ {}^t\boldsymbol{b}_3 \end{pmatrix}$ を用いる.

6.10 (1)　$\frac{1}{2}\begin{pmatrix} -1 \\ 6 \\ -1 \end{pmatrix}$　　(2)　$\frac{1}{11}\begin{pmatrix} 17 \\ 9 \\ -1 \\ -17 \end{pmatrix}$

6.11 $W^{\perp} = < \begin{pmatrix} -1 \\ 2 \\ 1 \\ 0 \end{pmatrix}, \begin{pmatrix} -3 \\ 1 \\ 0 \\ 2 \end{pmatrix} >$

$$W^{\perp} = \left\{ \begin{pmatrix} x_1 \\ x_2 \\ x_3 \\ x_4 \end{pmatrix} ;\ \begin{matrix} x_1 + x_2 - x_3 + x_4 = 0 \\ x_1 - x_2 + 3x_3 + 2x_4 = 0 \end{matrix} \right\}$$ の基底を求める．

第 7 章

問 7.1　$(-\sqrt{3}+2, 1+\sqrt{3})$

問 7.2　$\begin{pmatrix} \frac{3}{5} & \frac{4}{5} \\ -\frac{4}{5} & \frac{3}{5} \end{pmatrix}$

問 7.3　$\begin{pmatrix} \frac{1}{2} & -\frac{\sqrt{3}}{2} \\ \frac{\sqrt{3}}{2} & \frac{1}{2} \end{pmatrix}$

問 7.4　(1) $\begin{pmatrix} -1 & 0 \\ 0 & 1 \end{pmatrix}$　(2) $\begin{pmatrix} 0 & 1 \\ 1 & 0 \end{pmatrix}$　(3) $\begin{pmatrix} 0 & -1 \\ -1 & 0 \end{pmatrix}$

問 7.5　$\begin{pmatrix} 1 & 2 \\ 3 & -1 \end{pmatrix}$

問 7.6　$g \circ f : \begin{pmatrix} -\frac{\sqrt{3}}{2} & \frac{1}{2} \\ \frac{1}{2} & \frac{\sqrt{3}}{2} \end{pmatrix}$，$f \circ g : \begin{pmatrix} -\frac{\sqrt{3}}{2} & -\frac{1}{2} \\ -\frac{1}{2} & \frac{\sqrt{3}}{2} \end{pmatrix}$

問 7.7　$f \circ g : \begin{pmatrix} 0 & 6 \\ 7 & -17 \end{pmatrix}$，$g \circ f : \begin{pmatrix} -10 & 8 \\ 14 & -7 \end{pmatrix}$，$f \circ f : \begin{pmatrix} 7 & 0 \\ 0 & 7 \end{pmatrix}$

問 7.8　$f^{-1} : \begin{pmatrix} 1 & 1 \\ 1 & 2 \end{pmatrix}$，$g^{-1} : \begin{pmatrix} 2 & -1 \\ -3 & 2 \end{pmatrix}$，$(g \circ f)^{-1} : \begin{pmatrix} -1 & 1 \\ -4 & 3 \end{pmatrix}$，

$(f \circ g \circ f^{-1})^{-1} : \begin{pmatrix} 3 & -1 \\ -2 & 1 \end{pmatrix}$

問 7.9　$\frac{1}{7}\begin{pmatrix} 6 & 10 \\ 5 & 6 \end{pmatrix}$

問 7.10　$x' = -\dfrac{3}{5}x + \dfrac{4}{5}y$，$y' = \dfrac{4}{5}x + \dfrac{3}{5}y$. P(0,3) の対称点は $\left(\dfrac{12}{5}, \dfrac{9}{5}\right)$

問 7.11　$\begin{pmatrix} 0 & 1 \\ 1 & 0 \end{pmatrix}$

問 7.12　(1)　$(4, -5)$　　(2)　$\left(\dfrac{26}{25}, \dfrac{7}{25}\right)$

問 7.13　(1)　$\begin{pmatrix} -73 & -128 \\ 44 & 77 \end{pmatrix}$　　(2)　$\begin{pmatrix} 33 & 46 \\ -21 & -29 \end{pmatrix}$

問 7.14　省略

練習問題

7.1　点 (0,0)，(2,1)，(3,4)，(1,3) を頂点とする平行四辺形の内部;
点 (0,0)，(3,1)，(3,2)，(0,1) を頂点とする平行四辺形の内部

7.2　$S(\boldsymbol{a}', \boldsymbol{b}') = |\,\boldsymbol{a}' \quad \boldsymbol{b}'\,|$ の絶対値 $= |\,A\boldsymbol{a} \quad A\boldsymbol{b}\,|$ の絶対値

$= |A||\,\boldsymbol{a} \quad \boldsymbol{b}\,|$ の絶対値 $= |A|$ の絶対値 $\times S(\boldsymbol{a}, \boldsymbol{b})$

7.3　$A = \begin{pmatrix} a & b \\ c & d \end{pmatrix}$，$I = \begin{pmatrix} 1 & 0 \\ 0 & -1 \end{pmatrix}$ とおくと，${}^tAIA = I$.

これより $|A| = \pm 1$. $|A| > 0$ より $|A| = 1$. また，${}^tA = IA^{-1}I$.

したがって $\begin{pmatrix} a & c \\ b & d \end{pmatrix} = \begin{pmatrix} d & b \\ c & a \end{pmatrix}$. ゆえに，$A = \begin{pmatrix} a & c \\ c & a \end{pmatrix}$.

$|A| = 1$ より $a^2 - c^2 = 1$. ゆえに，$a = \pm\sqrt{c^2+1}$.

よって，$A = \begin{pmatrix} \pm\sqrt{c^2+1} & c \\ c & \pm\sqrt{c^2+1} \end{pmatrix}$

7.4　連立方程式 $(I - A)\boldsymbol{x} = \boldsymbol{o}$ が自明でない解をもつことより $|I - A| = 0$.

$|A| = 1$ ならば $A^{-1} = \begin{pmatrix} a & -b \\ -c & d \end{pmatrix}$. また，$\boldsymbol{x} = A\boldsymbol{x}$ より $\boldsymbol{x} = A^{-1}\boldsymbol{x}$.

ゆえに，$2\boldsymbol{x} = (A + A^{-1})\boldsymbol{x} = (a+d)\boldsymbol{x}$. $\boldsymbol{x} \neq \boldsymbol{o}$ より $a + d = 2$.

7.5　直線 PQ は π に垂直より $\boldsymbol{y} - \boldsymbol{x} = \lambda\boldsymbol{a}$ (λ : 実数) と書ける．また，線分 PQ の中点は π 上にあることより $\left(\boldsymbol{a}, \dfrac{\boldsymbol{x}+\boldsymbol{y}}{2}\right) = 0$. $(\boldsymbol{a}, \boldsymbol{x}+\boldsymbol{y}) = 0$ に

$\boldsymbol{y} = \boldsymbol{x} + \lambda \boldsymbol{a}$ を代入して $\lambda = -\dfrac{2(\boldsymbol{a}, \boldsymbol{x})}{(\boldsymbol{a}, \boldsymbol{a})}$ が得られる.

$$A = \begin{pmatrix} 1 - \dfrac{2a^2}{||a||^2} & -\dfrac{2ab}{||a||^2} & -\dfrac{2ac}{||a||^2} \\ -\dfrac{2ab}{||a||^2} & 1 - \dfrac{2b^2}{||a||^2} & -\dfrac{2bc}{||a||^2} \\ -\dfrac{2ac}{||a||^2} & -\dfrac{2bc}{||a||^2} & 1 - \dfrac{2c^2}{||a||^2} \end{pmatrix}$$

第 8 章

問 8.1　(1)　固有値 -4, 固有ベクトル $c_1 \begin{pmatrix} -\dfrac{1}{2} \\ 1 \end{pmatrix}$; 固有値 0, 固有ベクトル $c_2 \begin{pmatrix} \dfrac{1}{2} \\ 1 \end{pmatrix}$

(2)　固有値 -1, 固有ベクトル $c_1 \begin{pmatrix} -1 \\ \dfrac{1}{2} \\ 1 \end{pmatrix}$; 固有値 1, 固有ベクトル $c_2 \begin{pmatrix} 2 \\ 1 \\ 0 \end{pmatrix} + c_3 \begin{pmatrix} -1 \\ 0 \\ 1 \end{pmatrix}$

問 8.2　(1)　固有値は $-1, 3$. 固有ベクトルを並べた行列は $P = \begin{pmatrix} 1 & 1 \\ -2 & 2 \end{pmatrix}$.

よって, $P^{-1}AP = \begin{pmatrix} -1 & 0 \\ 0 & 3 \end{pmatrix}$.

(2)　固有値は ± 3. 固有ベクトルを並べた行列は $P = \begin{pmatrix} 1 & 5 \\ -1 & 1 \end{pmatrix}$.

よって, $P^{-1}AP = \begin{pmatrix} -3 & 0 \\ 0 & 3 \end{pmatrix}$.

(3)　固有値は $0, \pm 1$. 固有ベクトルを並べた行列は

$$P = \begin{pmatrix} 0 & 1 & 2 \\ -1 & -1 & -2 \\ 2 & 1 & 1 \end{pmatrix}. \text{よって}, P^{-1}AP = \begin{pmatrix} -1 & 0 & 0 \\ 0 & 0 & 0 \\ 0 & 0 & 1 \end{pmatrix}.$$

問 8.3　(1)　対角化可能でない　　(2)　対角化可能でない

(3)　対角化可能

問 8.4　(1)　$\begin{pmatrix} \frac{1}{\sqrt{2}} & -\frac{1}{\sqrt{2}} \\ \frac{1}{\sqrt{2}} & \frac{1}{\sqrt{2}} \end{pmatrix}$ により $\begin{pmatrix} 1 & 0 \\ 0 & -1 \end{pmatrix}$

(2)　$\begin{pmatrix} \frac{1}{\sqrt{3}} & -\frac{1}{\sqrt{2}} & \frac{1}{\sqrt{6}} \\ \frac{1}{\sqrt{3}} & 0 & -\frac{2}{\sqrt{6}} \\ \frac{1}{\sqrt{3}} & \frac{1}{\sqrt{2}} & \frac{1}{\sqrt{6}} \end{pmatrix}$ により $\begin{pmatrix} 0 & 0 & 0 \\ 0 & 1 & 0 \\ 0 & 0 & 3 \end{pmatrix}$

問 8.5　(1)　$X^2 + 3Y^2 = 8$　　(2)　$X^2 - Y^2 = 1$　　(3)　$Y = -\frac{1}{4}X^2$

練習問題

8.1　(1)　固有値 1，固有ベクトル $c_1 \begin{pmatrix} -3 \\ 1 \\ 0 \end{pmatrix} + c_2 \begin{pmatrix} -1 \\ 0 \\ 1 \end{pmatrix}$；固有値 2，固有ベクトル $c \begin{pmatrix} 1 \\ -1 \\ 3 \end{pmatrix}$，対角化可能

(2)　固有値 1，固有ベクトル $c \begin{pmatrix} 1 \\ 0 \\ 0 \end{pmatrix}$，対角化可能でない

(3)　固有値 4，固有ベクトル $c_1 \begin{pmatrix} 1 \\ 1 \\ 2 \end{pmatrix}$；固有値 -2，固有ベクトル

$$c_2\begin{pmatrix}1\\1\\0\end{pmatrix}+c_3\begin{pmatrix}-1\\0\\1\end{pmatrix}$$，対角化可能

8.2 $$\begin{pmatrix}1 & 2-2\cdot(-1)^n & 1-(-1)^n\\ 0 & -1+2\cdot(-1)^n & -1+(-1)^n\\ 0 & 2-2\cdot(-1)^n & 2-(-1)^n\end{pmatrix}$$

8.3 (1) $$\begin{pmatrix}\frac{1}{\sqrt{3}} & \frac{1}{\sqrt{2}} & -\frac{1}{\sqrt{6}}\\ -\frac{1}{\sqrt{3}} & \frac{1}{\sqrt{2}} & \frac{1}{\sqrt{6}}\\ \frac{1}{\sqrt{3}} & 0 & \frac{2}{\sqrt{6}}\end{pmatrix}$$ により $$\begin{pmatrix}-1 & 0 & 0\\ 0 & 2 & 0\\ 0 & 0 & 2\end{pmatrix}$$

(2) $$\begin{pmatrix}\frac{1}{\sqrt{6}} & \frac{1}{\sqrt{2}} & -\frac{1}{\sqrt{3}}\\ -\frac{1}{\sqrt{6}} & \frac{1}{\sqrt{2}} & \frac{1}{\sqrt{3}}\\ \frac{2}{\sqrt{6}} & 0 & \frac{1}{\sqrt{3}}\end{pmatrix}$$ により $$\begin{pmatrix}-3 & 0 & 0\\ 0 & 3 & 0\\ 0 & 0 & 3\end{pmatrix}$$

(3) $$\begin{pmatrix}\frac{1}{\sqrt{3}} & -\frac{1}{\sqrt{2}} & \frac{1}{\sqrt{6}}\\ \frac{1}{\sqrt{3}} & 0 & -\frac{2}{\sqrt{6}}\\ \frac{1}{\sqrt{3}} & \frac{1}{\sqrt{2}} & \frac{1}{\sqrt{6}}\end{pmatrix}$$ により $$\begin{pmatrix}4 & 0 & 0\\ 0 & 1 & 0\\ 0 & 0 & 1\end{pmatrix}$$

8.4 (1) $Q_1+Q_2+\cdots+Q_n = P(E_1+E_2+\cdots+E_n)P^{-1} = PI_nP^{-1} = I_n$

(2) ${Q_j}^2 = P{E_j}^2P^{-1} = PE_jP^{-1} = Q_j$

$Q_iQ_k = PE_jE_kP^{-1} = POP^{-1} = O \ (j \neq k)$

(3) $$P^{-1}AP = \begin{pmatrix}\lambda_1 & & & \\ & \lambda_2 & & \\ & & \ddots & \\ & & & \lambda_n\end{pmatrix} = \lambda_1E_1+\lambda_2E_2+\cdots+\lambda_nE_n$$

より

$$A = P(\lambda_1 E_1 + \lambda_2 E_2 + \cdots + \lambda_n E_n)P^{-1} = \lambda_1 Q_1 + \lambda_2 Q_2 + \cdots + \lambda_n Q_n$$

8.5 (1)　A の固有多項式は $(x-1)(x-3)^2$　　(2)　省略

(3)　$(A-I)(A-3I) = A^2 - 4A + 3I = O$ より $PQ = QP = O$.
$a+b=0, -(a+3b)=1$ より $P+Q=(a+b)A-(a+3b)I=I$.
また，$P = P(P+Q) = P^2 + PQ = P^2$,
$Q = Q(P+Q) = QP + Q^2 = Q^2$

(4)　$a(x-1)+b(x-3)=1$ に $x=4$ を代入すると $3a+b=1$.
ゆえに，$3P+Q=(3a+b)A-3(a+b)I=A$.
$A^2-4A+3I=O$ より $\frac{1}{3}A(4I-A)=I$. よって,
$A^{-1} = \frac{1}{3}(4I-A) = \frac{1}{3}\{4(P+Q)-(3P+Q)\} = \frac{1}{3}(P+3Q)$

8.6 (1)　省略

(2)　$a=-1,\ b=0,\ c=1\ ;\ P = \begin{pmatrix} 0 & 1 & 0 \\ 0 & 1 & 0 \\ -1 & 1 & 1 \end{pmatrix}, Q = \begin{pmatrix} 1 & -1 & 0 \\ 0 & 0 & 0 \\ 1 & -1 & 0 \end{pmatrix}$

(3)　省略

8.7 A が対角化可能より，適当な正則行列 $P = (\boldsymbol{p}_1 \ \ \boldsymbol{p}_2 \ \ \cdots \ \ \boldsymbol{p}_n)$ によって $P^{-1}AP$ は対角行列となり，その対角成分は A の固有値 $\lambda_1, \lambda_2, \cdots, \lambda_m$ からなる．よって，$\{\boldsymbol{p}_1, \boldsymbol{p}_2, \cdots, \boldsymbol{p}_n\}$ は A の固有ベクトルからなる $\boldsymbol{R}^3$ の基底である．各 $\boldsymbol{p}_i$ はある j に対して $(A-\lambda_j I)\boldsymbol{p}_i = \boldsymbol{0}$. ゆえに，任意の $\boldsymbol{a} \in \boldsymbol{R}^3$ に対して $(A-\lambda_1 I)(A-\lambda_2 I)\cdots(A-\lambda_m I)\boldsymbol{a} = \boldsymbol{0}$

8.8 A が正則でない $\Longleftrightarrow$ ある $\boldsymbol{0}$ でない $\boldsymbol{x} \in \boldsymbol{R}^n$ に対して $A\boldsymbol{x} = \boldsymbol{0}$

索　引

■ た 行

■ な 行

■ は 行

■ ま 行

■ や 行

■ ら 行

■ わ 行

新基礎コース線形代数

2014 年 10 月 30 日　第 1 版　第 1 刷　発行
2021 年 3 月 20 日　第 1 版　第 7 刷　発行

著　者　浅 倉 史 興
高 橋 敏 雄
吉松屋四郎
発 行 者　発 田 和 子
発 行 所　株式会社　学術図書出版社

〒113−0033　東京都文京区本郷 5 丁目 4 の 6
TEL 03−3811−0889　振替 00110−4−28454
印刷　三美印刷 (株)

定価はカバーに表示してあります.

ISBN978−4−7806−0404−7　C3041